나방은 빛을 쫓지 않는다

나방은 빛을 쫓지 않는다

1판 1쇄 인쇄 2024. 12. 9.
1판 1쇄 발행 2024. 12. 20.

지은이 팀 블랙번
옮긴이 한시아

발행인 박강휘
편집 정경윤 **디자인** 지은혜 **마케팅** 이유리 **홍보** 이한솔
발행처 김영사
등록 1979년 5월 17일 (제406-2003-036호)
주소 경기도 파주시 문발로 197(문발동) **우편번호** 10881
전화 마케팅부 031)955-3100, 편집부 031)955-3200 | **팩스** 031)955-3111

값은 뒤표지에 있습니다.
ISBN 979-11-7332-013-2 03470

홈페이지 www.gimmyoung.com   **블로그** blog.naver.com/gybook
인스타그램 instagram.com/gimmyoung   **이메일** bestbook@gimmyoung.com

좋은 독자가 좋은 책을 만듭니다.
김영사는 독자 여러분의 의견에 항상 귀 기울이고 있습니다.

나방은
빛을 쫓지 않는다

대낮의 인간은

잘 모르는

한밤의 생태학

팀 블랙번

한시아 옮김

THE JEWEL BOX

김영사

보석보다 소중한
밀리를 위해

작은 존재들이 숨기고 있던 아름다움을 발견하면 우리는 경탄하곤 한다. 그 작은 존재가 나방이어도 그럴까? 외래종 전문 생태학자 팀 블랙번은 그렇다고 말한다. 그는 우리가 일상 속에서 그냥 지나치거나 오해에서 비롯된 악담을 퍼붓는 작은 생명이 얼마나 귀중한지 일깨운다.

복잡한 자연에 완벽히 적응한 나방은 작은 보석처럼 빛난다. 블랙번은 나방의 표본을 논의하는 데 그치지 않고, 각 나방의 특성과 생존 전략을 환경 변화와 연결한다. 나방의 행동 패턴과 생애 주기를 비롯한 생존 전략은 놀라움을 자아내며 우리가 흔히 간과하는 자연의 위대함에 감탄하게 한다.

과학적 정보와 철학적 성찰을 절묘하게 버무린 이 책은 나방의 날갯짓처럼 시적인 문체로 생태계의 규칙을 탐구하며, 복잡한 자연 속에 숨겨진 아름다움을 찬미한다. 그렇다. 그는 탁월한 생태학자다. 섬세하고 과학적인 통찰 속에서 자연과 인간의 연결 고리를 탐구한다. 그의 이야기를 따라가다 보면 어느새 생태계를 지배하는 복잡한 규칙에 대한 통찰을 얻은 자신을 발견하게 될 것이다.

자연의 조화와 균형에 대한 그의 통찰은 기후위기 시대를 살아가는 우리에게 큰 울림을 준다. 단순히 정보를 전달하는 데 그치지 않고 자연을 존중해야 한다는 메시지를 깊이 새기게 한다. 이 책은 곤충과 자연을 사랑하는 사람뿐만 아니라, 자연의 경이로움을 새롭게 경험하고 싶은 독자들에게 감동을 선사할 것이다. 읽고 나면 나비가 아니라 나방도 충분히 아름답다는 사실, 그리고 나방을 지키려면 나방만 지킬 수는 없다는 깨달음을 얻게 될 것이다.

이정모
전 국립과천과학관장

어둠 속의 경이

여름의 영국 초원에서 여러분이 우연히 나를 발견한다면, 아마 한쪽 어깨에 큰 모슬린 그물을 걸치고, 다른 한쪽 어깨에는 커다란 플래시 달린 카메라를 멘 채 머리는(적어도 내 온갖 주의는) 주변 나뭇잎에 깊이 파묻혀 있을 것이다. 지나가는 사람들도 이런 내 모습이 신기한지 뭘 하느냐고 묻곤 한다. 그러면 나는 온통 다른 데 신경이 팔린 채 "나방을 찾고 있어요"라고 짧게 대답한다.

내 대답에 바로 몸서리치며 싫어한다면(더 심할 수도 있지만), 여러분만 그러는 게 아니라는 점을 확실히 말하고 싶다. 대부분이 그런 반응을 보인다. 나방은 일반 대중에게 좋은 평판을 얻지 못한다.

그 이유는 이해하기 어렵지 않다. 나방은 흔히 어둠 속에서 유령처럼 갑자기 나타나 사람들을 놀라게 한다. 빛을 향해 날아가는 본능적인 강박에 이끌려 자동차 헤드라이트 안에서 춤을 추고, 침실과 욕실에 날아들어 촛불에 몸을 던지거나, 죽을 때까지 전구에 몸을 부딪치기도 한다. 민속학에서 나방은 자주 영적인 세계나 죽음과 연관되고, 대중문화에서는 조너선 드미Jonathan Demme가 영화로 각색한 토머스 해리스Thomas Harris의 책《양들의 침묵The Silence of the Lambs》에 등장하며 식인 연쇄살인범 한니발 렉터와 연관된다. 게다가 농업과 산림의 작물과 정원 식물을 파괴적으로 소비하는 종도 있으며, 점퍼에 구멍을 뚫고 카펫을 갉아 먹는 몇몇 작은 종은 우리에게 무척이나 성가신 존재다. 여러분이 나방이라는 말만 들어도 미간을 찡그리는 데는 이유가 있다.

그렇지만 나방을 미워하지는 않았으면 한다. 나방은 매혹적이고 놀라운 동물이며, 우리가 이 지구를 함께 살아가는 가장 중요한 생물의 일부다. 읽다 보면 알게 되겠지만, 이 책은 나방에 관한 책이 아니다. 이 놀라운 곤충을 향한 내 사랑에서 영감을 받은 책이다. 나방에겐 사랑해 마지않을 이유가 참 많기 때문이다.

우선, 나방은 놀라울 정도로 아름다운 동물이다. 대부분의 사람은 나방이 칙칙하고 특징이 없다고 생각하지만, 사실은 그렇지 않다. 인터넷에서 'Merveille du Jour'(메르베유 뒤 주르)를 검색해보라. 그러면 이 나방이 왜 '그날의 경이Wonder of the Day'라는 의미의 이름으로 불리는지 알 수 있을 것이다. 이끼 덩굴에 완벽히 위장해 숨기 위해서 녹색과 검은색, 흰색의 두툼한 벨벳 천 같은 모습을 한 녀석은 어떤 배경에서든 완벽하게 멋진 모습을 보여준다. 나무결재주나방Puss Moth은 엄지손가락 크기의 흰족제비털 천 조각 같다. 각시금무늬밤나방Burnished Brass은 비스듬히 보면 무색의 방울처럼 보이지만, 옆으로 돌아서면 금속 같은 광택과 그 이름에서도 알 수 있는 금박 무늬가 드러난다. 주홍박각시Elephant Hawk-moth는 금색과 풍선껌 같은 분홍색이 사탕 줄무늬처럼 어우러져 있다. 이들은 영국에 서식하는, 내가 잘 아는 녀석들로 예를 든 것에 불과하다. 'iNaturalist'의 한국 웹사이트(https://inaturalist.ca/projects/korean-moths?tab=species)를 방문해보라. 한국에 서식하는 다양한 종의 무늬와 색상을 확인할 수 있다. '단지' 그저 칙칙한 갈색으로 보이는 종들도 사실은 복잡한 무늬를 자랑한다. 분명 깜짝 놀랄 것이다.

내 경험에 따르면, 나방에 대한 비호감이 모든 곤충에 똑같이 적용되지는 않는다. 나방을 싫어한다고 말하는 사람도 나비는 좋아한다고 쉽게 말할 것이다. 하지만 나비는 낮에 활동하는 나방의 한 분류군이다. 따라서 나방을 싫어하는 사람들을 밤의 편으로 끌어들이기 위한 내 어쩔 수 없는 노력에는 좋은 시작이 될 것이다. 나비와 나방의 차이를 묻는 것은 영장류와 포유류의 차이를 묻는 것과 같다. 한 분류군은 다른 한 분류군의 하위 분류군에 불과하다. 분명히 다른 하위 분류군이지만, 하위 분류군이라는 사실에는 변함이 없다. 그런데 왜 사람들은 어떤 나방은 좋아하고, 또 어떤 나방은 싫어할까? 어떤 나방은 낮에 활동하고, 어떤 나방은 밤에 활동하기 때문일까? 영국에는 낮에 활동하는 나방의 수가 나비보다 약 3배 더 많다. 한국에 서식하는 나비가 약 280종에 불과한 반면 (다른) 나방 종은 2400종에 달한다는 점을 고려하면, 한국에서도 분명 마찬가지일 것이다.

낮에 활동하든 밤에 활동하든, 나방의 다양성과 아름다움은 나비를 능가한다. 어쩌면 여러분은 나방을 나비로 착각해 감상했을지도 모른다!

겉모습만으로도 나방을 사랑할 수 있지만, 나방의 가치는 그 겉모습에만 있지 않다. 나방은 더 넓은 생명의 그물망에서 하나의 중요한 구성 요소다. 전 세계적으로 알려진 150만의 생물 종에서 10분의 1인 약 16만 종은 나방이다. 나비는 그중 2만 종을 차지한다. 나방은 종의 수가 가장 부유한 유기체의 하나로 우뚝 자리매김했다. 이처럼 종이 번성할 수 있었던 것은 수명주기에서 섭취 단계에 있는 애벌레가 식물 조직을 섭취해 살로 찌우는 능력으로 뒷받침된다. 이는 아주 귀중한 능력이다. 양상추만 먹고 살아남으려 노력해본 사람이라면 누구나 공감할 것이다.

많은 동물은 그 결과로 생기는 포상에 의존한다. 나방이 없었다면 우리가 가장 좋아하는 새 대부분이 존재하지 않았을 것이다. 영국의 노랑배박새와 푸른박새는 번식기에 배고픈 새끼들을 먹이려고 매일 자그마치 20억 마리의 곤충을 소비한다. 그중 많은 수를 나방이 차지한다(주로 애벌레지만, 성충도 있다). 이는 어디까지나 유럽 해안에서 떨어진 작은 섬에 서식하는 두 종의 이야기에 불과하다. 울새, 개똥지빠귀, 참새, 뻐꾸기 같은 대표적인 종 역시 나방에 의존해 새끼를 키운다. 박쥐와 고슴도치 같은 다양한 포유류 종도 마찬가지다.

나방이 이토록 많이 잡아먹히는 것은, 이들이 다양한 무늬와 색상을 갖추는 동기가 되었다. 놀라운 위장 능력을 지닌 '메르베유 뒤 주르'처럼, 다양한 나방이 부러진 막대기(둥근무늬재주나방Buff-tip, 썩은밤나방Flame), 새똥(한자나방Chinese Character, 그을린양탄자나방Scorched Carpet), 말벌(유럽말벌나방Hornet Moth) 또는 다른 포식자(큰눈박각시나방Scorched Carpet, 애황제나방Emperor)의 모습으로 의태한다. 나방의 날개에 색을 입히는 비늘은 박쥐의 초음파를 흡수하거나 분산시켜 위치가 노출되는 것을 막을 수 있다. 매일 밤 우리 머리 위에서는 자연의 군비확장 경쟁이 벌어진다.

많은 동물이 나방에게 의존하는 것처럼 다양한 식물 또한 나방에게 의존한다. 나방 성충이 빨대를 통해 물을 빨아들이듯 수액을 빨아들이는 관 모양의 구기, 즉 입의 발생은 나방의 진화 역사에서 무척이나 중요한 발전이었다(극소수의 아주 작은 나방 종은 여전히 최초의 나방 조상이 지녔던 씹는 턱이 있다. 따라서 여러분을 물 수 있는 나방은 없다. 한 가지 더 말하자면, 여러분을 쏠 수 있는 나방도 없다. 나방이 우리에게 줄 수 있는 것은 기껏해야 간지럼뿐이다). 식물은 이 혁신을 이용해 달콤한 수액으로 가득 찬 꽃을 만든 뒤, 이를 마시는 동물을 끌어들여 수분함으로써 미래 세대를 확보하는 상호 보상 관계를 구축했다. 많은 나방이 꽃가루를 운반하며, 개중에는 오로지 나방을 통해서만 꽃가루를 운반하는 식물도 있다.

최근 연구에 따르면, 나방은 꿀벌과 호박벌이 낮에 방문하는 식물 종의 수만큼 다양한 종의 식물을 밤에 방문한다. 우리가 가꾸는 작물 종의 많은 꽃들이 여기에 포함된다. 나방이 식물과 인간에게 중요한 수분 매개자라는 것은 확실한 사실이다. 약 5000만 년부터 1억 년 전 사이에 나방의 다양성이 식물의 다양성과 함께 폭발적으로 증가한 것은 결코 우연이 아니다. 그러나 우리는 나방이 작물과 다른 식물에 미치는 중요성을 이제 막 이해하기 시작했다. 꽃을 찾는 곤충에 관한 연구가 대부분 낮에 이루어지기 때문이다. 우리가 좋아하는 음식인 자두, 체리, 사과, 멜론, 호박, 아보카도, 마카다미아, 카다멈을 생산하는 데 벌이 얼마나 중요한지는 모두 잘 안다. 나방도 벌만큼이나 귀중할 것이다. 단지 대개 어둠 속에서 조용하고 묵묵히 자신들의 일을 할 뿐이다.

하나 더, 나방을 사랑할 마지막 이유를 알려드리겠다. 나방은 우리가 장식할 때 사용하는 귀중한 재료 중 가장 훌륭하고, 가장 반짝이고, 가장 호화로운 재료를 제공해주었다. 바로 비단silk이다(궁극적으로 한국어에서 영어 단어 'silk'를 물려받았을 가능성이 있다). 섬유는 누에나방 애벌레가 번데기가 되어 성충으로 변하는 고치에서 나온다. 우리는 이 섬유를 사용한 비단으로 예컨대 한국의 전통의상인 한복을 만들어 우리 몸을 장식한다. 이처럼 우리가 지닌 아름다움의 일부는 나방의 선물로 만들어진 것이다.

나방은 우리 자연유산의 보석이며, 나와 여러분을 포함한 생명의 그물에서 매우 중요한 고리다. 나방은 우리가 당연하게 존중하는 곤충인 나비만큼 아름답고, 또 벌만큼 근면하다. 사랑하지 않을 이유가 있을까? 그렇지만 아직 모르는 것이 너무도 많다. 최근 몇 년 동안에도 우리는 런던의 도시에서 (과학적으로) 새로운 나방 종을 발견했다. 공원이나 정원에 무엇이 숨어 있을지, 우리가 사는 세상에서 어떤 역할을 할지 누가 알겠는가? 반면 우리는 나방의 개체 수가 전반적으로 줄어들고 있으며, 나방에 대한 의존도를 고려했을 때 이것이 얼마나 나쁜 소식인지 잘 알고 있다. 물론 몇몇 종은 여러분의 옷에 구멍을 내기도 한다. 하지만 이 때문에 다른 나방 종 99.99퍼센트에 대해 나쁜 인식을 품는다면, 너무 불공평하지 않을까? 나방이 없다면 자연이라는 구조에는 더 큰 구멍이 생길 것이고, 그 구멍은 무엇보다 중요할 테니 말이다.

여러분이 나방을 사랑하도록 내가 설득하지 못한다면, 적어도 나방이 사랑받을 자격이 있다는 것은 설득할 수 있기를 바란다. 또한 이 책을 통해 나방이 독특한 자연 세계의 깊은 작용에 대해 무엇을 말해줄 수 있는지 직접 알아낼 수 있기를 바란다.

THE JEWEL BOX

들어가는 글

보석이 흩뿌려진 상자

자연은 우리를 위해 날마다 무한한 아름다움을 품은 그림을 그린다.

다만, 우리가 그것을 알아볼 수 있다면.

존 러스킨John Ruskin

2018년 7월, 아내는 나의 쉰두 번째 생일 선물로 검은색 플라스틱 상자를 주었다. 투명 아크릴판 두 장과 20와트 형광등이 달린 상자다. 이 상자는 조립되지 않은 상태로 배송되어서, 가로세로 50센티미터가량의 뚜껑 없는 상자 형태로 만들기 위해 부족한 손재주를 총동원해야 했다. 조립을 마친 뒤 상자 위를 가로지르는 막대에 넓고 하얀 플라스틱 디스크를 설치하고 나사로 소켓을 장착했다. 그러고는 하얀 전구를 아래쪽으로 향하게끔 소켓에 끼웠다. 두 장의 아크릴판은 상자의 날개처럼 반대편 가장자리에서 상자 안쪽을 향하도록 약 45도 각도로 끼워, 우편함 크기의 작은 입구를 만들었다.

조명이 달린 플라스틱 상자는 생일 선물로 조금 이상한 선택처럼 보일 수도 있지만, 이건 정확히 내가 원하던 것이었다. 설명만 들으면 꽤 실용적인 인상을 줄 수 있다. 그러나 이것은 허공에서 생명을 만들어내는 마법을 부릴 수 있는 상자이기도 하다..나는 슬슬 황혼이 드리우는 7월 저녁에 상자를 밖에 내놓고 전선을 연결한 뒤 전구가 서서히 빛을 발하는 것을 지켜보았다. 그날 밤, 나는 내 마법이 성공하길 바라며 흥분된 마음으로 잠자리에 들었다. 다음 날 이른 아침부터 눈이 떠졌고, 기대감에 부푼 채 상자를 보러 밖으로 나갔다. 상자를 열자, 그 안에는 보석이 흩뿌려져 있었다. 정말로 마법을 부린 것이다. 그것은 나방으로 장식된 나방 덫이었다.

내가 처음으로 나방 덫을 놓기 시작한 것은 스코틀랜드 킨드로건Kindrogan에 있는 야외학습협회Field Studies Council, FSC에서 학부생들의 현장 연구를 이끌면서였다. 현재는 안타깝게도 방문자의 출입이 금지되어 있다. 대학교수로서 나는 배움에 목마른 젊은이들과 교류하는 일이 매우 즐겁다. 야외 학습을 통해 변화하는 것은 학생들만이 아니다. 함께 배우는 교사에게도 큰 변화를 불러올 수 있다. 아무리 생물 다양성biodiversity에 관심이 많아도 주변 환경을 공유하는 다양한 생명체를 모두 알 수는 없다.

우리는 땅에 서식하는 무척추동물을 잡기 위해 항상 낙하 트랩을 설치한다. 땅속에 골프 구멍처럼 플라스틱 컵을 설치하는 식이다. 그리고 매년 학생들에게 단순히 육안으로만 확인하지 말고 실체현미경을 사용해 높은 배율로 살펴보도록 독려한다. 그러지 않으면 덫에 뛰어든 작은 톡토기를 볼 수 없을 테니 말이다.

톡토기는 톡토기목에 속하는 동물로 곤충의 가장 가까운 친척이다. 내가 학생일 때까지만 해도 곤충으로 분류되었지만, 이후 진화 분류학적 위치가 바뀌어 지금은 곤충이 포함된 육각아문에서 초기에 갈라져 나온 무리로 분류되고 있다. 톡토기는 곤충과 마찬가지

나방은 빛을 쫓지 않는다 🦋

아내에게 생일 선물로 받은 나방 덫. 슬슬 황혼이 지자 상자 속 전구를 켜고 밖에 내놓았다.
그리고 허공에서 생명을 만들어내는 마법이 성공하길 바라며 잠자리에 들었다.

로 머리, 가슴, 배로 나뉘고, 가슴 부분에는 6개의 다리가 붙어 있는 한편, 곤충과 **달리** 입 부위가 머리통 안에 숨어 있다. 대부분의 톡토기는 복부 아래에 도약기라는 기관이 있는데, 스프링처럼 접힌 이 기관을 통해 공중으로 튀어 올라 적에게서 멀리 도망칠 수 있어 톡토기라는 이름이 붙었다.

킨드로건에서 잡히는 톡토기는 겨우 2밀리미터에 불과한 몸에 이 모든 구조를 담고 있다. 이렇게 작은 몸집에 잎사귀나 흙 속에 숨어 사는 습성까지 더해져 대부분의 학생들은 이러한 유기체가 존재한다는 사실조차 모른다. 세상에 존재하는 줄도 몰랐던 동물을 누구에게 처음으로 보여주는 것은 언제나 즐겁다.

킨드로건에는 나방 덫이 있었다. 어느 해 여름, 나는 학생들에게 그 덫을 사용해보자고 요청했다. 이 나방 덫은 '로빈슨 트랩'이었는데, 고리 모양의 뚜껑에 출력량 높은 수은 전구가 달린 커다란 양동이 모양의 용기다. 나방은 전구 빛에 이끌려 용기 안으로 떨어지는데, 다음 날 아침 동정同定(생물의 분류학상의 소속이나 명칭을 바르게 정하는 일―옮긴이)을 마친 후에 다시 놓아주면 된다.

우리는 이 나방 덫을 아들강River Ardle 너머 동쪽을 바라보는 풀이 무성한 제방에 특별히 지어진 창고에 설치했다. 그리고 6월의 첫 번째 아침, 학생들과 함께 서둘러 덫을 확인하고 싶은 마음과 그 연약한 곤충을 발로 밟진 않을까 하는 두려움 사이에서 괴로워했다. 많은 나방이 빛에 이끌려 덫으로 유인되지만, 덫 안으로 들어가는 나방이 많진 않기 때문이다. 대부분이 멋진 위장색을 띠고

상자를 열자 보석이 흩뿌려져 있었다. 덫에 어떤 나방이 찾아오는지는 지난주에 이웃 주민이 무엇을 했는지에 따라 달라질 수도, 영겁의 시간과 대륙의 작용이 얽혔을 수도 있다.

있어, 긴 풀잎 사이에 숨은 녀석들을 눈으로 빨리 발견하기도 쉽지 않다.

일부 나방은 여름 잎의 푸른색을 가장 많이 띤다. 다른 나방은 주로 나무나 돌과 같은 갈색을 띤다. 브림스톤나방Brimstone Moth(유황나방)의 레몬빛 노란색은 어두운 잔디의 색과 놀라울 정도로 조화를 이룬다. 특히 날개 가장자리의 갈색 반점은 날개의 모양을 뒤틀려 보이게 한다. 클라우디드 보더 브린들Clouded bordered Brindles(흐린테두리얼룩나방) 또한 흐릿한 경계로 윤곽선을 흐트러뜨리는 유사한 전략을 쓰며, 갈색의 음영으로 나무줄기 사이의 그림자에 숨어든다. 이 나방의 단색 빛깔조차 반짝이는 이슬 사이에서는 발견하기가 쉽지 않다.

창고 벽에도 곤충이 점처럼 붙어 있었다. 수컷 고스트나방Ghost Moth(유령나방)의 긴 하얀 날개가 판자의 결에 맞춰 정렬되어 있었다. 애기린재주나방Coxcomb Prominent은 벽과 지붕 사이의 틈에 앉아 있었는데, 그 모습이 마치 바람에 날려 떨어지다가 박힌 단풍나무 씨앗 같았다. 회색 판자 위에는 은무늬박쥐나방Gold Swift 한 마리가 뚜렷하게 돋보였다. 그리고 우리가 덫을 열었을 때, 그 안에는 둥근무늬재주나방Buff-tip, 박각시Hawk Moth, 카펫나방Carpet Moth, 다양한 물결자나방Wave Moth 등 다채로운 나방이 한가득 들어 있었다. 당시에는 모든 나방을 동정할 수 없었지만, 우리가 얼마나 다양한 종을 끌어들였는지는 알 수 있었다. 그 덫은 우리가 잘 알고 있다고 생각한 나라에서 우리가 전혀 예상치 못했던 생물 다양성을 엿볼 기회를 주었다.

오늘 밤에 날아다니는 것

일주일 동안 학생들과 함께하는 현장 학습을 마치고 킹스크로스에 돌아오면 언제나 복잡한 감정에 휩싸인다. 지하철로 몇 정거장 떨어진 집에는 지친 몸을 쉴 수 있는 휴식과 수면 그리고 가족과 함께하는 주말이 기다리고 있다. 현장에서 오랜 시간 완전히 몰입해서 학생들을 지도하는 것은 매우 지치는 일이다. 그러나 런던으로 돌아오면 언제나 형언할 수 없는 상실감이 뒤따른다.

킨드로건을 둘러싼 소나무 숲과 산에서 한 주를 보낸 뒤에 돌아온 도시는 사람과 벽돌이 켜켜이 쌓인 대기오염과 소음공해의 온상이다. 이런 환경에 적응하려면 고지대에서 한껏 날카로워진 감각을 다시 흐릿하게 조절해야 한다. 스코틀랜드에서 런던으로 돌아오는 하루의 여정 안에 수십 년간 쌓인 생물 다양성이 사라진다. 그리고 그 손실을 체감하는 것은 내게 상당한 영향을 준다.

도시에서 일하며 살아가는 이들은 자연에서 단절된 듯한 기분이 들기 쉽다. 하지만 자연은 여전히 우리 주변에 있다. 잘 찾아보기만 한다면 말이다. 내가 살고 있는 런던의 아파트에서 조금 걷다 보면 나오는 햄프스테드히스Hampstead Heath 공원의 생물 다양성은 놀라울 정도다. 가끔은 다섯 살짜리 어린아이처럼 무릎을 꿇고 손으로 땅을 짚으며 기면서 얼굴을 바닥 가까이 대보는 것도 도움이 된다.

스포츠 활동을 위해 잘 다듬어진 잔디에서도 잔디 이외의 것을 발견할 수 있다. 잔디깎이의 칼날이 닿지 않는 낮은 곳에서 활엽 질경이나 마디풀이 자라나는, 공원의 관리인이 다듬지 않고 내버려두는 곳에서는 꽃을 피울 정도로 높이 자란 풀밭에 김의털, 오리새, 강아지풀이 고개를 들고 있다. 미나리아재비의 노란 꽃봉오리

는 클로버의 하얀 꽃과 잘 어우러지고, 그 아래를 낮게 덮는 살갈퀴와 포복성 엉겅퀴에는 수상꽃차례가 달려 있기도 한다. 이 무성한 풀밭에서 소풍을 즐기려면 주의가 필요하다. 그리고 이 식물들은 다양한 동물에게 풍부한 먹이를 제공해준다.

비가 내리지 않는 날에는 나비가 들판을 가로지르고, 벌과 꿀벌이 꽃과 꽃 사이를 날아다닌다. 애벌레와 유충은 이파리를 씹고, 잔디의 줄기와 엉겅퀴 새싹 속을 파고들며 잎 표면 사이를 파헤치고 다니기도 한다. 머리 위로는 맹금류가 날아다닌다. 이곳 언덕에서는 황조롱이를 자주 볼 수 있는데, 말똥가리나 붉은솔개, 송골매, 새호리기도 모두 이곳 햄프스테드히스 공원에서 먹이를 사냥한다. 이른 아침 공원을 찾으면 바삐 몸을 숨기는 붉은여우를 마주칠지도 모른다. 시궁쥐나 나무에 사는 사촌인 회색다람쥐는 더욱 흔하게 발견할 수 있다.

그러나 직장과 가족의 곁에서 잠시 산책할 짬을 만드는 게 쉽지 않을 수 있다. 나는 잠시 자연으로 벗어날 수 있는 그 기회가 그리웠다. 킨드로건으로의 마지막 여행이 끝날 무렵에는 더욱 절실하게 느꼈다. 그러다 문득 이런 생각이 떠올랐다. 자연이 내 곁으로 찾아오게 하면 어떨까? 나방 덫을 다시 놓기 위해 1년을 더 기다려야 할 이유는 없지 않은가?

생일 선물로 받았던 나방 덫은 경량 스키너 상자 형식의 보급형 덫이다. 광원으로는 활성 전구를 사용하고, 주 전원을 공급하는 방식이다. 나는 그 덫을 런던 캠던 자치구 아파트의 유일한 외부 공간인 옥상 테라스에 놓았다. 지상에서 10미터쯤 떨어진 그 옥상 아래에는 벚나무와 배나무가 우거진 정원이 줄지어 선 키 큰 라임나무를 바라보고 있었다. 그러나 이곳은 도시 한가운데에 있는 곳으로, 밤에도 불빛이 밝게 빛난다. 첫날 아침을 맞이하기 전, 나는 이 작은 녹지에 **과연** 나방이 서식할 수 있을지, 서식한다면 과연 내 덫으로 이끌려 들어올지 궁금했다. 그리고 다행스럽게도 그 두 질문에 대한 답은 모두 '예'였다.

과학의 경험을 통해 우리는 질문이 단순히 더 많은 질문으로 이어진다는 것을 알고 있다. 지식의 영역이 확장되면 알려진 것과 알려지지 않은 것 사이의 접점 또한 확장된다. 나방 덫도 마찬가지였다. 첫날 아침, 내게 가장 시급한 일은 밤새 이 상자에 나타난 모든 종의 정체를 알아내는 것이었다. 골라내고 동정해야 할 나방이 80마리가 넘었기 때문에 결코 쉬운 작업이 아니었다. 생물에 이름을 부여하는 것은 중요한 작업이다. 우리가 자연에서 체득한 경험을 수량화하는 첫 번째 방법이기 때문이다. 이들 나방은 아직 이러한 지식이 아니다. 이를 지식으로 소화하기 위한 첫 번째 단계는 이들을 종(여기서 '종'의 의미는 이 장이 끝나기 전에 좀 더 명확해질 것이다)으로 나누는 것이다.

앞으로 보게 되겠지만, 세계 대부분의 지역에서 대부분의 종에 관한 우리의 지식은 몹시 빈약하다. 지구를 공유하는 유기체의 다양성을 이제 막 설명하기 시작한 수준이다. 그러나 몇 가지 주목할 만한 예외는 있는데, 그중 하나가 영국의 나방이다. 영국에는 영국에서 발견되는 거의 모든 종의 나방이 아름답고도 전문적인 사진과 함께 묘사된 훌륭한 휴대용 도감이 있다. 하지만 이를 보고 해석하는 데 익숙해지기까지는 꽤 시간이 걸린다. 종마다 선호하는 서식지가 다르고 연중 각기 다른 시기에 활동하는데, 이러한 생태학적 세부 사항을 그림만 봐서는 명확하게 알 수 없다. 도감에 이러한 정보가 포함되어 있지만, 살펴봐야 할 글만 수백 페이지에 달해 정보를 빠르게 습득하기란 쉽지 않다.

다행히 영국에서 나방을 채집하는 이들에게는 추가로 참고할 자료가 있다. 인터넷 검색 엔진에 '오늘 밤에 날아다니는 것What's Flying Tonight'을 입력하면 현재 위치와 날짜를 이용해 그곳에서 가장 자주 기록되는 종의 목록을 확인할 수 있다. 각 페이지에는 나방의 사진과 성충이 활동하는 시기가 나타난 막대 달력이 함께 표시된다. 이는 나비보호자선단체charity Butterfly Conservation가 국립나방기록운영National Moth Recording Scheme, NMRS을 통해 기록한 수백만 개의 나방 기록을 기반으로 하며, 축적된 과학적 자료를 생물다양성의 대중적 인식에 적용하는 훌륭한 예시다.

여전히 도움이 필요하다면 SNS를 통해 전문가의 도움을 구할 수도 있다. 나방 초보자는 @MOTHIDUK에 질문해 도움을 요청할 수 있다(그러나 가능하다면 이 서비스에 직접 기여하는 것을 고려해보길 바란다). 하지만 이러한 도움에도 일부 나방은 생식기를 해부하지 않고는 동정할 수 없으므로 전문적 기술 없이 동정할 수 없는 종임을 나타내기 위해 'agg.'로 기록해야 한다. 나는 동물 동정에 집착하지만, (지금까지는) 이러한 집착을 충족하려고 동물을 죽이는 행위에는 선을 긋고 있다.

그 첫날 아침, 나는 테라스에서 나방을 그들의 이름과 천천히 연결 짓기 시작했다. 한국밤나방Dun-bar과 배저녁나방Knot Grass. 나무이끼밤나방Tree-lichen Beauty, 매미나방Gypsy, 저지호랑이나방Jersey Tiger. 창백한버드나무얼룩나방Pale Mottled Willow과 노랑테붙나방Dingy Footman 그리고 가장 적절한 이름인 불확실함Uncertain. 대부분의 나방이 처음엔 이 이름으로 시작했지만, 마지막까지 이 이름표를 붙이고 있던 나방은 단 두 마리였다(이 종의 성충은 연중 같은 시기에 활동하는 다른 나방과 매우 비슷하다. 자세한 내용은 곧 설명하겠다).

오전 시간을 대부분 할애한 끝에 드디어 나는 82마리의 나방을 28개의 종으로 분류할 수 있었다(몇 마리가 더 잡혔지만 덫에서 꺼내려던 중 내 서투른 손길에 도망치고 말았다). 이들 동물이 모두 런던 도시의 작은 옥상 테라스에 마술처럼 나타났다. 자연 세계에 대한 인간의 타고난 친밀감을 설명하기 위해 '생명애' 또는 '바이오필리아biophilia'라는 용어를 탄생시킨 곤충학자이자 작가 에드워드 윌슨Edward Osborne Wilson은 이렇게 말했다. "모든 아이들은 곤충을 사랑하는 곤충기를 거친다⋯. 나는 그 시기를 벗어나지 못했다." 그날 아침, 나는 다시 그 시기로 되돌아갔다.

외딴섬은 없다

우리는 100만 개가 넘는 다양한 동물 종에 이름을 부여했지만, 이는 전체 동물 종의 극히 일부에 불과하다. 전 세계 동물 종의 수는 현재 과학계에 알려진 종의 수를 토대로 추정하는 방법에 따라 약 300만 종에서 1억 종 사이인 것으로 추정되는데, 실제로는 이 범위의 하한선에 가까울 가능성이 높다. 신뢰할 수 있는 한 최근 연구는 약 800만 종으로 추정한다. 우리가 아는 한 생명체가 존재한다는 것만으로도 지구는 여느 행성과 다른 특별함이 있는데, 이는 놀라운 다양성이 아닐 수 없다.

그러나 지금까지 명명된 모든 동물 중에서 약 10종 가운데 하나는 나방으로, 나비목에 속하는 종은 약 14만 종에 달한다. 나비목에 속하는 종 가운데 2만 종은 나비이니, 전체 9종 가운데 하나라고 말하는 편이 더 정확할 수도 있다. 우리는 일반적으로 나비와 나방을 구분하지만, 나비는 사실 낮에 활동하는 나방의 하위군에 속한다. 전 세계에 존재하는 나방 종의 실제 수는 훨씬 많을 가능성이 높다. 대부분의 종은 열대우림에 서식하는 반면, 대부분의 과학자와 분류학자는 온대지방에 거주하며 일하기 때문이다.

그렇다면 왜 내 덫에서는 런던의 덤불에 서식하는 다양한 나방 중 이들 28종 나방이 나왔을까? 왜 28종이었을까? 그 수를 늘리기 위해 더 할 수 있는 일이 있었을까? 더 많은 종을 지역 환경에 도입하면 어떻게 될까? 덫에서 더 많은 나방을 발견할 수 있을까, 아니면 현재 이 지역에 존재하는 종이 다른 곳으로 쫓겨날까? 일부 종을 제거한다면 어떨까? 그 자리를 다른 종이 이주해 채우게 될까, 아니면 단순히 지역의 나방 종 다양성이 줄어들까?

내 덫에 잡힌 종의 수는 총 28종이었지만, 개체 수로는 총 82마리의 나방이 잡혀 있었는데, 그중 3분의 1이 단 2종으로 구성되어 있었다. 나무이끼밤나방이 13마리로 가장 많았고, 저지호랑이나방이 12마리로 그 뒤를 바짝 쫓았다. 이어서 한국밤나방 8마리, 리본물결나방Riband Wave과 코들링나방Codling Moth이 각각 6마리로, 28종 가운데 5종이 82마리의 절반 이상을 차지했다. 한편 나머지 종은 각각 한두 마리가 잡혔는데, 이게 전형적일까?

내가 잡은 종들이 다른 곳에서 살 수 있을까, 아니면 이미 살고 있을까? 그날 아침 덫에 가장 많았던 두 종은 킨드로건에서는 볼 수 없었는데, 이는 두 지역 사이에 뭔가 다른 점이 있음을 보여준다. 두 덫 주변의 서식지인 캠던과 킨드로건은 분명 뚜렷이 구분되는 특징이 있지만, 거리상으로는 매우 가까웠을 것이다. 그렇다면 두 덫을 700킬로미터 정도 떨어뜨려놓아도 같은 종류의 나방이 잡힐까? 만약 같은 종류의 나방이 잡힌다면 그것은 우리에게 무엇을 말해주는가? 킨드로건과 런던에서 발견되는 나방의 종류가 다른 것은 연중 시기의 문제일 수도 있다. 봄과 여름은 영국 남동부보다 스코틀랜드에 더 늦게 찾아오기 때문에, 오는 8월에는 킨드로건의 덫도 나무이끼밤나방과 저지호랑이나방으로 가득 찰 수 있다.

어떤 종도 홀로 존재하는 외딴섬이 아니다. 모든 동물은 살아남기 위해 소비해야 하므로 먹이의 존재는 중요하다. 나방은 완전한 변태를 하는 동물로, 알-애벌레-번데기-성충의 주기를 거친다. 애벌레 단계에서는 몸이 확장될 공간을 만들어 앞으로 성장할 수 있도록 단단한 키틴질 외골격이 벗겨지는데, 이는 다양한 영instar*으로 나뉜다. 번데기 단계에서는 애벌레에서 나방으로 기적적인 변화가 일어난다. 그리고 드디어 성충이 된다.

대부분의 먹이 활동은 애벌레 단계에 이루어진다. 애벌레는 작은 알에 들어갈 수 있는 크기에서 시작해, 때에 따라 최대 2만 개의 알을 낳을 수 있는 성충으로 변태할 만큼 충분한 영양을 축적해야 한다. 대부분의 애벌레는 초식성이지만, 그들의 입맛은 매우 다채롭다. 죽은 쐐기풀부터 소라쟁이, 개꽃, 갯버들, 산사나무, 야생자두나무blackthorn 등을 먹는 작은넓은띠노랑뒷날개줄무늬나방Lesser Broad-bordered Yellow Underwing 애벌레는 그 긴 이름보다 더 긴 먹이 목록을 지니고 있다. 반면 대리석밤나방Marbled Beauty 애벌레는 이끼류를 먹고 자라기 때문에 선택의 폭이 넓지 않으며, 오염된 지역에서는 잘 발견되지 않는다. 이 두 종 모두 덫을 놓은 첫날 아침 런

---

* 애벌레의 표피는 자라는 데 한계가 있어서 자주 탈피해야 한다. 이는 우리가 자라면서 점점 큰 옷을 입게 되는 것과 같다. 탈피할 때마다 애벌레는 그다음 영으로 진행한다. 어떤 나방은 다른 나방보다 더 많은 탈피를 거치는데, 일반적으로 이들 나방이 더 큰 크기로 자라기 때문이다. 애벌레가 얼마만큼 자랄 수 있는지는 2장에 일부 예시가 나온다.

여름 내내 나방 덫의 단골손님이었던 대리석밤나방. 애벌레는 이끼류를 먹고 자라며, 오염된 지역에서는 잘 발견되지 않는다.

던의 테라스에서 발견되었다.

　먹이 활동을 하는 나방은 먹이가 되기도 한다. 나방은 생명의 연결 고리이며, 그들이 차지하는 서식지의 일부이지만, 포식자와 기생충에게는 서식지가 되어준다. 나방 덫은 이를 보여준다. 나방 덫에는 특히 가을에 벌이 모여들기도 하는데, 이런 아침에는 긴장감을 불러온다. 말벌은 다른 곤충을 잡아먹는 포식자이자, 정원이나 농작물의 해충 방제 매개체로서 알게 모르게 큰 역할을 한다. 이런 벌들이 자주 날아와 윙윙거리며 덫 주변에서 쉬는 나방을 노리곤 한다. 다른 종류의 벌도 덫에 이끌리는데, 바로 기생벌이다. 기생벌은 애벌레의 몸에 알을 낳고, 이 알은 부화해 숙주를 안에서부터

산 채로 잡아먹는다. 종종 나방은 피식자이면서 동시에 포식자도 된다. 내가 잡은 한국밤나방의 애벌레는 잡식성으로, 나뭇잎을 먹지만 때로는 다른 나방의 애벌레를 먹기도 한다. 이러한 상호작용이 내가 잡는 나방 개체 수에 어떤 영향을 미칠까? 나방의 수는 나방의 먹이로 인해 결정될까, 아니면 나방을 잡아먹는 것들에 의해 결정될까?

이런 질문에 바탕을 두는 광범위하고도 존경받는 과학 분야가 있다. 내가 지난 30년 동안 몸담았던 생태학이다. 나는 종의 풍부도와 분포에 관한 질문에 깊은 관심이 있으며, 주로 내가 맨 처음 사랑에 빠진 동물인 새의 정보를 이용해 연구한다. 이러한 질문이나 새에 대한 익숙함에도 불구하고 생태학이라는 주제는 늘 흥미로웠지만, 새로운 경험이 주는 대조는 익숙한 것을 다른 시각으로 보게한다. 우리는 주변 환경을 당연하게 받아들이곤 한다. 나방 덫은 내게 새로운 관점을 주었다.

뒤엉킨 강둑의 세계

생태학, 또는 독일어로 외콜로기Oekologie는 1860년대에 독일의 생물학자 에른스트 헤켈Ernst Haeckel에 의해 처음 현대적 형태로 정의되었다. 생태학, 즉 'ecology'의 어원은 환경 또는 생태를 의미하는 것으로 고대 그리스어 '오이코스oikos'에서 유래한 '에코

eco'와, 질서와 지식의 원리를 뜻하는 '로고스logos'가 결합한 것이다. '오이코스'는 가족, 가족의 재산, 집을 뜻하는 말로 하나의 의미만 있진 않다. 이러한 맥락에서 경제를 뜻하는 단어인 '이코노미economy'에서 앞에 '에코'가 붙은 이유는 명확해 보인다.

한편 생태학의 한 정의인 유기체와 환경의 상호작용에 관한 연구에서 '에코'는 앞서 말한 오이코스의 세 번째 의미와 관련이 있으며, 우리는 흔히 이를 좀 더 개인적인 시각으로 해석한다. 생태학은 말 그대로 우리의 집에 관한 연구다. 우리는 유기체이고, 환경은 우리에게 근본적인 문제다. 생태학자에게 이러한 논리와 관련성은 명백하다. 생태학, 즉 헤켈의 외콜로기에 대한 공식 정의는 "유기체와 환경의 관계에 관한 포괄적인 과학"이었다.[1]

헤켈은 찰스 다윈Charles Robert Darwin의 열정적인 제자였다. 따라서 생태학의 정의가 수년에 걸쳐 진화했다고 보는 게 적절할 것이다. 헤켈이 주제의 본질은 정의했지만, 그것을 글로 나타낸 형식은 너무 일반적이고 모호했다. 그의 정의에 따른다면, 생태학에 포함되지 않는 건 무엇인가? 생태학은 정확히 무엇을 설명하려는 걸까?

우리는 호주의 생태학자 허버트 앤드루아르타Herbert Andrewartha 덕분에 약 1세기가 지나서야 이 두 번째 질문에 대한 명확한 답을 얻을 수 있었다. 그는 생태학을 "생물의 분포와 풍부도에 관한 과학"[2]으로 정의했다. 그에 따르면 생태학의 핵심은 생물이 어디서, 얼마나, 왜 발견되는지 이해하는 것이다. 그 뒤 캐나다의 과학자 찰스 크레브스Charles Krebs는 "생물의 분포와 풍부도를 결정하는 상호작용"[3]이라는 정의를 추가했고, 이러한 가벼운 수정을 거쳐 오늘날 대부분의 생태학자가 사용하는 정의가 완성되었다. 이 정의는 생태학이 나방 덫의 내용물을 이해하는 데 핵심인 이유를 보여준다.

나방 덫은 곤충을 사랑하는 사람에게 경이로움을 선사하기도 하지만, 효과적인 과학적 도구이기도 하다. 그 덫이 허공에서 마법처럼 불러내는 동물은 인접한 지역의 나방 군집 표본이거나, 그 지역을 통과하는 군집의 표본인 경우도 있다. 말하자면 더 큰 장면의 일부가 담긴 그림과도 같은 것이다. 이 작은 그림들을 모아 우리는 더 큰 그림을 볼 수 있다.

나방의 경우, 우리가 이용할 수 있는 그림의 수가 많다. 적어도 영국에서는 그렇다. 영국에는 방대한 아마추어 덫 사냥꾼 공동체가 활동하고 있다. 이들은 밤마다 잡은 나방을 기록하고 그 내용을 지역 또는 국가 기록 운영소에 제출한다. 1968년부터 영국 하트퍼드셔Hertfordshire의 로덤스테드Rothamsted 농업 연구소에서 전국적인 나방 덫 네트워크가 조직되었다. 오래된 이러한 기록 운영보다 더 앞선 역사적 기록이 종종 오래된 공책에서 등장해 큰 그림에 작은 그림을 더하기도 한다.

이렇게 얻어진 장면의 해상도가 높을수록 우리는 그 안에서 세세한 내용까지 살펴볼 수 있고, 각각의 나방 덫을 운용하는 사람들은 넓은 패턴 속에서 자신이 제공하는 장면의 적합한 위치를 확인할 수 있다. 이 패턴은 자연계가 작동하는 방법을 이해하는 기초가 되며, 추가적인 관찰이나 실험을 통해 이를 검증할 수 있다. 그렇다면 우리가 보는 동물들은 같은 장면에 우연히 함께 등장했을까, 아니면 어떤 규칙이 있을까? 규칙이 **있다면** 그것은 무엇일까? 우리는 조금씩 주변 세계를 더 깊이 이해하고 있다. 그러나 이러한 작업의 규모를 과소평가해선 안 된다. 자연 세계는 지독할 정도로 복잡하기 때문이다.

모든 동물과 식물, 균류, 박테리아, 원생생물 그리고 바이러스●의 정체와 위치를 지도에 표시할 수 있을 정도로 세세하게 지구를 스캔하는 기술이 있다고 상상해보라. 과연 우리는 어떤 그림을 얻을 수 있을까?

그림에 나타난 모든 개체는 하나의 종에 속할 것이다. 세상에는 약 800만 종의 동물 외에도 약 100만 종의 다른 진핵생물(식물은 약 30퍼센트, 균류는 약 60퍼센트, 나머지는 원생동물과 조류로 구성된다)이 있는 것으로 추정된다. 반면 원핵생물(박테리아와 고세균류)의 추정치는 놀라울 정도로 낮은 수준(약 1만 종)부터 놀랄 만큼 높은 수준(약 1조 종)까지 다양하다.●●

● 이는 현재 우리가 생명체 종류를 분류하는 주요한 분류군이다. 생물학의 역사에서 이 세계에 존재하는 것으로 생각되는 분류군의 수는 증가해왔으며, 아마 앞으로도 꾸준히 변화할 것이다.

●● 이토록 큰 차이가 나는 이유는 부분적으로는 우리가 진핵생물을 보는 관점에서 원핵생물의 '종'이 무엇을 의미하는지 이해하는 데 어려움을 겪기 때문이다(그리고 진핵생물의 정의를 둘러싸고도 여전히 논쟁이 계속되고 있다). 원핵생물 종의 수는 진핵생물 종 수의 반올림 오차 내에 있을 수도 있고, 그 반대일 수도 있다. 바이러스는 원핵생물과 진핵생물에 기생하기 때문에 바이러스 종의 수는 숙주의 종 수

그렇지만 이것은 **종**의 수다. 때때로 특정 종의 **개체** 수가 너무 적어 그 미래가 우려될 경우, 우리는 그 종의 개체 수까지 자세히 알고 있기도 하다. 예를 들어 총 209마리(이 책을 쓸 당시 보고된 수치다)의 카카포, 즉 크고 날지 못하는 뉴질랜드의 한 앵무새가 그렇다. 하지만 대부분의 경우 이 세계의 아주 작은 표본, 이를테면 나방 덫이 제공하는 단편적인 기록을 토대로 개체 수를 추정해야 한다. 우리는 잘 알려진 유기체군에 관해서만 비교적 정확한 추정치가 있다.

몇 년 전, 나는 동료 케빈 개스턴Kevin Gaston과 함께 이 세상에 존재하는 새의 개체 수를 추정해보려 했다. 새는 의심할 여지없이 가장 잘 알려진 주요 생물군에 속한다. 시각이나 청각으로 쉽게 감지되고, 최대한 많은 새를 발견하는 게 목표인 예리한(광적인 정도까진 아니더라도) 관찰자들의 전 세계적 네트워크가 있으며, 작은 서식지의 개체 수 밀도부터 전국적인 개체 수 추정치까지 다양한 규모의 기록과 수많은 추정치가 존재한다. 최근 연구에 따르면 영국 조류의 번식 개체 수는 1억 6121만 1593마리에 이른다. 이 정밀한 숫자는 상당한 오차를 포함하는 한편, 여기에는 비번식 개체 수가 포함되어 있지 않다. 이들의 정확한 개체 수는 파악하기 어렵다.

라든가 특정 바이러스가 특정 숙주에 특이성을 지니는지에 따라(이 또한 가변적이다) 달라질 수 있다. 이러한 상황에서 바이러스 종의 풍부도를 계산하는 것은 거의 가치가 없어 보인다.

케빈과 나는 다양한 출처의 자료를 종합해 전 세계 조류의 번식 개체 수를 약 1000억에서 4000억 마리로 추정했지만, 이후 추정치를 약 870억 마리로 수정했다(자연 서식지가 인간의 용도로 사용되기 전에는 약 1100억 마리에 달했을 것이다). 이 추정치는 매우 그럴듯하다. 다양한 방법을 시도한 최근의 연구도 본질적으로 같은 추정치를 내놓았고, 그 수가 크든 작든 10배 이상 차이가 날 가능성은 없다. '한 자릿수 이내', 즉 10의 배수라는 표현은 생태학에서는 대개 합리적인 근사치로 여겨진다.

다른 유기체의 경우, 추정치의 규모조차 확인하기가 쉽지 않다. 스미스소니언이 운영하는 웹사이트 버그인포Smithsonian BugInfo에서는 한 시점에 살아 있는 곤충의 수를 약 1000경(1에 0이 19개가 붙은 숫자다)으로 추정한다. 이러한 추정치가 어디서 나왔는지, 과연 합리적인지는 말하기 어렵다. 이 추정치에 따르면 새의 번식 개체 한 마리당 1억 마리가 넘는 곤충이 있다는 뜻인데, 이는 그럴듯한 숫자일 것이다.

규모 면에서 번식기의 박새와 푸른박새는 하루에 약 16시간이나 비행하며 매분 새끼에게 애벌레를 물어다 준다. 이 두 종이 영국에만 약 270만 쌍 있다는 점을 고려하면, 하루 동안 두 종의 새가 새끼들에게 먹이는 애벌레 수는 21억 6000만 마리 이상이다. 박새는 주로 겨울물결자나방Winter Moth과 참나무잎말이나방Green Oak Tortrix이라는 두 종의 애벌레를 먹이로 삼는다. 새는 일반적으로 식충동물이므로 자신과 배고픈 새끼들을 부양하려면 많은 곤충이

나방은 빛을 쫓지 않는다

필요할 것이다. 예를 들어 박쥐는 단 한 시간에 500마리의 곤충을 잡을 수 있다. 이 밖에도 곤충은 파충류와 양서류, 물고기, 거미는 물론 수많은 포유류의 주요 먹이다. 1000경이라는 숫자가 그럴듯하게 느껴질 것이다.

그러나 이렇듯 막대한 숫자도 토양 한 티스푼에서 발견될 수 있는 미생물 추청치 10억 마리에 견주면 아주 작은 수다. 한편 전 세계적으로 존재하는 바이러스의 수는 1×10^{31}마리로, 이는 1000경에 이르는 곤충들이 한 마리당 10억 마리 이상 지니고 있는 것이다. 이들을 한 줄로 쭉 늘어놓으면 그 길이는 약 1억 광년에 이른다. 다시 말하지만, 추정치가 정확한 것은 아니다. 하지만 이 숫자가 몇 자릿수 바뀐다고 하더라도, 우리에게 주는 메시지는 변하지 않는다. 이 행성에는 놀랍도록 풍부하고 다양한 생명체가 살고 있다는 사실 말이다.

물론 이 세계의 그림은 완성하는 순간 이미 과거의 것이 된다. 새로운 개체가 탄생하고, 또 다른 개체는 죽음을 맞이했을 테니 말이다. 만약 종족의 마지막 개체가 죽음을 맞이했다면 개체군은 물론 그 종마저 완전히 사라질지도 모르며, 탄생으로 종의 수가 증가했을지도 모른다. 종분화의 특성상 특정 종이 출현한 순간을 정확히 짚어내는 건 멸종의 순간을 추적하는 것보다 어렵지만 말이다.

한편 이러한 탄생과 죽음에 관계없이 개체는 이동했을 것이며, 수많은 개체가 서로 위치를 바꾸었을 것이다. 절대적인 관점에서 이러한 초 단위의 움직임은 큰 차이가 없을 수도 있지만, 시간이 지나면 한 지역이 완전히 비워질 수도, 반대로 다양한 동물의 서식지가 되어 새로운 종이 탄생할 수도 있다. 그리고 1초 뒤면 이 장면이 또다시 바뀐다. 이것이 지구에 최초의 유기체가 등장한 이후부터 이어져온 연극이다. 약 40억 년간 이어진 그 장면 속에 지금 우리가 바라보고 있는 행성이 탄생했다.

이러한 변화 중 어느 것도 독립적으로 일어나지 않는다. 모든 개체는 생존하고 번식하기 위해 에너지와 물, 영양소 같은 자원을 필요로 한다. 일부는 환경에서 직접적으로 충족하지만, 대다수는 다른 개체를 소비하거나 약탈 또는 기생을 통해 필요한 요소를 공급받는다. 이것이 바로 생태학을 정의하는 특징이라 여겨지기도 하는 상호작용이며, 어떤 유기체도 다른 유기체로부터 독립해 발생하지 않는다는 것을 의미한다.

이들 유기체는 다른 종들이 서로 적대하게 함으로써 발생하는 희생에서 이익을 얻는다. 한편 상호 이익을 위해 서로 협력해야만 하는 종도 있다. 결과적으로 셀 수 없이 많은 유기체가 모두 어울려 춤추고 있으며, 그들의 놀라운 수는 그들을 연결하는 잠재적인 실제 고리에 비하면 사소해 보일 정도다. 한 개체가 환경에서 자신의 필요를 좇거나 다른 유기체의 필요를 회피하려 할 때, 이 연결 고리는 개체를 무수한 방향으로 끌어당긴다. 이런 모든 상호작용은 지질과 기후(그리고 때때로 천체물리)와 함께 작용해 생명의 무대를 끊임없이 변화시킨다.

변화하는 것은 무대뿐만이 아니다. 무대 위에서 활동하는 종들

나방은 빛을 쫓지 않는다

또한 변화한다. 그렇다면 종은 무엇인가? 이에 관해서는 많은 정의가 제안되었으며, 다양한 철학적 접근이 있다. 그러나 일반적으로 우리는 야생 상태에서 잠재적으로(성별이 맞을 경우) 함께 번식해 자손을 생산할 수 있는 유기체의 집단이라고 정의한다. 종을 정의하기가 어려운 이유는 역동적이기 때문이다. 종은 환경 그리고 상호작용하는 다른 종이 가하는 압력에 대해 점진적 변화, 즉 진화로 반응한다. 이처럼 종은 적응하며 지속되는데, 다른 위치에서 서로 다른 압력을 받은 개체군은 서로 다른 궤적을 향해 변화를 일으키고 분화함으로써 궁극적으로 새로운 종이 발생할 수 있다.

이렇듯 한 개체군이 다른 궤적으로 얼마나 멀리 변화했는지에 따라 다른 개체군과 번식할 수 있는지 여부가 결정되며, 서로 다른 개체군이 과연 같은 종인지에 관한 정의가 모호해진다. 이를테면 짙은갈색다트나방Deep Brown Dart과 북부짙은갈색다트나방Northern Deep Brown Dart은 모두 유럽에서 번식하며, 이름에서 알 수 있듯 매우 유사하다. 그런데 이 나방들은 다른 종일까? 전문가들조차 동의하지 못한다. 그러나 대부분의 경우 개체가 어떤 종에 속하는지는 명확하다(우리는 아직 대부분의 종이 밝혀지지 않았다고 생각한다는 점에 주의해야겠지만 말이다).

점진적인 변화와 분화의 과정은 약 37억 년에 걸쳐 오늘날 존재하는 수백만(또는 수십억) 종을 낳았다. 각각의 종은 모두 공통된 조상으로부터 이어지는 계통을 따라 변화하는 지구 환경 속에서 자신만의 길을 걸어왔다. 이 특별한 길은 그 역사와 결과 모두에서 모든 종이 특별하다는 것을 뜻한다. 모든 종은 생존과 번식이라는 과제에 대해 서로 다른 해결책을 찾아냈고, 그 결과로 각각의 고유한 특성이 나타나게 되었다.

어떤 종은 빠른 속도로 살고, 빠르게 성장하며, 가능한 한 많이 자주 번식한다. 승자가 있기를 바라며 생명의 복권을 수천 장 사는 것이다. 앞으로 살펴보겠지만, 조건만 맞는다면 이러한 전략으로도 큰 열매를 기대할 수 있다. 다른 한편으로 성숙하는 데 오래 걸리고, 계통을 이어갈 소수의 자손을 낳아 기르는 데 시간과 노력을 쏟아, 잠재적으로 생명체 전체에서 개체의 대표성을 높이는 전략을 사용하는 종도 있다. 이는 우리 인간도 선택한 방식으로, 이런 느린 전략 또한 큰 승리로 이어질 수 있음을 보여준다. 많은 종이 두 극단 사이 어디쯤에 위치한 전략을 쓴다. 그러나 유전자를 가장 잘 보전하기 위해서 모든 개체는 획득한 자원을 어떻게 할당할지 (무의식적으로) 그 방법을 선택한다. 이러한 선택은 종의 생김새 그리고 넓은 의미에서 그들의 행동 양식을 반영한다.

개체와 개체군, 종, 필요, 상호작용, 움직임, 특성, 변화 방식, 즉 1000경이라는 단위가 매겨진 개체와 사건이 바로 생태학의 핵심이다. 생태학은 불변의 법칙과 확고한 예측이 부족하다는 이유로 종종 과학이 아니라고 비판받지만, 이 학문이 설명해야 할 내용의 복잡성은 실로 놀라울 정도다. 찰스 다윈은 "우리 주변에서 작용하는 법칙에 의해 생성된… 다양한 식물로 뒤덮여 있고, 다양한 새들이 덤불에서 노래하고, 다양한 곤충이 돌아다니고, 축축한 땅에는

나방은 빛을 쫓지 않는다

애벌레들이 기어다니는 뒤엉킨 강둑"[4] 이라고 표현했다. 그리고 생태학은 대부분의 시간 동안 다윈이 묘사한 규모로 메커니즘을 분리하는 데 집중했다.

그러나 뒤엉킨 강둑은 그것이 놓인 더 넓은 환경에서 분리되지 않으며, 그 안에 존재하는 식물과 동물은 대륙 단위 그리고 수 세기 단위로 작동하는 과정에 영향을 받는다. 7월 아침, 내 함정에 붙잡힌 나방과 그들의 수와 종과 특성은 복잡하게 뒤얽힌 하나의 줄거리로 이어진 대단원의 결말이다. 그 나방이 그날 어떻게 그곳에 나타나게 되었는지, 우리는 과연 어디서부터 어떻게 접근해야 할까?

이 질문에 대한 해답은 명확하다. 문제를 좀 더 들여다보기 쉬운 부분으로 나누어 접근하면 된다. 모든 과학은 이런 식으로 작동한다. 물리학이나 화학, 생물학의 기원 또한 하나의 전체로 다루기엔 너무 큰 복잡성에 대한 우리의 반응이었다. 지식 영역이 확장하면서 이러한 전통적인 학문의 경계가 그 한계까지 확장됨에 따라, 우리는 계속 과학을 세분화해왔다. 생물학은 생태학을 낳았고, 진화생물학·유전학·세포생물학·분자생물학 등 수없이 많은 하위 학문이 탄생했으며, 이 또한 다시 세분화해 있다. 그러나 우리의 궁극적인 목표는 이러한 지식을 다시 한데 모아 생명에 관한 전체적인 이해를 얻는 것이다.

적어도 이 책에서는 우리가 생태학을 통해 나방 덫과 그것이 불러일으키는 마법을 이해할 수 있도록 노력할 것이다. 생태학은 이미 거대한 분야다. 나는 지난 30년 동안 연구해왔지만, 내가 이해하는 것은 작은 부분에 불과하다. 그렇지만 이러한 이해는 "왜 어떤 나방 덫에 특정한 종의 나방이 특정한 수로 포획되는가?" 하는 질문과 관계가 있다. 나방 덫과 그 덫에 포획되는 나방은 이런 질문은 물론, 우리가 속한 자연 세계에 대한 우리의 지식을 다시 한 번 생각하게 한다.

이 책은 이런 생각의 결과물이다. 나는 나방 덫이 제공하는 숨겨진 세상을 비추는 창을 통해 우리가 자연의 작동을 생각하는 방식 또는 그에 관한 내 견해를 전하고 싶다. 과학자와 자연을 담는 작가들은 특정 동물에 관해 수많은 훌륭한 책을 집필했다. 그러나 이 책은 나방에 관한 책이 아니다. 나는 나방에 관한 책을 쓰기보다는, 나방과 나방에 대한 사랑을 자연의 작동 방식을 드러내는 도구로 활용하고 싶다. 마이클 패러데이Michael Faraday가 철가루를 사용해 보이지 않는 자기장을 우리 눈앞에 펼쳐 보인 것처럼, 나는 우리가 이 작은 동물에게 주의를 기울일 때 그들의 상호 관계, 더 넓은 생명 그물과의 연결 고리 그리고 생명에 관한 더 큰 진실이 우리 눈앞에 조금씩 드러난다는 점을 보여주고 싶다. 대사 한 줄은 극의 나머지 부분이 없다면 의미가 없다. 마찬가지로 완전한 환경의 서사를 고려하지 않고는 나방 덫의 내용물을 이해할 수 없다. 작은 상자 하나에 담긴 내용물은 자연의 작용에 달려 있으며, 동시에 그 자연의 작용 방식을 비추는 빛이다.

나는 단 한 종에 속하는 개체군부터 천천히 살펴볼 것이다. 이들 개체의 삶에서 가장 근본적인 두 가지 요소, 즉 죽음과 탄생은 그들이 상호작용하며 개체군의 크기를 키울 수 있는 능력을 담고 있다. 이러한 증가는 생태학과 생명의 놀라운 다양성을 이해하는 근간이 된다. 하지만 개체 수 증가는 자원이 제한된 유한한 행성에서 발생한다. 이는 **매우** 중요하다.

물론 개체군은 텅 빈 공간에 독립적으로 존재하지 않으며, 어떤 종도 다른 종과 완전히 분리된 상태로 살아가지도 않는다. 우리는 이런 상호작용이 개체 수 증가 능력을 어떻게 조정하는지 살펴볼 것이다. 종은 중요한 자원을 두고 서로 경쟁하는 한편, 포식을 통해 한 종이 다른 종의 중요한 자원으로 소비되기도 한다. 이러한 과정은 개체 수가 통제할 수 없을 정도로 증가하지 않는 이유를 이해하는 데 도움이 된다.

모든 유기체는 탄생과 죽음으로 그 시작과 끝을 맺는다. 하지만 그 사이에 무엇을 하는지가 그들 종의 정체성을 결정한다. 성장과 생존, 번식을 위해 이러한 필수 자원을 어떻게 활용하는지가 삶의 역사를, 즉 빠르게 삶을 살아내고 일찍 죽음을 맞을지, 아니면 노년을 경험하는 삶이 될 수 있을지 결정하는 것이다. 이 주제에 대한 그들의 선택은 그들이 죽음을 맞이하는 방법과 시기를 결정한다. 그리고 나방 덫을 통해 드러나는 형태의 다양성도 결정한다. 이는 나방의 삶에 왜 정답이 없는지 설명해준다.

개체 수의 증감과 흐름에 영향을 미치는 과정이 생명의 역사를 결정하는 데 어떻게 도움이 되는지 살펴본 뒤, 그 복잡성의 수준을 높여서 공존하는 여러 개의 집단, 즉 생태학적 공동체를 살펴볼 것이다. 그리고 이 세상에 얼마나 많은 종이 공존하며 종마다 몇 마리의 개체가 존재하는지, 그 핵심 질문에 다시 도달한다. 우리는 이 상호작용이 이들 종을 한곳에 공존하게 했는지, 아니면 공동체가 우연히 한곳에 모인 임의 종의 집합인지는 아직 알지 못한다. 나는 그 답이 중간 어디쯤에 있다고 생각한다. 각 개체는 규칙에 따라 움직이지만, 그 공동체의 일원이 되는 것은 운에 크게 좌우되는 것이라고 말이다.

생태학적 집단의 구조를 들여다보면, 이주의 중요성이 강조된다. 내 나방 덫은 이웃 정원과 이웃 나라에서 태어난 나방을 포획한다. 개체군 동태population dynamics를 논할 때 문제를 간소하게 살펴보기 위해 개체의 이동을 무시하곤 하지만, 삶은 그 움직임에 달렸다. 개체가 이주해 새로운 지역을 개척하게 되면 줄어드는 개체군을 멸종위기에서 구할 수 있다. 또한 이런 이주가 없었다면 대부분의 지역은 황무지가 되었을 것이다. 그 이유를 설명하겠다.

특정 공동체에 공존하는 종은 더 넓은 환경에 존재하는 종들의 하위 집합이다. 한편 더 넓은 환경에 더 많은 종이 존재할수록 더 많은 종이 공존하게 된다. 종의 관점에서 볼 때, 우리 행성의 모든 부분은 동등하지 않다. 그 이유를 설명하기 위해 탄생과 죽음이라는 불가피한 시작과 끝으로 돌아가게 되는데, 이번엔 그것을 종의 수준, 즉 종분화와 멸종이라는 관점에서 살펴봐야 한다. 수백만 년에 걸친 종분화와 멸종으로(그리고 약간의 이주로) 어떤 지역에서는 다른 지역보다 더 많은 나방이 생겨났고, 특정 분류군의 나방이 다른 분류군보다 더 많이 생겨나기도 했다. 이렇게 폭넓은 관점으로 들여다보지 않으면 우리는 나방 덫이 보여주는 다양성을 이해할 수 없다.

그러나 이것이 이야기의 끝은 아니다. 우리의 이야기에는 마지막 반전이 있다. 최근 이 장면에 새로운 배우가 등장해 모든 줄거리에 스며들고 있기 때문이다. 그 배우는 개체군의 동태부터 공동체의 구조와 모든 지역의 다양성까지 생태계의 작동을 결정하는 과정에서 점점 더 중요한 동인이 되고 있다. 그러나 이는 줄거리를 새롭고도 달갑지 않은 방향으로 몰고 가며, 따라서 그 영향을 이야기하지 않을 수 없다. 그 배우는 다름 아닌 우리 인간이다.

내가 이 책에서 보여주려는 것은, 우리는 정원이나 옥상 테라스만을 뚝 떼어놓고 그 안에서 일어나는 일을 이해할 수 없다는 것이다. 우리는 아주 오랜 시간을 들여 뒤엉킨 강둑의 환경과 유기체, 그 상호작용을 아주 상세히 설명할 수 있다. 하지만 그 맥락을 함께 풀어내지 않는다면 이러한 노고는 헛수고가 될 것이다.

자연은 모두 연결되어 있다. 내 나방 덫에 나타나는 나방의 종류와 수는 내 이웃 주민이 지난주에 무엇을 했는지에 따라 달라질 수도 있지만, 영겁의 시간과 대륙의 작용이 얽혔을 수도 있다. 자연의 일부에 울타리를 쳐놓고 번성하기를 기대할 수는 없다. 아니, 그 조각이 생존하기를 바라는 것조차 힘들 것이다. 이러한 깨달음은 그어느 때보다 중요해졌다.

우리는 이 세계를 점점 더 인간의 모습에 맞추어 변화시키고 있으며, 인간이 지배하는 풍경과 부과하는 과정을 배경 삼아 자연을 점점 더 작은 조각으로 제한하고 있다. 우리가 주변 자연에 관심이 있다면, 세계적인 규모로 생각하고 행동해야 한다. 나방 덫은 에메랄드, 진주, 루비 같은 보석을 담은 보석상자다. 그러나 이 보석은 사진을 구성하는 하나의 픽셀에 불과하다. 이 책을 통해 사진이 어떤 모습인지, 어떻게 그런 모습을 갖추게 되었는지 조금이라도 전할 수 있기를 바란다. 그 광경은 실로 아름답다.

1

창문을 탈출한 애벌레

번식의 힘

모든 진보의 근간은

자신의 소득보다 더 나은 조건에서 살고자 하는

유기체의 타고난 욕망이다.

새뮤얼 버틀러Samuel Butler

런던의 옥상 테라스에 나방 덫을 설치한 첫날 밤, 덫에는 몇몇 아름다운 나방이 걸려들었다. 선명한 청록색 숄을 늘어뜨린 듯한 나무이끼밤나방, 검은색과 흰색 줄무늬가 있는 윗날개 아래에 풍부한 오렌지색 뒷날개를 숨겨둔 저지호랑이나방 그리고 설명이 필요 없는 구점들명나방Small Purple-and-Gold까지. 하지만 그날 아침 덫에 나타난 나방이 모두 아름답지는 않았다. 그중 한 마리는 특히 상태가 썩 좋지 못했다.

나비목은 날개를 미세한 비늘이 덮고 있는 것이 특징이며(나비목을 뜻하는 'Lepidoptera'는 그리스어 '비늘 날개'에서 따왔다), 이 비늘은 나방 날개의 믿을 수 없이 다채로운 색상과 무늬의 원천이다. 그렇지만 이 비늘은 쉽게 벗겨질 수 있다. 그 나방도 날개의 비늘이 거의 벗겨진 상태였고, 격자 모양으로 톡 튀어나온 날개맥 사이에 텅 빈 캔버스 같은 면만 남아 있었다. 나비목의 비늘은 털로 변형될 수 있는데, 다양한 종이 마치 모피 코트를 두른 듯 보이는 것도 모두 이 털 때문이다. 그러나 이 나방은 털이 모두 벗겨져 흉부

선명한 청록색 숄을 늘어뜨린 듯한 아름다운 나무이끼밤나방. 내 옥상 테라스 덫에 가장 많이 들어왔던 나방이다.

와 복부가 매끄럽게 보일 지경이었다. 많은 나방이 작은 새나 포유류를 닮았다. 이 나방은 나방도 다른 곤충들처럼 털 아래에 단단한 키틴질 외골격을 숨기고 있음을 다시금 보여주고 있었다.

색과 무늬가 대부분 벗겨진 이 나방에게 하나 남은 독특한 특징이 아니었다면, 이 나방을 동정하기가 쉽지 않았을 것이다. 바로 머리에 토끼 귀처럼 돋아난 넓고 깃털 많은 더듬이 한 쌍이다. 녀석의 더듬이는 구부정하고 닳아 있었지만, 정체를 알아보기엔 충분했다. 바로 수컷 매미나방으로, 매미나방의 학명 *Lymantria* *dispar*는 '독립된 파괴자separate destroyer'•라는 뜻이다.

매미나방은 유럽 전역에 널리 분포하는 자생종이지만, 영국에서는 역사가 파란만장하다. 20세기 초까지 영국 이스트앵글리안 습지East Anglian Fens의 작은 지역에 소수의 개체군이 서식했으며, 애벌레는 주로 소귀나뭇과나 버드나뭇과의 관목식물을 먹이로 삼았다. 그러나 매미나방에게는 불행히도 이곳 습지 지역이 깊고 비옥한 토양이어서, 인간은 오랫동안 이곳을 농지로 삼고자 했다. 오늘날 마지막 매미나방의 서식지를 포함한 대부분의 습지는 배수 작업을 거쳐 농경지로 사용된다. 이제 그곳을 위성 사진으로 바라보면, 인간의 손이 닿은 곳에서 전형적으로 보이는 격자 모양의 들판만 남아 있다. 매미나방은 1907년 영국 동부 소택지Fenland에서 마지막으로 발견된 이후 자취를 감췄다.

• 이 책에서는 종을 보통 널리 통용되는 '일반' 영문명으로 부르지만, 모든 종은 두 부분으로 구성된 학명이 있다. 첫 번째 부분은 속명으로 해당 종의 '속'(밀접하게 관련된 종의 군)을 나타내고, 두 번째 부분인 종명은 속의 종마다 고유하다. 속명은 대문자로, 종명은 소문자로 쓰며 모두 이탤릭체로 쓴다. 인간도 이러한 규칙에서 예외가 아니며 *Homo sapiens*로 명명된다. 사람속, 즉 *Homo*-에는 우리의 가장 가까운 친척인 다른 종도 속해 있었는데, 안타깝게도 지금은 모두 멸종되었다. 한 종은 하나의 언어에서 다양한 일반명이 붙을 수 있지만(매미나방의 영문명 'Gypsy Moth'는 로마니Romani 출신 사람들에게 불쾌감을 줄 수 있어 'Spongy Moth'로 바꾸려는 움직임이 있다) 일반명이 없는 경우도 있다(예를 들어 나중에 살펴볼 *Enicospilus inflexus*). 하지만 어떤 경우에도 유효한 학명은 단 하나뿐이다. 그런데 이 학명이 바뀌는 경우도 있어(예를 들어 매미나방의 학명은 본래 *Phalaena dispar*였다) 골치 아프다.

'독립된 파괴자'라는 뜻의 학명을 지닌 매미나방. 그날 아침, 덫에 나타난 이 녀석은 더듬이가 구부정하고 닳아 있었지만 정체를 알아보기엔 충분했다.

그렇지만 영국 매미나방의 이야기는 이렇게 끝나지 않는다. 1995년 여름, 런던 북동부에 있는 영국의 허파 에핑숲Epping Forest 에서 발견된 것이다. 이곳은 이전에 발견된 개체군의 피난처가 아니라, 대륙에서 유래한 개체군이 새롭게 이주한 식민지였다. 이전의 소택지 매미나방 애벌레는 먹이에 다소 까다로운 반면, 에핑숲의 매미나방 애벌레는 **잡식성**으로 폭넓은 먹이를 섭취한다는 사실이 이를 뒷받침한다. 정확히 어디서 유래한 개체군인지, 언제 처음이곳에 정착했는지는 알 수 없지만, 목재나 포장재 등의 수입 제품에 딸려 들어온 것으로 보인다.

나방은 빛을 쫓지 않는다 🦋

암컷 매미나방은 대체로 날지 못하므로 일반적으로 번데기 시기를 벗어나면 멀리 움직이지 않는다. 이들은 보통 나무 위에 노랗고 큰 덩어리 형태로 알을 낳지만('플라크plaque'라고 한다), 오늘날에는 울타리나 벽 같은 단단한 표면에도 알을 낳는다. 나무는 목재나 팰릿으로 가공되고, 그 위의 알은 페리나 유로스타를 손쉽게 타고 대륙에서 영국 남동부 해협을 건너 부화할 수 있다. 새로운 개체군이 경제활동이 활발한 런던에서 주로 발견된다는 사실은, 이들 나방이 자생종이 아니라 화물에 딸려 들어왔다는 생각을 뒷받침한다. 이것이 사실이든 아니든, 매미나방은 처음 발견된 이후 개체 수와 서식지가 확산되었고, 이제는 런던 전역과 그 너머에서까지 발견된다. 이스트앵글리안 습지에서 마지막 개체가 사라진 지 100년도 더 지난 지금, 그렇게 영국으로 돌아온 수컷 매미나방 한 마리가 캠던의 내 옥상 테라스에 나타났다.

애벌레가 나무를 갉아 먹는 소리

매미나방이 영국에 들어온 정확한 경로는 알 수 없지만, 미국의 경우는 얘기가 다르다. 1868년 또는 1869년 미국 매사추세츠주 메드퍼드의 머틀가Myrtle Street 27번지, 레오폴드 트루벨로Léopold Trouvelot의 집이 그 기원지다.

매미나방은 북미지역 자생종이 아니다.[*] 유럽을 여행할 때 레오폴드는 지금이나 그때나 귀한 재료인 비단의 생산 실험을 목적으로 매미나방을 미국으로 들여왔다. 유럽 태생인 레오폴드는 1890년대에는 예술가, 박물학자, 저명한 천문학자로 묘사되었지만, 현대에는 주로 매미나방 사대에 기여한 인물로 기억된다. 그는 아마 매미나방의 알을 들여왔을 텐데, 그중 일부 또는 알에서 부화한 애벌레가 키워지던 방 밖으로 빠져나갔을 것이다. 이로 인한 결과가 심각할 수도 있다는 것을 자각했지만, 빠져나간 애벌레를 전부 잡아들일 수 없었던 레오폴드는 이 사실을 공개적으로 알린 것 같다. 당시에는 이것이 무엇을 의미하는지 정확히 알 수 없었다. 그 상황에서는 그리 중요하지도 않다.

매미나방이 포함되는 속屬은 지난 150년 사이 바뀌었지만, 그 이름이 전하는 뜻은 변하지 않았다. 바로 파괴자 또는 약탈자다. 잡식성인 애벌레는 다양한 나무와 관목을 섭취할 수 있어, 개체 수가 많아지면 식물에 심각한 피해를 줄 수 있다. 그렇기에 몇몇 개체가 사육통을 빠져나갔을 때 레오폴드 트루벨로가 그토록 당황했던 것이다. 그러나 이후 10년 동안 이 사건은 별다른 영향을 미치지 않은 듯 보였다. 레오폴드는 그의 정원이나 주변에서 매미나방을 몇

---

[*] 인간에 의해 자생지를 벗어나 다른 지역으로 이동한 후 그곳 야생에 방출되거나 탈출하는 종을 **외래종**이라고 일컫는다. 메드퍼드의 매미나방이 전형적인 예로, 나중에 더 자세히 다루겠다.

마리 보았던 것 같지만, 다른 사람이 매미나방을 목격한 기록은 거의 없다. 하지만 20년째에 접어들면서 상황이 바뀌기 시작했다.

트루벨로가 이미 그곳을 떠난 1879년, 윌리엄 테일러William Taylor라는 남성이 머틀가 27번지로 이사를 왔다. 그리고 이듬해 봄, 테일러는 "집 뒤편의 헛간에서 우글거리는 애벌레를 발견"했다. 그는 애물단지가 되어버린 헛간의 판매를 허가받았고, 그 결과 일부 애벌레가 새로운 장소로 옮겨진 것으로 보인다.

몇 년이 지나자 27번지의 이웃 주민들도 나방의 영향력을 느끼기 시작했다. 29번지 주택 바깥에는 애벌레가 가득했고, 사과나무와 배나무는 이파리를 몽땅 먹혀 앙상해졌다. 매미나방은 머틀가를 따라 남쪽의 녹지로 계속 퍼져나갔는데, 1889년이 되어서야 그들의 영향이 완전히 드러났다. 그해 메드퍼드 지역은 매미나방에게 너무도 파괴적인 피해를 입었으며, 지역 주민들은 어떻게 이런 나방이 20년 동안이나 눈에 띄지 않을 수 있었는지 의아해했다.

자연을 느끼기 어려워진 현대에 우리는 1889년 매미나방 창궐 당시 나방의 수가 얼마나 많았는지 상상하기 어려울 수 있다. 그렇지만 이를 뒷받침하는 증거는 1896년 매사추세츠주에서 발간된 보고서에 기록된 것처럼 매우 풍부하다. 그 보고서에 따르면 일부 나무는 알집 플라크에 뒤덮여 마치 노란 스펀지처럼 보였고, 그 알에서는 수백만 마리의 애벌레가 부화했다. '벨처 부인'은 "어느 날 여동생이 '그들(애벌레)이 거리를 행진하고 있다'고 소리쳤다. 현관문으로 나갔더니 이웃집인 클리퍼드 부인의 집에서 나온 애벌레로 거리가 온통 까맣게 덮여 있었으며, 그 애벌레들은 곧장 우리 집 마당을 향해 오고 있었다"면서, "애벌레가 이웃집 나뭇잎을 모두 먹어치워 나무가 벌거숭이가 되어 있었다"고 진술했다.

이들은 '군대 벌레armyworm'라는 별명을 얻었는데, 그럴 만한 이유가 있었다. '폴란스비 부인'은 "마당의 담과 나무, 인도, 집 벽까지 온통 애벌레로 뒤덮여 있었다"면서 "빗자루로 쓸고 등유로 태워버려도 30분이면 원상 복귀"되었고, "나무에는 나뭇잎이 한 장도 남지 않았으며, 애벌레의 수가 몇 펙peck(1펙은 약 9리터)은 되는 것 같았다"고 말했다. '스노든 부인'은 "스피니 부인의 집이 애벌레로 뒤덮여 원래 무슨 색인지도 알아볼 수 없을 정도로 완전히 검게 보였다"고 말했으며, '랜섬 부인'은 "저녁이 되면 애벌레가 나무를 갉아 먹는 소리가 들렸다"면서 "마치 가위가 찰칵거리는 소리 같았다"고 말했다. '댈리 씨'도 이와 비슷한 경험을 했는데, "밤이 되면 애벌레가 나무를 갉아 먹고 그 배설물이 떨어지는 소리가 들렸다"고 증언했다. 이 시기에 시내를 돌아다니는 것은 불쾌한 일이었고, 빨래를 널면 애벌레의 배설물 때문에 다시 세탁해야 하는 일이 비일비재했다.

이 군대 벌레는 나무를 갉아 먹는 데서 그치지 않았다. "나무에 먹을 잎사귀가 남지 않으면(그리고 그전에도 자주) 애벌레는 정원을 공격했다. 마로니에나무와 들판의 잔디는 그나마 상태가 나았지만, 애벌레의 식성을 완전히 피해가진 못했다." 이러한 문제를 해결하는 건 매우 시급한 과제였는데, '햄린 부인'은 "6주간 이 애벌레를 죽이는 데 많은 시간을 투자했다"⁵고 말했다.

당국도 매미나방의 존재를 확실히 경계하기 시작했다. 1889년이 채 가기도 전에 주민들은 매사추세츠주 정치인들에게 산림과 농업을 명백히 위협하는 매미나방에 대해 조치를 취하라고 촉구했다. 이에 주 정부도 발 빠르게 대응했고, 1890년 3월에 매미나방 박멸을 위한 첫 번째 기금이 승인되었다. 안타깝게도 그해 약 50제곱마일이 충해를 입은 것으로 집계되었다. 해당 지역에서는 알을 손수 없애고, 충해를 입은 나무에 구리와 비소의 화합물인 독성 강한 패리스그린Paris Green을 뿌리는 방식으로 매미나방의 수를 성공적으로 줄일 수 있었다. 그러나 이러한 노력에도 매미나방은 꾸준히 퍼져나갔다. 나무에 초점을 맞춰 초기 방제를 진행했지만, 울타리나 판자길, 계단 밑, 지하실에도 대량의 알이 남아 있었다. 1891년 첫 6주 동안 이들 지역과 다른 지역에서 발견된 플라크 수만 75만 개가 넘었는데, 이는 알의 개수가 약 3억에서 5억 개에 달했다는 뜻이다.

군대 벌레는 사육통을 완전히 빠져나갔다. 레오폴드 트루벨로의 정원에서 시작된 매미나방은 이제 북미 북동부의 100만 제곱킬로미터 넘는 지역에 퍼져 있다. 개체군의 크기는 다양하며, 어떤 해에는 그 수가 적은 편이다. 그렇지만 매미나방이 폭발적으로 발생한 1990년에는 약 280만 헥타르의 미국 산림이 이 탐욕스러운 애벌레에 의해 고사했다. 파괴자가 아닐 수 없다.

아무도 모르는 10년

나방 덫을 놓은 첫날 밤 포획한, 날개가 해진 매미나방 한 마리는 수많은 질문을 불러온다. 메드퍼드에서 거의 눈에 띄지 않게 지니간 10년 동안, 그들은 뭘 하고 있었을까? 20년 뒤에는 무슨 일이 일어나 개체 수가 급증한 걸까? 런던에서도 이런 일이 발생할 수 있을까? 매미나방은 생존에 유리하도록 진화해온 자생지가 아닌 북미에서 어떻게 그리 번성할 수 있었을까? 그리고 왜 어떤 해에는 북미 개체군의 수가 많고, 또 어떤 해에는 적을까? 어째서 특정 해에는 개체 수가 재앙 수준으로 창궐하는 걸까?

이 질문에 대답하는 것은 얼핏 어려워 보인다. 매미나방의 개체 수에 영향을 줄 수 있는 모든 요인을 고려해보자. 우선 환경의 변화가 있을 것이다. 이러한 변화에는 기온과 강수량, 예를 들어 최고 기온과 최저기온, 일간·연간 변화, 예상치 못한 폭염이나 혹한 또는 폭우나 가뭄이 있을 것이다. 그리고 토양에 영향을 미치는 지질학, 토양이 생물과 상호작용하는 방법을 다루는 응용토양학도 있다. 이것이 나방에게도 영향을 미칠까? 그다음에는 나방이 환경을 공유하는 다른 유기체, 즉 나방이 소비하거나 나방을 소비하는 종, 자원에 대한 경쟁자, 성장과 번식을 돕거나 방해하는 종이 있을 것이다. 나방 고유의 특징도 중요할 수 있는데, 이는 진화나 표현형 적응성(진화적 변화가 필요하지 않은 환경에 대한 반응)* 으로 변화할 수 있다. 이러한 모든 가능성과 그 밖의 요인들 때문에 매미나방의

나방은 빛을 쫓지 않는다

개체 수는 증가하거나 감소할 수 있다. 그렇다면 우리는 이들을 어떻게 구분해야 할까?

이러한 질문 중 몇몇은 이후 장에서 자세히 다룰 주제이다. 그러나 답을 찾기 전에 우리는 개체군의 크기가 어떻게 변화하는지, 즉 개체 수가 어떻게 증가하고 감소하는지 이해해야 한다. 또한 '개체 수'가 무엇을 뜻하는지 이해할 필요가 있다. 다행히도 이러한 질문에 대한 답은 비교적 간단하다. 답이 이끌고 올 결과는 그리 간단하지 않을 수 있지만, 우선은 간단한 것부터 살펴보도록 하자.

시간은 다르게 흐른다

생태학자에게 개체군이란, 한마디로 주어진 시점에 정의된 지역에서 서식하는 동종 개체의 집합이다. 간단히 말하자면 말이다. 우리는 이 정의만으로도 이미 어려움을 겪고 있다.

어떤 경우에는 특정 개체를 다른 개체와 구별하는 것조차 놀랍도록 어려울 수 있다. 이를테면 두 개의 꽃줄기는 동일한 뿌리에서

● 예를 들어 아메리카에메랄드나방American emerald moth의 애벌레는 참나무 꽃차례를 먹는 봄에는 꽃차례를 의태하지만, 이파리를 먹는 여름에는 나뭇가지를 의태한다. 어떤 종류의 의태 능력을 갖출지는 애벌레 시기의 먹이가 결정한다. 다른 모습을 의태하는 이들 애벌레를 이전에는 다른 종으로 여겼다.

올라온 새싹일 수도 있고, 이웃하는 다른 개체일 수도 있다. 이러한 문제로 개체군 내의 개체 수, 즉 **개체군 크기**를 측정하기가(이후 측정할 예정이다) 어려울 수 있다. 적어도 나방의 경우에는 생활주기의 어느 단계에서도 개체를 정의하기가 매우 쉽다. 하지만 그 수를 측정하는 것은 여전히 어려울 수 있다.

매사추세츠주가 매미나방 문제를 해결하고자 발 빠르게 위원회를 설립했기 때문에, 개체군의 영역을 정의하기가 더 어려울 수 있다. 일반적으로 우리는 연구자의 편의를 위해 영역의 경계를 임의로 정의함으로써 정확한 경계에 관한 문제를 회피할 수 있다. 즉 관심 지역을 영역으로 정의하는 것이다(앞으로 살펴보겠지만 물론 이러한 선택에는 대가가 따른다). 그러나 우리는 합리적으로 선택해야 한다. 지역과 개체 수를 너무 작게 설정하면 개체군과 개체군의 활동에 관해 말할 수 있는 것이 많지 않다. 반대로 규모가 너무 클 경우에는, 처리할 정보가 너무 많아진다. 개체 수를 세거나 심지어 추정하는 것조차 골치 아픈 문제가 될 수 있다.

우리가 '시점'을 생각하는 방식은 연구하는 개체군에 따라 결정된다. 사람과 나방의 시간은 다르게 흐른다. 샬레에서 박테리아 개체 수를 추적하는 생태학자 역시, 국립공원에서 코끼리를 관찰하는 동료와 서로 다른 시간 척도로 연구할 것이다. 여기서 중요한 점은, 개체군 크기를 결정하는 요인이 무엇인지 이해할 수 있는 기간에 개체군을 추적해야 한다는 것이다. 그러려면 그 크기의 변화를 추적할 수 있는 시간단위를 선택해야 한다.

　　　　　　　　　　　　나방은 빛을 쫓지 않는다

개체군을 정의하고 나면 개체군을 구성하는 개체의 수가 변화하는지 그리고 왜 변화하는지 이해하려 노력할 수 있다. 이것이 바로 **개체군 동태**다. 연구를 위해 우리는 먼저 개체군에 얼마나 많은 개체가 있는지 계산하거나 추정해야 한다. 그리고 변화를 추적할 수 있도록 이런 계산 또는 추정을 여러 번 반복해야 한다. 코끼리의 경우라면 매일 개체 수를 조사할 필요는 없다. 그렇지만 박테리아는 날마다 이런 조사가 필요할 것이다. 샬레 속 박테리아 개체군을 연구하면 개체군 동태를 더 빠르게 탐색할 자료를 얻을 수 있다. 하지만 개체군이 무엇이든 그 크기가 어떻게 변하는지 이해해야 한다. 그리고 여기에 영향을 미칠 수 있는 환경, 생태, 진화적 과정 등은 매우 다양하다. 언뜻 보기엔 쉽지 않은 일이다.

다양한 요인에도 불구하고, 다행히 개체군 크기는 궁극적으로 출생·사망·이입·이출의 네 가지 기본 과정이 작용해 변화한다. 레오폴드 트루벨로의 정원에 있는 매미나방 개체군을 예로 들면, 더 많은 매미나방이 태어나면서 개체군의 크기가 커질 수 있다(생애주기 중 어떤 단계를 측정하는지에 따라 산란한 알, 부화한 애벌레, 우화한 성충의 수 등이 커질 것이다). 다른 곳의 매미나방이 정원으로 이주하면서 커질 수도 있다. 실제로 이 개체군이 레오폴드 트루벨로의 집에서 정원으로 이주하며 시작된 것처럼 말이다. 한편 나방이 죽어 개체군 크기가 더 작아질 수도 있다. 이는 모든 개체가 궁극적으로 맞이할 운명으로, 곧 머틀가 27번지 정원과 그 주변의 주요 목표가 되었다. 마지막으로, 레오폴드의 정원에 있는 매미나방의 개체 수는 나방이 이출하며 줄어들 수 있다. 1880년대에 그러한 이출이 일어났음은 명백하며, 그전에도 비슷한 일이 있었을 것이다. 이렇게 한 정원에서 이출한 집단은 다른 정원의 이주자가 된다.

그렇다면 해마다(적절한 시간 척도로서) 레오폴드 트루벨로 정원의 매미나방 개체 수는 출생과 이입을 통해 증가하고, 사망과 이출을 통해 감소했을 수 있다. 이러한 정보를 식의 형태로 작성해보겠다. 나는 수학자가 아니며, 이 식은 덧셈·뺄셈·곱셈만 포함하는 간단한 방정식이다(그리스 문자도 하나 포함된다).

1896년을 '0년(원년)'이라고 가정하면, 다음 해의 식은 이렇게 표기할 수 있다.

$$N_{1870} = N_{1869} + B - D + I - E$$

이 식에서 N은 개체군에 속하는 개체의 수다(첨자는 각각 1870년 말과 1869년 말을 뜻한다). B는 1869년에 개체군에서 탄생한 개체의 수, D는 1869년 개체의 수(또는 1870년에 추가된 개체 수) 중 1870년이 끝나기 전에 사망한 개체의 수다. I는 1869년에 다른 곳에서 개체군으로 이주해온 개체의 수이며, E는 1869년 개체 중 새로운 서식지로 이주해간 개체의 수다. 1869~1870년의 개체군 크기 변화는 출생과 사망, 이입과 이출 개체 수에 직접적으로 연관되어 있다. 이 식에 표시된 특정 연도를 일반적인 시간 간격(t, t + 1)으로 대체해 다음과 같이 일반화할 수 있다.

나방은 빛을 쫓지 않는다

$$N_{t+1} = N_t + B - D + I - E$$

이 식은 매우 간단하지만 더 간단하게 표현할 수도 있다. 이 식에서는 개체군 내 진행되는 다양한 과정을 유형별로 구별한다. 이 중 두 가지는 모든 생명에 근본이 되는 것이고(탄생과 죽음, 즉 B와 D), 나머지 두 가지는 생명의 근본은 아니지만 서로 다른 개체군 **사이**의 이주(이입과 이출, 즉 I와 E)와 관련된다. 개체군이 **닫힌** 개체군, 즉 개체군 안팎으로 개체의 이동이 없는 개체군이라고 가정한다면 이 이주 부분을 생략할 수 있다. 이 경우에는 식을 다음과 같이 표기할 수 있다.

$$N_{t+1} = N_t + B - D$$

오직 출생과 사망만을 고려하는 이 식은 1870년 매사추세츠주 매미나방 개체 수에 적용된다(여기서 우리는 레오폴드의 창문으로 탈출한 개체가 없다고 가정하며, 이주의 영향을 무시하려면 관심 영역을 곧 매사추세츠주 너머로 확장해야 할 것이다).

특정 시간단위 사이의 개체군 크기 변화(즉 N_t와 N_{t+1} 사이의 개체 수 차이)에 대한 식은 훨씬 더 간단하다.

$$\Delta N = B - D$$

여기서 삼각형은 그리스 문자 '델타'로, 생태학자들이 '변화'를 뜻하기 위해 사용하는 기호다. 여기서 특정 시간단위 사이의 개체군 크기 변화, 이를테면 1869~1870년에 매사추세츠주의 매미나방 개체 수 변화는 단순히 출생한 개체 수에서 사망한 개체 수를 뺀 값이 된다. 1870년에 매사추세츠주에서 태어난 매미나방의 수가 사망한 개체 수보다 많다면, 그 개체군의 크기는 증가할 것이다(ΔN은 양수가 된다). 반면 사망한 개체 수가 탄생한 개체 수보다 많다면, 개체군의 크기는 감소한다(ΔN은 음수가 된다).

앞으로 몇 단계에 수학이 더 등장할 예정이다. 작은 단계이고, 그 결과가 생물학에서 근본적인 것이기 때문이다. 그리고 그 결과가 흥미로우리라 생각한다. 적어도 이 글을 쓰는 시점에서는 말이다. 그러니 조금만 더 견뎌주길 바란다.

B와 D는 개체군에서 출생하고 사망한 개체의 **수**다. 특정 개체군에서 이러한 수의 크기에 영향을 미치는 것은 무엇일까? 개체군에 속한 개체의 수가 아마 가장 분명한 요인일 것이다. 다른 요인이 동일할 때는 크기가 더 큰 개체군(N이 더 큰 집단)에서 일반적으로 더 많은 출생과 사망을 경험할 테다. 영국과 미국의 출생자 수와 사망자 수를 비교할 때, 인구가 많은 미국에서 해마다 더 많은 사람이 태어나고 죽는다. (현재) 이 두 나라의 매미나방 개체군도 마찬가지다.

그렇다면 우리는 B를 개체군 크기(N)와 해당 개체군의 개체당 평균 자손 수, 즉 출생률(소문자 b로 표기한다)로 다시 쓸 수 있다. 식은 'B＝bN'이 된다(b와 N을 곱한 것을 뜻하지만, 문자 x와 혼동할 수 있기 때문에 곱셈 기호는 생략한다). 사망 수 D도 마찬가지로 고쳐 쓸 수 있는데, 이 경우 D는 개체군 크기와 개체군 내 개체당 사망 수의 평균값(더 간단히 말하면 해당 개체군에서 사망한 개체의 비율, 즉 사망률)인 d를 곱한 값, 즉 'D＝dN'이 된다. 이를 본래의 식에 대입하면 다음과 같다.

$$\Delta N = bN - dN$$

따라서 시간단위(ΔN) 사이의 개체군 크기 변화는 개체군 크기(N), 해당 개체군의 출생률(b), 사망률(d)의 차이에 따라 달라진다. 개체가 자손을 생산할 확률보다 사망할 확률이 높다면 개체군의 크기는 줄어들 것이다. 식 'bN − dN'이 '(b − d)N'과 수학적으로 동일하다는 사실은 개체군의 크기가 증가하려면 b가 d보다 커야 한다는 점을 한눈에 보여준다. 매사추세츠주 매미나방이 바로 이러한 경우였다.

이제 '(b − d)'를 새로운 변수 r로 치환해 식을 마지막으로 수정하면 다음과 같은 형태가 된다.

$$\Delta N = rN$$

r이 양수이면(출생률이 사망률보다 높은 경우) 개체군의 크기는 늘

어나고, 반대로 r이 음수이면(사망률이 출생률보다 높은 경우) 줄어들 것이다(이 경우 ΔN은 음수가 되므로, 개체군에서 개체 수를 빼야 한다). r값이 0인 경우에는 개체군의 크기가 일정하게 유지된다. 우리는 이 r을 '내적자연증가율intrinsic rate of natural increase'이라고 부른다. 때로는 18세기의 성직자이자 학자인 토머스 맬서스Thomas Malthus 의 이름을 따 '맬서스 변수Malthusian parameter'라고도 한다. 맬서스 는 인구 증가 문제에 관한 저술로 유명하며, 그의 연구는 찰스 다 윈의 진화론적 사상에도 영향을 끼쳤다.

이 식이 이 책에 등장하는 마지막 식이다(각주에는 계속 등장한다. 그렇지만 얼마든지 건너뛰어도 좋다).

왕의 쌀알도 결국 떨어진다

개체군 'r'이라는 개념을 보고 무언가 떠오르지 않는가? 이 책을 집필하던 2020년 말, 이 문자는 그해 3월 초 학생들에게 개체 수 변화에 관한 이론을 강의할 당시에는 상상조차 할 수 없었던 방식 으로 뉴스에 등장했다. 코로나19 팬데믹의 추이에 매우 중요한 대 문자 R은 맬서스 변수와 동일한 값은 아니지만(R의 임계값은 0이 아 닌 1이다) 바이러스의 숙주(우리 인간)에서는 같다. 그리고 r의 값과 R의 값이 0보다 큰 상수일 때, 그 결과는 똑같이 **기하급수적** 개체 수 증가다. 이는 통제 불가능한 개체 수 증가를 의미하므로, 역학자나 해충 관리자에게 두려움을 불러일으키는 개념이다. 통제할 수 없는 증가. 그 결과는 파괴적일 수 있다.

기하급수적 증가의 힘은 체스를 좋아하는 인도의 왕이 현자로 변장한 시바 신에게 도전하는 내용의 신화에서 잘 드러난다. 이 신화에서 왕은 고작 쌀 몇 톨 때문에 게임에서 패한다. 가로와 세로가 각 8칸씩, 총 64칸으로 이루어진 체스판에서 첫 번째 칸에는 한 톨, 다음 칸에는 두 톨, 세 번째 칸에는 네 톨을 놓는 식으로 매번 쌀알의 수를 두 배로 늘리는 게임이었다. 고작 몇 알로 시작하는 처음에는, 매번 두 배로 증가하는 힘이 잘 체감되지 않는다. 왕이 세 번째 줄에 도달했을 때 이미 800만 톨의 쌀이 필요했고, 64개의 칸을 모두 채우려면 900경(풀어 쓰면 9,000,000,000,000,000,000이 된다) 톨 이상의 쌀이 필요했다. 이것을 무게로 바꾸면 연간 전 세계 쌀 수확량의 몇 배에 달하는 4000억~5000억 **톤**이 된다.

과학자이자 블로그 운영자인 데이비드 콜크혼David Colquhoun은 이를 웸블리 스타디움의 물 새는 파이프에 비유하는 것을 좋아한다. 결승전이 시작할 때 파이프에서 물 한 방울이 새기 시작한다. 1분 후에는 두 방울, 2분 후에는 네 방울이 새어 나온다. 이럴 경우 하프타임이 끝나기 전에 경기장 전체가 물에 잠기게 된다.[6]

앞서 기술한 식에 따르면 쌀 알갱이 개체군의 크기는 r=1로, 매번 제곱으로 증가(ΔN)한다. 다음 칸에서는 rN(즉 N)개의 알갱이를 더 얻게 되는데, 여기서 N은 이전에 있던 알갱이의 수다(예: 1+1=2, 2+2=4).[*] 생물의 관점에 대입해보면, 이것은 모집단의 모든 개체가 평균적으로 두 명의 자손을 생산하는 것과 동일하다. 이렇게 생각하면 그리 많아 보이지 않는다.

암컷 매미나방의 번식력은 크기마다 차이가 나지만, 보통 성체 한 마리당 수백 개의 알을 낳을 수 있다. 메드퍼드에서 초기에 매미나방 사태를 연구한 과학자들에 따르면, 플라크 하나당 약 400개의 알이 있었다. 모든 알이 부화해 애벌레가 되는 것은 아니며, 모든 애벌레가 살아남아 번데기가 되는 것도, 모든 번데기가 건강한 성충 나방으로 우화하는 것도 아니다. 또한 모든 성충이 번식에 성공하는 것도 아니다. 그러나 그 알 가운데 단 1퍼센트만 생식이 가능한 성체가 된다면, r의 값은 1이 된다(자손의 절반이 알을 낳지 않는 수컷이라고 가정할 때). 물론 개체 수 증가 초기에 메드퍼드 매미나방 개체군의 r은 1보다 큰 수였을 수도 있다. 그렇다면 개체 수는 세대마다 두 배 이상으로 증가했을 것이다. r값이 1보다 작더라도, 그 속도가 느려질 뿐 개체 수 증가는 불가피하다(r이 0보다 큰 수일 때).

• 엄밀히 말해 이는 정확하지 않다. 체스판에서 각 칸은 개별 개체이며, 쌀알 수의 증가는 칸에서 칸으로 옮겨가는 일련의 별도 단계에서 발생한다. 한편 기하급수적 증가에 대한 우리의 식은 연속적이다. 우리가 개체 수의 변화를 연 단위로 측정해도, 실제 개체 수의 증가는 매일(또는 매시간, 매분, 매초) 발생할 수 있다는 뜻이다. 이는 체스판 비유에서 r의 값이 정확히 1이 아님을 의미한다. 물론 정확한 숫자보다 이것이 보여주는 개념이 중요하므로 숫자는 생략하도록 한다. 당연히 불연속 지수증가discrete exponential growth에 대한 식도 존재하며, 다음과 같다. $N_{t+1} = \square N_t$. 이 예시에서 $\square = 2$다.

나방은 빛을 쫓지 않는다 🦋

기하급수적 증가는 생태학에서 개체 수 증가(또는 감소)를 설명하는 기본 모델이다. 이 모델은 매우 간단하지만 그 의미가 분명하다. 개체 수의 증가 이유와 그 증가율이 왜 통제 불가능한 수준으로 이어질 수 있는지를 잘 보여주기 때문이다. 한편 이는 개체 수 증가가 어째서 서서히 일어나는 과정으로 보일 수 있는지도 설명해준다. 예를 들어 머틀가 27번지에 있는 레오폴드 트루벨로의 정원 밖에서 매미나방이 발견될 때까지 왜 10년에 가까운 시간이 걸렸는지 말이다.

기하급수적 증가의 초기에는 개체 수가 매우 느리게 증가하는 것처럼 보일 수 있다. r의 값이 그다지 크지 않을 경우 특히 그렇다. 왕의 체스판을 생각해보라. 첫 번째 줄의 마지막 칸에는 128톨의 쌀알만 놓으면 되는데, 이는 원점에서 7칸이나 옮긴 시점이다. R이 1인 생물학적 개체군의 경우로 생각하면 7세대가 지난 것과 같다. 쌀을 나방에 대입해 생각해보면, 고작 128마리의 개체는 눈에 띄지 않을 것이다. 기하급수적 증가의 이러한 특징은 매사추세츠주의 매미나방 같은 개체군이 왜 초기에는 간과되는지 그 이유를 설명해준다. 초기의 '유도기lag phase'에는 개체 수가 매우 낮은 상태로 유지되기 때문이다. 그러나 증가율을 유지한 채 7세대가 지나면, 개체 수는 1만 6000마리를 넘게 된다. 이렇게 나방이 많으면 눈에 띄지 않을 수 없다. 7세대가 더 지나면 200만 마리가 넘어 지역에 나무가 남아나지 않을 것이다.

모델이 무너지는 시점

한편 우리는 개체군이 무제한 증가하는 경우를 거의 접할 수 없다. 미국의 매미나방 발생 초기가 좋은 예시를 제공해준다. 메드퍼드의 주민들에게는 좋은 예시가 아니었겠지만 말이다. 개체군 크기의 폭발적 증가를 경험한 또 다른 사례로는, 1859년에 호주 빅토리아에서 사냥을 위해 풀어준 굴토끼 24마리가 대표적이다. 1920년대 들어 호주의 토끼 개체 수는 수백억 마리에 이르렀던 것으로 추산된다.

이것이 2020년 초 코로나19 감염 사례가 아직 많지 않았을 때 역학자들이 그토록 우려한 이유로, 그들은 지수적 증가의 힘을 잘 알았기 때문이다. 당시에는 감염자 수보다 전염병의 이동 방향이 더 중요했는데, 감염자 수는 기하급수적으로 증가하고 있었다. 모든 개체군은 이러한 지수적 증가를 경험할 잠재력을 지녔다. 그런데 왜 실제로 우리가 개체군의 폭발적인 증가를 목격하는 사례는 드물까?

이 질문에 대한 답은 간단하다. 개체군의 생장은 결국 제약을 받기 때문에 그런 예시를 거의 찾아볼 수 없는 것이다.

지수 모델은 r값이 변하지 않는다고 가정한다. 즉 개체군의 크기가 아무리 커져도 개체 수는 계속 더 빠른 속도로 증가하는 것이다(변화, 즉 ΔN은 r과 N의 값에 의해 결정되며, N은 점점 더 커지기 때문이다). 앞서 언급한 신화에서 불쌍한 왕은 마지막 칸에 도달할 때까지

체스판에 쌀알을 계속 더 많이 놓아야 했는데, 그 양은 전 세계에서 수확되는 쌀의 양을 넘어선다. 이것이 지수 모델이 무너지는 시점이다. 우리는 자원이 유한한 행성에 살고 있다. 따라서 생장은 개체의 번식 가능성 이외의 다른 요인에 의해 제한되기 마련이다. 왕의 쌀알이 모두 떨어졌듯이, 애벌레도 먹을 수 있는 잎이 모두 소진될 것이다. 그리고 이때 개체군의 증가는 완충 장치에 부딪히게 된다.

이는 개체군의 크기가 증가함에 따라, 이를테면 미국의 매미나방 또는 19세기 소택지의 매미나방과 같은 경우 r값이 변한다는 의미다. 이러한 변화는 개체군의 크기가 증가하면서 식의 한 가지 또는 두 가지 요소, 즉 출생률과 사망률이 낮아지거나 높아지기 때문이다. 우리는 그 결과를 간단히 설명할 수 있다. $d = 1$이라고 가정해 보자. 해마다 모든 성체가 죽지만 각 개체는 평균 2명(또는 마리)의 자손을 생산한다($b = 2$). 그렇다면 r은 $b - d$, 즉 1이며 개체군의 크기는 증가한다. 하지만 개체 수가 증가하면서 식량은 더욱 귀해지고, 성체는 이전만큼 번식할 수 없게 되어 출생률이 감소한다. 결국 식량은 각 개체가 1년에 평균 한 마리의 자손을 생산할 만큼의 수준이 된다. 이제 b와 d는 모두 1이므로, r은 0이 되어 개체 수는 증가를 멈춘다(출생률이 아닌 사망률이 줄어드는 상황에도 이러한 결과가 발생할 수 있다).

시간에 따른 개체군 크기의 기하급수적 변화를 나타내는 그래프는 마치 이탤릭체로 쓴 J자 모양과 비슷하여, 증가의 폭은 점점 더 가팔라진다. 레오폴드 트루벨로의 정원에서 기록된 매미나방 개체군이 이동한 거리(개체군 크기의 대용물로서) 그래프는 긴 유도기가 있긴 하지만, 역시 정확히 이러한 모양을 나타낸다. 그러나 개체 수의 증가에 따라 r이 감소하면, 결국 개체 수 증가는 멈추고 개체군 크기는 안정된다. 그래프로 나타내면 이 생상 곡선은 마치 길쭉하게 늘인 S자처럼 보인다. 우리는 이러한 개체군 생장 모양을 **로지스트형**logistic 곡선이라고 부른다. 개체군의 출생률이 사망률과 같아지는 시점에 도달하면 그래프는 평평해진다. 이 지점이 해당 종의 **환경수용력**carrying capacity이며, 유한한 자원을 바탕으로 유지될 수 있는 개체 수의 규모를 뜻한다.

생태학에서는 로지스트형 생장을 밀도 의존성 생장이라 하는데, 이는 개체군의 크기가 증가할수록 개체의 수를 면적으로 나눈 밀도도 증가하는 것이다(여기서 다시 개체군을 특정 관심 영역을 기준으로 정의한다). 한편 밀도가 증가할수록 r은 감소한다. r의 값이 밀도에 **의존**하는 것이다. 이는 r의 값이 밀도와 무관한 지수적 증가와는 대조된다. 밀도 의존적 과정과 밀도 독립적 과정의 차이는 생태학에서 자주 거론되는 주제다. 밀도 의존적 과정은 일반적으로 개체 수의 증가에 따라 통제력이 발동하는 과정을 대변한다. 개체 수가 증가하면서 그 개체군에 가해지는 압력이 증가하기 때문이다.

로지스트형 생장을 변경된 지수 생장으로도 생각해볼 수 있다. 로지스트형 생장과 지수적 개체군 크기 증가 그래프는 처음엔 유사한 모양을 보인다. 개체군의 크기가 작을 때는(또는 개체의 밀도가 낮을 때는) r의 값이 개체군 크기에 큰 영향을 주지 않기 때문이다. 개체군의 크기가 출생률이나 사망률에 눈에 띄는 영향을 미칠 만큼 커지면, 개체군 생장은 계속 증가하는 지수적 생장 곡선 형태에서 벗어나기 시작하고, 그 속도가 둔화하면서 결국 평평해진다.

매미나방은 1880년대 메드퍼드 주민들의 생활을 위협할 정도로 폭발적으로 증가해 매사추세츠주와 북미 북동부 대부분 지역까지 퍼져나갔다. 그러나 뉴잉글랜드의 주민들은 매미나방에 무릎까지 파묻혀 지낸 적이 없다. 물론 매미나방 사태 초반에 메드퍼드 주민들은 발에 치일 정도로 많은 매미나방을 경험했을지도 모르겠지만 말이다.

현재 매미나방의 개체 수는 해마다 대부분 낮은 수준에서 안정적으로 유지된다. 분명 무언가가 그들의 기하급수적 개체 수 증가에 제동을 걸었으며, 그들의 개체 수가 일종의 밀도 의존적 통제를 받았다는 가정에 힘이 실린다. 이를 뒷받침하는 근거도 있다. 현장 관찰과 실험을 통한 발견에 따르면, 매미나방의 밀도가 높은 연도나 지역에서는 해당 개체군의 출생률이 낮아지고 사망률이 높아지는 경향이 있다. 또한 암컷 나방은 애벌레의 밀도가 높을 때 더 적은 수의 알을 낳는 경향이 있으며, 애벌레의 자연 감소율 또한 높아서 살아남아 번데기가 되는 수가 적다.

밀도 높은 개체군에서 매미나방 애벌레의 주요 사망 원인은 질병, 정확히는 핵다각체병바이러스nuclear polyhedrosis virus, NPV 감염이다. 이는 주로 곤충, 특히 나방에 질병을 일으키는 것으로 알려진 바큘로바이러스Baculovirus에 속하며, 부화한 애벌레가 바이러스 입자로 코팅된 알의 껍데기나 오염된 식물을 먹어 감염되는 것으로 보인다. 이렇게 애벌레의 체내로 침투한 바이러스는 장 세포로, 그 다음에는 세포핵으로 이동하고, 그곳에서 증식한 새로운 바이러스 입자가 다른 세포로 퍼져나간다. 그 결과 세포는 파열되고, 감염된 애벌레는 바이러스로 가득 찬 체액 주머니가 되어 죽음을 맞이한다. 그리고 이 체액은 또 다른 개체를 감염시키는 바이러스 입자의 근원이 된다.

이런 전염성 바이러스는 바이러스가 다른 숙주로 쉽게 퍼질 수 있는 대규모의 밀집된 개체군을 잘 이용한다. 하나의 숙주가 하나 이상의 숙주를 감염시킨다면 질병은 기하급수적으로 퍼질 것이다 (2020~2021년에 외부와 완전히 단절되어 생활하지 않았던 사람이라면 누구나 이 사실을 잘 알 것이다). 물론 핵다각체병바이러스가 매미나방의 유일한 사망 요인은 아니다. 그러나 다른 종과의 포식 관계와 병원성 상호작용은 나중에 자세히 다룰 것이다. 지금은 하나의 개체군이 다른 개체군과 충돌할 때 어려움을 겪는 일이 드물지 않다는 점만 짚고 넘어가겠다.

런던의 매미나방이 그들의 친척인 북미의 매미나방에게서 교훈을 얻었는지는 알 수 없지만, 현재 영국의 매미나방 개체 수는 천천히 증가하고 점차 확산하고 있음에도 조처가 필요한 해충 수준에 이르진 않았다. 우리는 나방을 (아직) 빗자루로 건물 벽에서 긁어내 불태우지 않는다. 아마 무언가가 나방의 개체 수를 통제하고 있을 것이다. 현실 세계에서 순수한 기하급수적 생장을 경험하는 개체군은 없다. 항상 어떤 힘에 의해 통제되기 때문이다. 한편 어떤 개체군도 부드러운 S자를 그리는 로지스트형 곡선을 따라 환경수용력이 0이 되는, 즉 생장률의 밀도 의존성이 0이 되는 시점에 도달하지 않는다. 현실 세계는 이런 단순한 모형들이 그리는 것보다 훨씬 복잡하다.

　비록 모든 모델은 틀렸지만 일부 모델은 유용하다는 게 통계학에서 잘 알려진 격언이다. 수년 동안 학부생들에게 이 이야기를 해왔지만, 덫을 놓은 첫날 밤 내 덫에 갇힌 매미나방은 이 과정에 대해 처음 강의했을 때보다 더 많은 생각을 하게 만들었다. 그 너덜너덜한 나방과 그 친척들을 통해 이들 모델이 얼마나 유용한지 다시금 깨달은 것이다. 이러한 모델은 생태학을 뒷받침한다. 그렇기 때문에 이들 모델을 설명하는 데 많은 지면을 할애했으며, 수식으로 독자를 골치 아프게 하는 위험까지 감수했다. 생태학의 나머지 부분은 피할 수 없는 탄생과 죽음 사이에서 종이 어떻게 그 수를 조절하며 풍부도나 분포를 늘리려 최선을 다하는지 이해하려는 다양한 노력으로 구성되어 있다. '들어가는 글'에서 보았듯 이것이 바로 생태학의 정의다.

　한편 종의 이러한 노력은 진화를 뒷받침한다. 찰스 다윈은 자연선택이 작용할 수 있는 조각을, 생명체의 엄청난 번식 능력이 제공한다는 점을 깨달았다. 종은 환경에서 자원을 최대한 활용해 최대한 많은 자손을 생산한다. 그러나 자원은 유한하므로 풍요의 시기

뒤에는 기근의 시기가 따를 것이다. 일부 개체는 살아남겠지만 많은 개체는 그러지 못할 것이다. 다른 개체보다 더 많은 자손을 남길 수 있는 특성이 선호되어 개체군 전체에 퍼질 것이다. 개체군을 변화시키는 힘을 지닌 이런 과정은 조건이 달라졌을 때 개체군이 특성에 따라 갈라지게 만들기도 한다. 새로운 종이 탄생하는 것이다. 이처럼 출생률과 사망률의 상호작용은 개체군에 통제 불능 상태로 생장할 능력을 제공할 뿐만 아니라, 생명의 다양성을 이끄는 원동력이기도 하다.

그저 약간의 불운

레오폴드 트루벨로의 창문을 통해 탈출한 매미나방은 운이 좋았다. 기회가 가득한 신세계에 도착했고, 그 기회를 놓치지 않았다. 그러나 이것이 얼마나 큰 행운인지 이해하려면 삶이 얼마나 위태로울 수 있는지를 우선 이해해야 한다.

지금까지 우리는 개체군 크기의 증가를 **결정론적인 것**으로 보았다. 즉 개체군의 운명이 전적으로 개체군의 r값에 달려 있다는 것이다. r이 0보다 크면 개체군 크기는 증가한다. 지수적 생장의 경우에는 무기한 증가하고, 로지스트형 생장의 경우에는 r값이 0으로 감소하는 시점까지 증가한다. r이 0이 되면, 개체군의 크기는 일정하게 유지된다. 만약 N과 r의 값을 알고 있다면, 향후 특정 기간 중 개체군 크기의 변화를 확실하게 계산할 수 있다. 체스판에서 한 칸의 다음 칸에 놓일 쌀알의 개수는 정해져 있다. 하지만 현실 세계는 이런 식으로 작동하지 않는다. 현실에서는 우연이 중요한 역할을 맡고 있기 때문이다. 특정 기간에 평균적으로 사망하는 개체 수보다 더 많은 자손을 생산하는(즉 r이 0보다 큰) 개체군도 임의의 사건이 이들 숫자에 영향을 미쳐 사라질 수 있다.

이런 무작위성(기술적으로는 '**확률성**stochasticity')은 다양한 형태를 취할 수 있지만, 여기서는 환경의 무작위성, 즉 환경의 확률성에 초점을 맞추도록 하겠다. 우리는 환경이 얼마나 자주 변화할 수 있는지 잘 안다. 영국인인 나는 날씨에 관한 대화를 자주 나누고, 내가 사는 곳에서는 날씨의 변덕을 매일 느낄 수 있다. 바로 어제만 해도 햄프스테드히스 공원을 산책하기 좋은 화창한 11월의 날씨였는데, 오늘은 우산과 코트가 필요한 날씨다. 일기예보에서 내일은 진눈깨비가 내릴 수도 있다고 한다. 이 지역의 동식물군은 영국의 이러한 전형적인 날씨에 잘 적응하고 있으며, 이것이 이들이 널리 분포할 수 있는 원동력이다.

그러나 중요한 건 이런 일반적인 변화가 아닌 극단적인 변화다. 심한 폭풍이나 한파 또는 장기간 이어지는 가뭄과 같은 환경은 번식기를 방해하거나 사망률을 증가시켜, 극단적인 경우 개체군이 사라질 수 있다. 평균적으로 개체군은 특정 환경에서는 행복하게 성장할 수 있지만, 해당 지역의 모든 환경 조건에서 그런 건 아니다(덧붙이자면, 이는 별것 아닌 것으로 들릴 수 있는 2℃의 기후 온난화에 과학자들이 그토록 크게 우려하는 이유다. 이 숫자는 평균수치다. 극단적인 곳에서는 그 상황이 더 악화할 것이라는 얘기다. 폭염은 사망을 초래한다).

환경의 확률성은 소규모 개체군에 특별히 문제가 된다. 새로운 지역에서 새로운 개체군이 형성될 때, 즉 그 수가 적고 아직 널리 퍼지지 않은 경우는 극단적 사건에 더욱 취약하기 때문이다. 현재 북미의 매미나방 개체 중 몇 마리가 죽는다 해도(d의 소폭 증가) 개체군의 크기에는 거의 영향을 미치지 않을 것이다. 그러나 레오폴드 트루벨로의 정원에 나방이 고작 몇 마리밖에 없던 1868년이나 1869년이었다면, 약간의 악천후에 개체군이 쉽사리 사라져버렸을 수 있다. 우리는 전 세계 비슷한 새들의 사례를 토대로, 새들이 탈출하거나 방사된 직후 몇 년 동안 이례적으로 큰 폭풍우가 몰아치면 개체군이 번성에 실패할 가능성이 현저히 높아진다는 사실을 확인했다. 한파나 혹독한 겨울이 닥쳤다면, 또는 트루벨로 씨가 방제에 노력을 기울였다면, 이 장의 내용은 매우 달랐을 수도 있다.

환경의 확률성은 날씨로 쉽게 설명할 수 있는데, 다른 특별한 사건도 개체군의 멸종을 초래한다. 예를 들어 화재나 홍수 등으로 서식지의 주요 조각(패치patch)이 무작위로 손실되는 경우 등이다. 메드퍼드 매미나방이 초기에 위태로웠던 것은 영국 소택지에서 오래전에 사라진 개체군을 통해 설명할 수 있다. 먹이를 선택하는 조건이 까다로운 이 개체군은 17~19세기에 걸쳐 가속된 늪지 지역의 배수 과정이 비켜간 소수의 서식지에서만 살아남을 수 있었던 것으로 보인다. 이들의 일반적인 출생률과 사망률이 무엇이었든, 서식지 손실로 사망률이 급증하는 상황에서 살아남을 수는 없었다. 이런 유형의 영향은 개체 수 밀도에 크게 좌우되지 **않는다**.

보통 무작위로 발생하는 악천후나 우연한 서식지 손실로 개체군의 멸종이 발생하진 않는다. 개체군은 일반적으로 이러한 타격이나 반동을 흡수할 수 있을 정도의 크기를 갖추기 때문이다(또는, 앞으로 살펴보겠지만 여러 개체군과 서로 연결되어 이주가 상호작용의 요소로 작용할 수 있다). 그러나 확률성은 보전생물학자들이 개체군 크기가 작은 위기종을 걱정하는 이유이기도 하다. 우리가 아무리 조심스럽게 돌보려 해도, 작은 개체군은 약간의 환경적 불운으로 쉽게 멸종될 수 있다. 그리고 멸종위기종의 경우, 그것이 **유일한** 개체군일 수도 있다. 소택지의 매미나방은 20세기 들어 완전히 사라졌다.

혼돈 이상의 혼돈

환경은 자연스럽게 변동한다. 그리고 유기체는 이에 대응해 변동한다. 그러나 우리는 **어떤** 확률적 요소 없이도 이러한 변동을 경험할 수 있다. 개체군의 크기 증가가 **완전히** 결정된 경우엔 말이다. 이와 관련한 몇 가지 고전적인 예는 로지스트형 생장의 기본 모델에서 비롯된다.

모든 모델에는 그것을 뒷받침하는 가정이 있다. 우리에게는 수학적 모델을 사실로 받아들이는 일종의 믿음이 있다는 것이다. 예를 들어 지수 생장 모델과 로지스트형 생장 모델은 개체군이 닫혀 있다고 가정하는데(이주가 없다), 이는 많은 경우 사실이 아니다. 이들 모델은 또한 모든 개체가 동일하고 단위생식을 하며(단성생식), 태어난 직후부터 생식을 할 수 있다고 가정한다. 대부분의 실제 유기체에는 분명 해당하지 않는 가정이다. 이러한 점을 크게 강조하지 않은 이유는, 그 모델에서 배울 수 있는 중요한 사실에는 변함이 없기 때문이다. 그것은 바로 개체군은 통제할 수 없을 만큼 생장할 힘이 있지만, 결국은 통제받게 된다는 사실이다.

로지스트형 생장은 개체군에 개체를 추가해서 출생률 감소 또는 사망률 증가로 r이 감소하는 경우에 발생한다. 이론적으로 r은 결국 0에 도달하고, 개체군은 생장을 멈춘다. 즉 환경수용력에 도달해 안정되는 것이다. 하지만 로지스트형 생장 모델에는 한 가지 가정이 추가된다. 개체군에 이입된 각각의 새로운 개체에 대한 r값의 즉각적 반응이다. 새로운 개체가 이입될 때마다 즉시 출생률이 감소하거나 사망률이 증가한다.

이 말은 비현실적으로 들릴 것이다. 실제로 대부분의 경우에는 사실이 아니다. 출생률이나 사망률이 반응하기까지는 어느 정도의 시간이 걸린다고 생각하는 게 더 합리적이다. 이입된 개체 수는 결국 여러 요인, 이를테면 식량 부족 등으로 출생률 또는 사망률을 갉아먹게 될 것이다. 이에 따라 개체군의 생장은 둔화하겠지만 즉각적으로 변화하진 않을 것이다. 이러한 반응이 나타날 때까지 얼마간 유도기가 존재한다.

이러한 유도기 또는 정체기는 계절의 영향으로 인해 다양한 개체군의 역학에 내재되어 있다. 특히 계절의 변화가 뚜렷해 풍족한 계절과 혹독한 계절이 번갈아 나타나는 고위도 지역 생태계에서는 더욱 그렇다. 시간에 따른 개체 수 증가는 연속적이지 않다. 개체는 봄이나 여름 번식기에 (거의) 한꺼번에 개체군에 이입되지만, 언제든 죽을 수 있다. 매년 폭발적인 수의 개체가 출생한다는 것은 r이 개체군 크기에 즉각적으로 반응할 수 없다는 의미다. 특정 연도의 개체군 크기는 전년도에 발생한 사건에 따라 달라진다. 매미나방도 이런 삶의 방식을 따르는 종의 예시다.

유도기는 로지스트형 생장 모델에 몇 가지 흥미로운 결과를 불러온다. 개체군의 크기 증가에 따른 r의 감소가 즉각적이지 않다면, 개체군의 개체 수는 환경수용력을 초과할 수도 있다. 이 경우 개체 수는 환경수용력에 도달할 때까지 감소해야 하며, 이 또한 유도기 때문에 과도한 개체 수 감소로 이어질 수 있다. 결과적으로 환경수용력을 중심으로 개체군 크기에 변동이 나타나기 시작한다.

이러한 변동이 정확히 어떻게 나타날지는 유도기의 길이와 r의 크기에 따라 달라진다. 개체군에 대한 이들의 영향이 크지 않다면 변동 폭 또한 그리 크지 않을 것이다. 개체군의 크기는 한계를 넘어 너무 빠르게 생장하지도, 줄어들지도 않고 환경수용력에 도달한다. 그렇지만 이들의 영향이 크다면 개체군은 일종의 규칙적 주기에 정착할 수 있다. 환경수용력 초과치가 일정 수준 이상일 경우에는 감소 폭도 마찬가지로 커질 수밖에 없다. 이후 마찬가지로 큰 폭의 증가가 따르고, 이 증가와 감소는 계속 **무한정** 반복된다. 이론적으로 매미나방 개체군이 번성하는 해와 그러지 못하는 해는 전적으로 개체군의 행동에 좌우될 수 있다.

개체군은 매번 같은 폭으로 환경수용력을 초과 또는 미달하며 일정한 주기를 따를 수 있지만, 어떤 조건에서는 이러한 주기가 혼돈에 빠질 수도 있다. 개체군은 계속 환경수용력을 기준으로 진동하겠지만 그 폭은 매번 달라질 것이다. 변동 양상은 반복되지 않고, 매년 개체군의 크기는 전혀 예측할 수 없는 것으로 보인다.

그러나 이는 환상이다. 이러한 혼돈은 완전히 결정론적이기 때문이다. 시작 조건(r, N, 환경수용력)이 동일하다면 개체군은 항상 무작위로 보이는 동일한 변동 양상을 따른다. 매개변수가 조금 달라진다면, 이를테면 r값이 2.9가 아닌 2.91이 된다면 개체군의 크기 변동은 조금 다른 양상을 띨 것이다. 처음에는 거의 동일하게 시작하지만, 시간이 지나면서 매개변수의 작은 차이가 개체군 규모의 큰 차이로 이어질 것이다. 만약 r이나 N의 값을 완벽하게 계산할 수 없다면, 현실 세계가 우리의 로지스트형 모델을 완벽하게 따른다 하더라도 20년 후의 개체군 규모를 예측할 수 없다. 이 계산은 한 치의 오차도 허락하지 않는다.

앞서 언급한 바와 같이, 북미 매미나방이 대륙 전체에 걸쳐 꾸준히 확산하는 점을 감안해도 개체 수는 안정적이지 않다. 개체 수는 해마다 달라지는데, 보통 낮은 수준으로 유지된다. 때때로 숲에서 매미나방을 찾아보기 어려울 수도 있다. 이는 로지스트형 생장에서 예상되듯 환경수용력을 기준으로 변동하는 모습을 보인다. 물론 실제로는 훨씬 복잡하지만 말이다. 때때로 매미나방은 메드퍼드에서의 역사를 되풀이하며 폭발적인 수준으로 증가하기도 한다. 매사추세츠주에서는 1981년 매미나방에 의해 약 100만 헥타르 넓이의 숲이 파괴됐으며 메인, 버몬트, 뉴햄프셔에서도 비슷한 피해를 입었다. 이러한 폭발적 증가는 그 규모와 범위를 예측할 수 없다. 그렇다면 역시 혼돈인 걸까?

아마 그렇지 않을 것이다. 우리는 확실히 생태학적 개체군의 변화를 예측하는 데 서툴지만, 이는 전혀 놀라운 일이 아니다. 결정론적 혼돈은 예측할 수 있는 시스템에서도 출발점의 아주 작은 차이가 얼마나 큰 차이로 이어질 수 있는지 보여준다. 하지만 우리는 개체군 크기의 변동을 예측할 수 있을 만큼의 필수 특성을 측정할 수 없었다. 완벽한 결정론이 주어지더라도 예측이 불가능했던 것이다. 개체군 동태가 완전히 예측 가능해도 예측할 수 없다는 것은 아주 유익한 교훈이다! 한편 환경은 확률적이고, 이러한 무작위 요소는 우리 문제를 더욱 복잡하게 한다. 그리고 이는 결연한 생태학자들이 혼돈 속에서도 여전히 질서를 파악하기 위해 노력한다는 증거다(실제로 과학자들은 매미나방의 폭발적 발생이 10년 또는 11년 주기를 따른다는 몇 가지 증거를 발견했다. 그 원인은 이후 장에서 짚어보겠다).

확률과 우연 사이

   나방 덫은 주변 나무나 덤불 속 눈에 띄지 않는 곳에서 숨어 살아가는 일부 개체군의 대표자를 유인할 수 있는 유용한 방법이다. 나방은 빛에 이끌려 모습을 드러내기 전까지는 눈에 띄지 않는 데 매우 익숙한 동물이다. 내 덫에 매미나방이 나타나기 전까지, 내가 사는 곳에 매미나방이 서식한다는 것을 전혀 몰랐다.

   인간은 아우구스투스가 로마의 황제였을 때, 또는 그 이전부터 조명으로 나방을 유인해 포획했다. 내가 옥상 테라스에 놓은 조명 달린 상자 덫은 20세기 초부터 사용되었지만 말이다. 만약 1870년 대에 레오폴드 트루벨로가 자신의 정원에서 나방 덫을 운용할 수 있었다면 과연 어떤 나방이 날아들었을지 궁금하다. 어느 따듯한 여름밤, 그의 창문에 매미나방 한 마리가 날아들었을까? 증가하는 매미나방의 개체 수를 나방 덫으로 추적할 수 있었을까? 만약 그랬 다면 그는 나방이 탈출한 사실을 대중에게 더 강력하게 알렸을지 도 모른다. 뒤늦은 깨달음은 물론 놀라운 일이다. 생태학자들은 다양한 이유에서 나방 덫 네트워크와 같은 방법으로 개체군을 관찰 한다. 덕분에 우리는 개체 수 증가와 감소 등 우려할 만한 일을 미 리 알 수 있다.

   출생하는 개체 수가 사망하는 개체 수보다 많으면 개체군의 크 기는 증가한다. 그 차이가 근소해도 개체군의 크기는 증가할 수 있 지만, 근소한 차이로 개체군이 오래 유지된다면 우연히 발생하는

나방은 빛에 이끌려 모습을 드러내기 전까지는 주변 나무나 덤불 속 눈에 띄지 않는 곳에서 숨어 살아가는 데 매우 익숙한 동물이다.

다양한 위험에 몹시 취약해진다. 출생률과 사망률에 변동이 없다면 개체군은 기하급수적으로 생장할 것이다. 그리고 이러한 지수적 생장은 매우 큰 개체군의 탄생으로 이어질 수 있다. 메드퍼드의 주민들이 말 그대로 이를 증언해주었다. 모든 개체군은 이러한 잠재력이 있다. 트루벨로의 매미나방은 이를 극단적으로 보여주었다는 점에서 특별한 예시다. 다행스럽게도 런던의 개체군 생장은 잘 통제됐지만 말이다.

우리가 매미나방은 물론 그 어떤 특정 종에도 무릎까지 파묻히지 않은 것은, 개체군의 생장 속도가 영원히 동일하게 유지되지 않는다는 의미다. 모든 개체군은 결국 통제를 경험해, 출생률이 떨어지거나 사망률이 높아진다. 출생률과 사망률이 동일한 수준이 될 때 개체군의 크기 변동성은 (다소) 안정적 형태로 평평해진다. 개체군 크기와 생장률 사이의 피드백이 불완전하다면 개체군의 크기는 환경수용력을 초과하거나 그에 미달해 변동을 일으킬 수 있다. 무작위적인 환경 요소가 추가되기 전에 혼란스러운 변화가 발생할 수 있는 것이다.

이러한 확률성에 의해 개체군은 영국 소택지의 매미나방 사례에서처럼 쉽게 멸종할 수 있다. 1868년 또는 1869년 메드퍼드에 있던 작은 매미나방 개체군은 운이 좋았다. 레오폴드 트루벨로와 매사추세츠주 주민들에겐 그렇지 않았지만 말이다. 나방의 개체 수가 증가하고 점점 더 확산하면서 뉴잉글랜드 삼림 수백만 헥타르가 고사해 막대한 재정적 피해가 발생했다. 1985~2005년에만 이

나방은 빛을 쫓지 않는다

들 '독립된 파괴자'를 관찰하고 관리하는 데 약 2억 달러가 지출되었다.

북미의 매미나방 이야기에는 엄청난 우연적 요소들이 개입했지만, 기본적인 생태학 원리를 따르는 부분도 많다. 개체군의 크기가 기하급수적으로 증가할 수 있는 능력은 이 분야의 근간이다. 생태학의 상당 부분은 개체 수의 기하급수적 증가를 막기 위한 수많은 방법을 찾고, 일부 종이 다른 종보다 더 많은 개체 수에 도달하는 이유를 이해하려 애쓴다. 넓은 의미에서, 개체군은 환경의 변화뿐 아니라 자원을 얻기 위해 의존하는 다른 종과의 상호작용을 통해 아래로부터 영향을 받을 수 있다. 반대로, 그들을 자원으로 삼는 종과의 상호작용을 통해 위로부터 영향을 받을 수도 있다. 이 중 아래로부터의 영향, 즉 자원의 중요성을 다음 장에서 살펴보겠다.

THE JEWEL BOX

2

먹이로 그리는 지도

한정된 자원의 결과

굶주린 자는 싸울 수 있겠지만,

그 목적은 자유가 아니라 뼈다귀일 것이다.

프레더릭 업햄 애덤스Frederick Upham Adams

스코틀랜드에서 처음 나방 덫을 놓으면서, 빛에 이끌린 나방이 모두 덫 안으로 들어가진 않는다는 사실을 금세 깨달았다. 실제로 가장 흥미로운 개체는 덫 바깥에서 발견되는 경우가 많았다. 나는 덫을 놓은 다음 날 아침마다 주변을 조심스럽게 살피며 천천히 덫으로 다가간다. 덫에 이끌린 생물체를 실수로 밟고 싶지는 않기 때문이다.

고작 몇 제곱미터에 불과한 런던의 옥상 테라스는 확인하는 데 오래 걸리지 않지만, 문틀이나 벽에 앉아 쉬는 나방을 한두 마리쯤 발견하지 못할 때가 드물다. 이렇게 나방이 벽에 앉아 있는 경우에는 특히 주의해야 한다. 여러 나방이 빅토리아 시대 벽돌과 구분하기 어려운 회색 또는 갈색을 띠기 때문이다. 런던에서 나방을 포획한 첫날 아침, 첫 번째 하인나방Footmen(태극나방과 넉점박이불나방족에 속하는 다양한 나방을 하인나방이라는 공통명으로 부른다—옮긴이)을 발견한 것도 그 벽 밑에서였다.

나방을 잡아 동정할 때 적지 않은 즐거움이 그 이름에서 비롯된다. 다양한 나방의 이름은 뚜렷한 시적 특성이 있어 흔히 작은 시라고 불린다. 그중 내가 가장 좋아하는 이름은 아가씨의 붉게 물든 뺨을 뜻하는 메이든 블러시Maiden's Blush, 촌스러운 주름치마라는 뜻의 플라운스 러스틱Flounced Rustic, 잘 풀리지 않는 나비매듭으로 운명의 상대를 묶는 매듭을 의미하는 사랑매듭나방True Lover's Knot, 프랑스어로 그날의 경이를 뜻하는 아주 적절한 이름의 메르베유 뒤 주르Merveille du Jour가 있다. 이름의 역사와 어원은 그 자체만으로도 흥미로운 주제다.●

태극나방과에 속하는 하인나방은 18세기 모시스 해리스Moses Harris가 쓴 나비목에 관한 고전《아우렐리아누스The Aurelian》에 처음 기록되었다. 하인나방이라는 이름은 앉아 있는 모습에서 유래한 것으로 보인다. 대부분이 회색이나 노란색 날개를 몸에 딱 붙인 채 점잖게 앉아 있는데, 이 모습이 연미복을 입은 뻣뻣한 인물처럼 보이기 때문이다. 이름을 지은 이는 분명 예술가의 안목과 유머 감각을 갖춘 사람이었을 것이다.

그러나 내 덫에 날아든 하인나방은 상류층의 하인처럼 보이진 않았다. 꼬리는 단추를 풀어헤친 듯 단정치 못하게 펼쳐져 있고, 잘 관리된 양복을 입은 모습이라기보다는 광택과 색상이 바랜

● 이 주제를 다루는 책으로 피터 마렌Peter Marren의 책《황제, 제독 그리고 굴뚝 청소부: 나비와 나방의 이상하고 아름다운 이름Admirals and Chimney-Sweepers: The weird and wonderful names of butterflies and moths》을 적극 추천한다.

내가 좋아하는 이름의 나방들. '아가씨의 붉게 물든 뺨'을 뜻하는 메이든 블러시(위)
와 프랑스어로 '그날의 경이'를 뜻하는 메르베유 뒤 주르(아래).

듯한 모습이었다. 책을 참고해 녀석이 하인나방 중 노랑테불나방 Dingy Footman이라는 것을 확인할 수 있었다. 영문명은 우중충한 하인나방이라는 뜻이다. 다른 하인나방에 견주어 확실히 멀끔한 맛이 덜했다(물론 좀 더 단정한 노란빛 코트를 두른 듯한 일부 개체도 있다). 크리스 맨리Chris Manley의 동정 안내서에는 노랑테불나방이 멜론의 씨앗과 비슷한 모습으로 묘사되는데, 정확한 설명이다.[7] 그래도 녀석은 내게 새로운 종이었기에 매우 흥미로웠다. 그리고 우리가 이미 알고 있듯, 과학에서 이름은 중요하다.

산성비와 애벌레

《아우렐리아누스》 이후 3세기 동안 하인들은 영국에서 서서히 사라졌지만, 같은 이름의 하인나방은 운 좋게도 그와 반대의 길을 걸었다.

노랑테불나방은 영국 나방 종 중에서 가장 빠르게 성장하는 개체군 가운데 하나다. 1970~2016년에 로덤스테드곤충조사 Rothamsted Insect Survey, RIS가 운영하는 전국 나방 덫 네트워크의 기록에 따르면 해당 기간에 노랑테불나방의 개체 수는 5500퍼센트 이상 증가한 것으로 추정된다. 또한 같은 기간 국립나방기록운영(나비보전Butterfly Conservation 자선단체가 모스아일랜드MothsIreland와 협력해 운영한다)의 자료에 따르면 영국에서 이 종의 분포 범위

'우중충한 하인나방'이라는 뜻의 영문명을 지닌 노랑테불나방. 다른 하인나방에 비해 확실히 멀끔한 맛이 덜했다.

는 4배가량 증가했다. 회색불나방Common Footman, 금빛노랑불나방 Orange Footman, 노랑배불나방Buff Footman도 같은 기간 동안 개체 수가 크게 늘었다. 같은 나방인 북미 매미나방의 폭발적인 초기 증가에는 비할 수 없지만, 여전히 눈에 띄는 증가 폭이다. 노랑테불나방은 1970년 이후 영국 남부와 웨일스 전역으로 급속히 퍼졌고, 현재 스코틀랜드와 아일랜드에 정착 중이다.

노랑테불나방뿐 아니라 다른 하인나방 종들도 영국에서 개체 수가 급성장하고 있다. '흔한 하인나방'이라는 뜻의 영문명을 지닌 회색불나방은 1970년대보다 2016년에 약 49퍼센트 증가하면서 더 흔해졌고, '드문 하인나방Scarce Footman'이라는 뜻의 영문명을 지닌 나방 종은 2016년의 개체 수가 1970년 개체 수의 629퍼센트에 달해 이전만큼 드물지 않다. 금빛노랑불나방은 성장률이 1만 퍼센트에 이르며 노랑테불나방의 증가율을 뛰어넘었다. 그러나 노랑배불나방의 증가에 비하면 다른 개체군의 성장은 사소해 보일 정도인데, 이들은 같은 기간 영국 내 분포가 524퍼센트 증가했고, 개체 수로는 약 8만 4589퍼센트 증가했다. 영국의 하인나방 개체군은 착실히 생장하고 있다.

(나중에 다른 장에서 살펴보겠지만) 영국에서 대부분의 종이 개체 수 감소 추세를 겪는 시기에 이렇듯 개체군 크기가 증가한다는 사실은 다음과 같은 질문을 불러일으킨다. 환경 조건이 특정 나방 종에 유리하게 작용하는 이유는 무엇일까? 답은 먹이에서 찾을 수 있다. 하인나방 애벌레는 주로 지의류를 먹는다. 그들이 이토록 번성할 수 있었던 것은 먹이가 흔해졌기 때문이다.

지의류라 하면 보통은 묘비나 교회 묘지벽을 회색빛의 녹색grey-green이나 노란색으로 군데군데 뒤덮은 그것을 떠올릴지 모른다. 그러나 이는 지의류에게 실례가 될 수 있는 말이다. 지의류는 녹색 털 다발이나 줄줄이 뻗은 손가락, 붉은 꽃을 피우는 허브나 의식용 트럼펫을 축소한 모습 등 다양한 형태를 보여주며, 돋보기로 들여다보면 그 어떤 식물 못지않게 아름답다.

물론 지의류는 식물이 아니다. 전통적인 의미의 유기체도 아니다. 지의류는 유기체의 연합, 즉 균류와 '조류photobiont'의 공생체다. 여기서 조류란 보통 녹조류green alga(식물의 일종)인데, 드물게는 광합성을 할 수 있는 박테리아인 시아노박테리아(몇몇 지의류는

나방은 빛을 쫓지 않는다 🦋

조류algae와 시아노박테리아를 모두 지닌다)인 경우도 있다(식물처럼 광합성을 하지만 다른 화학적 과정을 이용한다. 지금은 식물도 같은 방식으로 광합성을 시작했다고 생각되는데, 우리가 엽록체라 일컫는 세포 소기관으로서 조류photobiont를 세포 내부로 통합해 현재 모습에 이른 것으로 보인다).

지의류의 공생은 일반적으로 서로가 이득을 보는 상리공생으로 간주된다. 이 관계에서 조류는 영양분을 공급해주는 역할을 한다. 태양에너지를 이용해 이산화탄소와 물로 단당류를 생산하고, 이 단당류 중 일부를 균류가 섭취한다. 균류는 성장과 번식을 위해 당이 필요하지만, 스스로 생산할 수 없다. 시아노박테리아와 공생하는 균류는 이들 조류의 질소 고정 능력(대기에서 가스를 포획해 유기체가 대사할 수 있는 화합물로 변환)에서 다른 영양분을 얻기도 한다.

이 대가로 균류는 물리적·화학적 보호를 제공한다. 지의류의 몸체를 이루는 균사조직은 조류에게 서식지를 제공하며, 무엇보다 건조와 자외선에서 조류를 보호한다. 조류가 균류와 실제로 상리공생 관계인지, 아니면 단지 재배되는지는 여전히 논쟁 중이다(인간이 재배하는 식물에도 이러한 주장이 제기될 수 있다). 어느 쪽이든 이 연합은 전 세계적으로 2만 5000종 이상이 속한 광범위하고 성공적인 관계다. 하지만 나방과 마찬가지로 이 수치는 그들의 다양성을 크게 과소평가한 수치일 수도 있다.

지의류는 진화의 역사에 걸쳐 성공적인 공생관계를 유지해왔지만, 최근 몇 세기 동안은 산업화 지역을 중심으로 어려움을 겪었다.

지의류는 뿌리가 없다. 그 대신 대기에서 '떨어지는 것'을 붙잡는 방식으로 물과 조류로부터 제공받을 수 없는 영양분을 공급받는다. 따라서 이들은 습한 환경을 선호한다.

나는 주로 런던에서 나방을 잡는데, 운 좋게도 데번 서부 시골에 있는 인척 소유의 오래된 헛간에서도 나방을 잡을 수 있었다. 이 지역은 강우량이 많아 자주 방문하기엔 망설여지지만, 나무를 파릇파릇한 머리칼로 장식하는 지의류에게는 최적의 환경일 것이다. 그렇지만 대기 중 떨어지는 물질에 의존한다는 것은, 인간의 산업활동으로 대기에 추가된 불순물에 매우 민감할 수 있다는 뜻이다. 지의류에게 대기오염은 심각한 문제다. 우리는 이 사실을 최소한 200년도 전에 깨달았다. 19세기 초 식물학자 윌리엄 보러 William Borrer가 지의류 종의 상당수는 오염된 도시 지역에서 생존할 수 없다는 사실을 관찰한 이후로 말이다.

산업 공정의 부산물로 다양한 화학물질이 대기 중에 배출된다. 현재는 이산화탄소가 모든 관심을 독차지하지만(아니라면 관심을 기울여야 한다), 내가 어렸을 때는 아황산가스가 그 자리를 차지했다. 아황산가스는 특히 석탄을 태워 전기를 생산할 때 나오는 부산물인데, 작은 물방울에도 쉽게 용해되어 '산성비'가 된다. 1970년 대에 영국에서 유년기를 보낸 사람은 이 단어가 익숙할 것이다. 나는 당시 뉴스에서 영국의 오염물질이 북해를 가로질러 스칸디나비아 나무에 치명적인 영향을 미쳤다고 보도한 것을 기억한다.

산성비는 물에 다시 씻겨 내려가기 전, 나무 조직에서 주요 미네

랄을 용해해 나무를 굶어 죽게 한다. 산성 조건에서는 제대로 광합성을 할 수 없는 지의류의 조류에게도 비슷한 과정이 일어나는데, 조류의 경우는 나무보다 더욱 심각하다. 이들은 토양을 통하지 않고 대기 중에서 물을 직접 흡수하므로, 독성 오염물질이 조직에 더 빠르게 축적된다. 나무가 심각한 영향을 받지 않는 상황에서도 그 위에 자란 지의류는 죽어 사라지는 것이다. 과학자들은 이런 지의류를 대기오염에 민감한 지표로 사용해왔다. 산업혁명으로 영국 도시 전역의 건물과 나무가 검게 변했고, 영국의 많은 지역에서 지의류가 모습을 감추었다. 오염물질이 근처 지역으로 배출되는 것을 막기 위해 더 높게 지은 발전소의 굴뚝은 이 문제를 더 멀리 퍼뜨렸을 뿐이다. 자연 세계는 무수한 연결로 이루어져 있다.

그러나 영국 지의류의 상황은 달라진 것으로 보인다. 내가 어린 시절 산성비 보도를 자주 접한 것은, 그때는 이런 형태의 오염이 환경에 미치는 부정적인 영향을 심각하게 다루었기 때문일 것이다. 그리고 영국 산업체에서 발생하는 이산화황과 그 밖의 독성가스 배출량은 이미 감소세에 접어든 후였다. 영국은 1979년 대기오염물질의 장거리 이동에 관한 협약Convention on Long-range Transboundary Air Pollution(장거리 월경 대기오염 조약)의 회원국이었으며, 이후 대기 정화를 목표로 하는 다양한 국제협약에 서명했다. 그 후 수십 년간 발전소와 다른 배출원으로부터 배출되는 물질에서 가스를 제거하는 기술이 사용되었다. 오염물질이 발생하는 석탄에너지 대신 청정에너지를 사용하려는 노력도 도움이 되었다. 대기오염이 줄어들면서 지의류가 다시 나타났다. 데번에서처럼 나무를 뒤덮는 정도는 아니지만, 그래도 개체 수는 증가하고 있다.

이렇게 지의류가 번성한다는 것은, 그것을 먹는 애벌레도 번성한다는 의미다.

그 나방이 알려주는 것

그 어떤 종도 하나의 외딴섬이 아니다. 이전 장에서는 이를 굳이 언급하지 않았고, 생물 개체군의 성장에 필수 요소인 자원의 가용성을 설명하지 않은 채 개체군 성장의 제약을 논했다. 동물의 경우이 필수 자원은 바로 먹이다.

모든 동물은 삶의 단계 중 어느 시점에는 먹이 활동을 해야만 한다(식물도 먹이가 필요하지만 이 놀라운 유기체는 필요한 양분의 상당량을 스스로 만들어낸다. 이 책은 동물의 생태학에 집중한다). 먹이가 존재한다고 그것을 섭취하는 동물이 반드시 존재하는 건 아니지만, 그 반대는 대부분의 경우 사실이다. 소비할 게 없으면 소비자 역시 존재할 수 없다. 먹이가 없는 지역에 종이 나타나기도 하지만 오래 머물지는 않는다. 군대를 움직이는 건 다름 아닌 밥심 아니겠는가.

동물 개체군의 크기가 자원의 가용성에 따라 달라지는 것을 **상향식 조절**bottom up control이라고 한다. 하인나방의 경우, 지의류의 부족으로 개체 수가 감소했던 것으로 보인다. 이런 제약 조건의 완화

나방은 빛을 쫓지 않는다 🦋

는 본질적으로 환경수용력을 높이는 것으로, 포식자 개체군이 자유롭게 성장할 수 있다.

최근 수십 년간 영국 하인나방 개체군이 경험한 눈부신 성장은 먹이 가용성이 어떻게 포식자의 번성을 뒷받침할 수 있는지 잘 보여준다. 영국의 산업화 지역에서 공기 질이 개선되면서 지의류의 개체 수가 회복됐고, 그에 따라 하인나방의 개체 수 또한 크게 늘었다. 그리고 개체 수가 증가한 것은 하인나방뿐만이 아니었다.

영국에는 16종의 하인나방 외에도 6종의 태식성lichenivorous(지의류를 먹는―옮긴이) 대형 나방*이 서식하고 있다. 이들 중 21종은 정보가 충분해서 1960~2010년대의 분포 변화를 계산할 수 있는데, 해당 기간에 21종 가운데 20종의 분포가 증가했다. 이 중에는 아름답고 잘 알려진 대리석밤나방과 나무이끼밤나방이 포함되어 있는데, 이 두 나방 모두 여름 내내 내 런던 덫의 단골손님이었다. 특히 나무이끼밤나방은 내 옥상 테라스에서 가장 풍부하게 잡히는 종이었다. 그러나 이 종은 영국에서 19세기에 단 세 번 기록되었고, 1991년에 네 번째로 기록되었다. 그런 이들이 영국 남부에서 확산

---

* 우리는 비공식적으로 나방을 '대형 나방'과 '소형 나방,' 즉 대시류와 미소류로 구분한다. 나방을 채집하는 사람들은 보통 크고 동정하기 쉬운 대형 나방에게 초점을 맞춘다. 그러나 이러한 분류에는 과학적 또는 생물학적 근거가 없다. 소형 나방으로 분류된 종에도 큰 나방이 있는 반면, 대형 나방 중에 작은 종도 있다. 나중에 다시 설명하겠지만, 이러한 분류는 나방을 동정하려는 초심자를 혼란스럽게 할 수 있다.

한 것은 하인나방만큼이나 극단적이었다. 지의류의 부활이 아마 이들의 개체 수 증가에도 도움이 되었을 것이다.

대부분의 나방 종은 성충도 먹이 활동을 하지만, 주로 나무 수액을 먹는다. 먹이 활동이 가장 왕성한 것은 애벌레다. 먹이 활동이야말로 애벌레의 존재 이유이며, 그 결과 애벌레는 상당한 크기로 성장한다. 누에(누에나방의 애벌레)는 부화와 번데기 사이에 몸무게가 7000~1만 배 증가하는데, 비유하자면 이는 내 딸이 혹등고래만큼 커지는 것과 같다. 애벌레의 큐티클은 이렇게까지 확장할 수 없기 때문에, 여러 단계의 영을 거칠 때마다 매번 오래된 외피를 벗고 새것을 입는다. 그동안 착실한 먹이 활동으로 얻은 물질은 번데기 단계에서 다시 양분이 되고, 여기서 애벌레는 자연의 가장 기적적인 변화를 거쳐 며칠에서 몇 달 후에는 나방 성충으로 우화한다.

옥상 덫에서 가장 자주 마주치는 20종은 런던 덫에 찾아오는 종의 약 4분의 3을 차지한다. 나방 덫에 특정 나방이 잡힌다는 것은 대체로 주변에 그 나방 애벌레의 먹이가 있다는 의미다. 우리는 애벌레의 먹이로 런던 캠던 자치구 옥상 테라스 근처의 녹지가 어떻게 구성되어 있는지 그려볼 수 있다.

내 덫에 가장 자주 나타나는 종은 큰노랑뒷날개나방Large Yellow Underwing으로, 실용적이고 직설적인 이름이다. 휴대용 도감에 따르면 유충은 소라쟁이, 매리골드, 디기탈리스foxglove, 유채속(양배추와 양배추의 친척이 속해 있으며, 여기에 속하는 영국 자생종으로는 흔히 잡초로 치부되는 냉이나 황새냉이 등이 있다) 식물 등 광범위한 초본 식물과 풀을 먹이로 삼는다. 이 '광범위한 초본식물'이라는 문구가 내 덫에서 가장 흔한 10종 중 6종의 설명 속에 등장하는 것을 보면, 이 도감의 저자는 '광범위한 초본식물'이라는 문구에 단축키를 설 정한 게 분명하다. 약간 변화를 주고 싶었던지, 2종의 설명에는 '다 양한 초본식물'을 먹이로 삼는다고 적었다. 소라쟁이속 식물은 다 양한 나방 종의 먹이가 되는데, 여우장갑·민들레·서양쐐기풀·질 경이plantain(채소처럼 요리해서 먹는 바나나 열매가 아닌, 플란타고속에 속하는 작은 자생식물)도 여러 번 등장한다.

다양한 종의 애벌레가 봄에는 검은딸기나무나 야생자두나무 blackthorn(슬로베리sloe berry라는 열매가 나온다), 산사나무, 갯버들 같 은 목본식물의 잎을 먹기 위해 나무 위로 올라간다. 벌집부채명나 방Lesser이나 북방황나꼬리박각시Broad-bordered, 작은넓은띠노랑뒷 날개줄무늬나방Lesser Broad-bordered Yellow Underwings의 애벌레 모 두 이러한 습성이 있다. 옥상 테라스에서 두 번째로 흔하게 만나는 종은 창백한버드나무얼룩나방Pale Mottled Willow으로, 이들의 애벌 레는 화본식물grass의 씨앗을 먹는다.

런던에서 흔히 보이는 나방 목록에서 조금 아래로 내려가면 다 양한 먹이가 등장하기 시작한다. 회양목명나방Box-tree Moth이나 가 시칠엽수굴나방Horse Chestnut Leaf-miner은 이름만으로도 먹이를 추 측할 수 있다. 가시칠엽수굴나방의 애벌레는 굴을 파듯 이파리를 파먹는데, 우리 지역의 칠엽수는 이들의 식흔으로 가득하다. 나무이끼밤나방은 앞에서 이미 살펴보았다. 또 덫에 자주 등장하는 나방으로는 회색나방Greys이 있다. 유도니아*Eudonia*속에 속하는 소형 나방으로 이끼를 먹는데, 나는 이들 나방을 확실히 동정하기 어렵다. 붉은줄무늬원뿔나방Ruddy Streak의 애벌레는 시든 잎과 낙엽을 먹는다. 이중줄무늬피그나방Double-striped Pug의 애벌레는 호랑가시나무, 담쟁이덩굴, 가시금작화, 부들레아를 비롯해 내 이웃이 정성스럽게 가꾼 장미 등 다양한 꽃을 먹는다. 연갈색사과잎말이나방 Light Brown Apple Moth의 애벌레는 다양한 나무, 관목, 초본식물의 잎을 먹는다. 나는 (다른) 이웃의 사과나무가 내 덫으로 날아드는 이 나방의 서식지임이 틀림없다고 생각한다.

모든 나방 애벌레가 식물을 먹이로 삼는, 이를테면 지의류를 주식으로 삼는lichenivore 식성인 것은 아니다. 개중에는 다른 애벌레를 잡아먹는 육식성도 있다. 그러나 캠던 자치구에 흔한 나방은 여전히 다양한 식물을 먹이로 삼는다. 주변에 사람 손이 닿지 않는 땅이나 생울타리, 공원에서 흔히 볼 수 있는 식물들이다. 실제로 나방의 먹이 목록은 생울타리나 가시덤불이 자라는 패치patch와 다소 성숙한 나무들이 모여 자라는 구역이 교차한다. 이는 다양한 운동장과 초원이 모자이크처럼 뒤섞인 햄프스테드히스 공원의 식물상을 상당 부분 보여준다.

산사나무나 야생자두나무는 생울타리에서 흔히 볼 수 있다. 초본식물은 손상을 입은 지역에서 주로 자란다. 이런 교란지 식물은 생장이 빠른 종으로, 관목이나 나무가 지역을 점유하기 전 빠르게 싹을 틔우고 꽃을 피워 씨앗을 뿌린다. 햄프스테드히스 공원에는 축구나 소풍을 즐기고 개와 산책할 수 있게 조성된 열린 공간이 있는데, 이는 관목이나 나무가 자라나기 어려운 넓은 패치다. 지금은 잔디 깎는 기계가 잔디를 관리하지만, 불과 얼마 전만 해도 양 떼가 하이게이트, 웨스트민스터, 런던의 도시 경치를 내려다볼 수 있는 이 언덕에서 풀을 뜯었다.

나방 덫은 주변 공원과 정원의 구성 요소를 크게 반영한다. 존재하는 자원, 즉 소비할 것이 무엇인지에 따라 그 소비자도 달라지는 것이다. 이는 데번 서부에서도 비슷하다. 런던만큼 자주 가진 않지만, 그래도 나는 해마다 데번에서 시간을 보낸다. 앞서 말했듯 '다양한 초본식물'을 먹는 나방이 많다. 수레국화를 먹는 삼선나방 Treble Lines, 개쑥갓과 갈퀴덩굴속 식물을 먹는 앞노랑뒷흰밤나방 Flame Shoulder, 꽃박하와 우드세이지wood sage, 편자꽃horseshoe vetch을 먹는 멀레인물결나방Mullein Wave처럼 먹이 식물의 세세한 종은 차이가 있지만 말이다. 정원 뒤로는 황소가 풀을 뜯는 들판이 있는데, 풀을 먹는 나방 애벌레는 이곳에서 기회를 잡았다. 이곳 덫에서는 정원잔디베니어나방Garden Grass Veneer이 가장 자주 잡히며, 어두운아치나방Dark arches이 네 번째를 차지한다. 목초지는 높고 두꺼운 생울타리와 다양한 낙엽수 성목으로 이루어진 잡목림으로 얽혀 있다. 이곳에서는 나무를 먹는 종이 런던에서보다 더 자주 발견된다. 내게 처트니 만들 열매를 제공해주는 야생자두나무는 내 덫에 유황나방Brimstone Moth이 날아들게 하기도 한다. 목초지 사이사

날개 폭이 작은 새와 비슷할 정도로 거대한 크기의 줄홍색박각시. 덫에 많은 것을 보니, 근처에 누가 쥐똥나무로 생울타리를 세운 모양이다.

이 얽힌 모자이크에는 참나무와 개암나무가 많아, 그 잎은 변장의 대가인 둥근무늬재주나방 애벌레의 먹이가 되어준다. 또한 여름에 덫으로 날아드는 줄홍색박각시Privet Hawk-moth의 수를 보면, 근처에 누가 쥐똥나무로 생울타리를 세운 모양이다.

마지막으로, 데본 서부에서 풍부하고 무성하게 자라는 지의류는 다양한 하인나방의 먹이가 된다. '흔한 하인나방'이라는 뜻의 영문명을 지닌 회색불나방도 실제로 흔하게 만나볼 수 있고, 노랑테불나방과 주홍테불나방Rosy Footman은 내 덫의 단골이다. 넉점박이불나방Four-spotted Footman과 금빛노랑불나방, 노랑배불나방도 이따금 등장한다. 애벌레가 지의류를 주식으로 하는 다른 종, 이를테면 두줄갈고리짤름나방, 브뤼셀레이스나방Brussels Lace, 대리석무늬녹

나방은 빛을 쫓지 않는다 🦋

색나방Marbled Green 등도 마찬가지다. 자원에 따라 그 소비자도 달라진다.

누가 유전자를 물려줄 것인가

앞서 살펴보았듯 출생률이 사망률보다 높으면, 그 차이가 아무리 작아도 개체군의 크기는 증가한다. 영국에서 그 수가 가파르게 증가하는 노랑테불나방이나 노랑배불나방은 확실히 그런 경우다. 그러나 어떤 개체군도 영원히 이런 증가를 경험하지는 않는다. 결국 출생률이 떨어지거나 사망률이 증가하는 것이다. 또한 이 비율이 같아지면 개체 수 증가는 멈추게 된다. 대부분의 종은 이러한 과정을 거쳐 개체군이 다소 안정적인 크기에 도달한다. 우리는 로지스트형 생장 모델이 이러한 과정을 어떻게 보여주는지 이미 살펴보았다. 그리고 이 방정식의 핵심은 바로 먹이다.

일반적으로 먹이가 풍부해지면 그 먹이를 소비하는 개체의 수가 급격히, 즉 지수적으로 증가할 수 있다. 동물이 배불리 먹으며 번식에 전념할 충분한 에너지와 자원을 얻기 때문이다. 하지만 개체 수가 증가하면 상황은 바뀐다. 지구의 자원은 유한하므로 결국 개체 수에 비해 자원이 부족해질 것이다. 알을 만들거나 태아에게 영양분을 줄 충분한 먹이를 찾지 못하면 번식할 수 없으므로 자연히 출생률은 떨어진다. 또한 몸을 유지하기에 충분한 양분을 찾지 못하면 노쇠해 죽고 만다. 사망률이 증가하는 것이다. 개체 수 증가의 핵심 요소가 먹이(식물이나 다른 독립영양생물의 경우 생장과 번식에 필요한 자원)인 만큼, 먹이의 공급이 부족해지면 개체 수는 감소한다. 식량이 없는 군대는 진군을 계속할 수 없다.

개체군의 크기가 증가하고 자원이 부족해지면 경쟁은 불가피해진다.

생태학자의 정의에 따르면 경쟁은 제한된 자원을 필요로 하는 유기체 간의 부정적인 상호작용이다. 한 유기체의 **적합도**fitness(적응도)가 다른 유기체의 존재로 저하되기 때문에 부정적인 상호작용인 것이다. 여기서 적합도는 생식의 성공 또는 다음 세대 유전자 풀에 대한 개체의 기여를 설명하는 진화적 의미다(**다윈적응도**라고도 한다). 그렇다면 경쟁이란 유전자를 물려주기 위한 싸움을 뜻한다. 오늘날 존재하는 모든 동물은(사실 모든 유기체는) 이 행성에 최초로 형성된 생명체로부터 끊임없이 이어진 자손이다. 번식에 실패하면 그 연결은 영원히 끊어지게 된다.

로지스트형 개체군 생장 모델은 사실 경쟁을 전제로 한 모델이라고 볼 수 있다. 이 경우 경쟁은 **종 내**에서, 즉 같은 종의 개체군 사이에서 이루어진다. 이 모델에서 개체군의 생장을 멈추는 것은 이러한 종내경쟁의 강화다. 개체군에 추가된 각 개체는 다른 개체의 가용 자원을 감소시킨다.

그러나 대부분의 동물은 서로 다른 종이며(식물도 마찬가지다), 다른 종과도 경쟁이 성립할 수 있다. 이러한 경쟁을 **종간**경쟁이라고 한다. 한 유기체의 적합도가 다른 유기체의 존재에 의해 저하된다는 점은 같지만, 이 경우에는 다른 종의 유기체가 그 역할을 하는 것이다. 두 종이 동일한 제한된 자원을 공유한다면 그 둘 사이에 경쟁이 성립한다. 런던의 나방 덫에 날아든 나방의 먹이를 떠올려 보라. 다양한 종들의 먹이로 민들레와 소리쟁이, 쐐기풀, 야생자두나무, 검은딸기나무 같은 식물이 반복해 나열되어 있다. 또한 지의류를 먹는 여러 종과 그 개체 수가 얼마나 빠르게 증가하는지 떠올려보라. 종간경쟁의 기회는 무궁무진하다.

종간경쟁은 경쟁하는 종이 상대 종의 개체군 생장에 부정적 영향을 미쳐서 상대 종이 주어진 자원에 도달하지 못하도록 억제하는 것이다. 종내경쟁에서 밀리면 해당 개체와 그 가계가 위태로워지는 한편, 종간경쟁에서 패하면 종 전체가 존재하지 않게 될 수도 있다.

종은 다양한 방법으로 경쟁할 수 있다.

그중에서 가장 직관적이고 일반적인 방법은 이용 경쟁exploitation competition일 것이다. 이용 경쟁은 두 종이 유한한 공동 자원을 서로 이용하며 경쟁하는 것을 말한다. 적은 양의 먹이를 그 예로 들 수 있다. 새 모이통에 넣은 견과류를 다람쥐가 먹어 치운다면 새들이 먹을 몫은 남지 않는다. 내가 술에 넣어 마시는 야생자두도 마찬가지다. 한 종의 이익을 위해 다른 종은 전혀 이용할 수 없게 된다. 회색불나방 애벌레가 나뭇가지의 지의류를 먹어 치운다면, 같은 나뭇가지 아래에 붙은 노랑테불나방 애벌레가 먹을 게 남지 않을 것이다. 덫에 자주 잡히는 나방 중에는 같은 먹이를 공유하는 애벌레가 많다. 그 애벌레 중 적어도 일부는 먹이를 쟁취하기 위해 경쟁할 가능성이 높다.

종은 간섭을 통해서도 경쟁할 수 있다. 이 경우에는 한 종이 자원을 직접적으로 고갈시키는 대신 자원에 대한 경쟁자의 접근을 방해한다. 이러한 경쟁의 전형적인 예로 새의 영역이 있다. 개체나 쌍, 또는 가족이 영역을 공격적으로 방어해 해당 지역의 자원을 독점한다. 이러한 영역성은 동족뿐 아니라 다른 종의 접근도 차단할 수 있다. 쌀명나방Rice Moth과 줄알락명나방Almond Moth은 실험실 환경에서 분리해 코코아콩을 먹이로 제공하면서 생육하면 개체군이 완벽하게 유지되지만, 함께 생육할 경우 줄알락명나방은 모두 죽는다. 더 크고 공격적인 쌀명나방 애벌레가 번데기화에 적합한 장소를 독점하는 것도 이유의 하나다. 좀 더 극단적인 형태의 간섭은 경쟁자를 직접 제거하는 것이다. 하나의 잎에 한 마리의 애벌레만 자랄 수 있을 때 잠엽성 나방Leaf-mining moth이 이 방법을 택하는 것으로 알려져 있다. 이렇게 하면 가용 자원을 그대로 지키며 경쟁자의 먹이 섭취를 확실하게 방해할 수 있다.

종은 선점pre-emption을 통해 경쟁할 수도 있다. 이 경우 제한된 자원을 놓고 두 종의 경쟁이 벌어지지만, 자원은 한 종에 의해 고갈되지 않으며, 이론적으로는 그 뒤에 다른 종이 이용할 수 있다. 이러한 경쟁 대상의 전형적인 예가 바로 공간이다. 다양한 새들이 둥지 구멍을 차지하기 위해 경쟁한다. 그래서 우리는 정원이나 자연보호구역에 둥지 상자를 설치하곤 한다. 둥지 구멍을 이용하던 새가 떠나면 또 다른 새가 이용할 수 있다. 매미나방의 알로 표면이 온통 노랗게 변해버린 메드퍼드의 나무는 다른 종이 이용할 수 없는 자원이었을 것이다.

경쟁의 방정식

종의 경쟁은 그 방법과 상관없이 개체군 규모의 감소라는 결과를 불러온다. 아무런 제약 없이 생장하던 개체군의 자원을 다른 종이 이용할 경우 자원은 부족해진다. 종은 결국 경쟁에서 패하게 되는 것이다. 그렇다면 '패배'한 종은 어떻게 될까? 한 종의 개체군에 다른 종이 이입되면 어떤 일이 발생하는가? 개체 수가 감소하게 될까, 아니면 완전히 멸종하게 될까? 모든 종이 어느 정도의 패배를 겪는 걸까, 아니면 승자가 존재할 수도 있는가? 이 질문에 우리는 이 책에서 자주 등장하는 말로 답할 수 있다. '상황에 따라 다르다.'

왜 상황에 따라 달라지는지를 이해하기 위해, 이전 장에서 살펴본 로지스트형 생장 모델을 다시 떠올려보자. 다만 이번에는 밀도 의존성이 한 종의 출생률과 사망률에 미치는 영향뿐 아니라 경쟁자가 불러오는 추가적인 효과를 생각해야 한다. 간략히 살펴보기 위해 두 종만 계산에 넣겠지만, 이론적으로는 더 많은 종이 관련될 수 있다. 하지만 두 종만 놓고 보아도 두 개체군에 다양한 결과가 나올 수 있다.

　상당히 다른 관점으로 생태학의 종간경쟁에 접근한 두 과학자, 앨프리드 로트카Alfred Lotka와 비토 볼테라Vito Volterra에 의해 종간경쟁의 고전 모델이 탄생했다. 로트카는 미국의 화학자이자 수학자로, 화학 시스템의 방정식을 생물 시스템에 적용했다. 한편 볼테라는 이탈리아의 수학자이자 물리학자로, 생물학에 수학적 아이디어를 적용했다. 그에게 이러한 영감을 준 사람은 생물학자 움베르토 디 안코나Umberto D'Ancona로, 아드리아해에서 어획량을 연구하던 과학자이자 볼테라의 딸에게 구애하던(후에 둘은 결혼했다) 남자다. 이렇게 커리어는 예상치 못한 급류를 맞이하기도 한다. 이제 앨프리드와 비토의 이름은 뗄 수 없이 연결된다. 우리는 이 로트카-볼테라 방정식을 토대로 경쟁 상호작용 생태학 모델(나중에 살펴보겠지만, 포식자와 피식자의 상호작용도 포함된다)을 구축했다.

　로트카-볼테라 모델의 가정에 따르면, 각 개체군이 단독으로 생장할 경우 두 개체군 모두 일반적으로 고전적인 'S'자 형태의 로지스트형 생장 패턴을 따른다. 각 개체군에 이입된 개체는 이용할 수 있는 먹이의 양을 감소시켜 출생률이 점진적으로 줄어들고 사망률은 늘어난다.

　경쟁 종의 출현은 먹이를 고갈시킬 뿐이다. 이제 이용할 수 있는 먹이의 양은 두 종의 개체 수에 따라 달라진다. 각 종의 개체군 증가율은 감소하는데, 개체군에 새로운 개체가 이입될 뿐 아니라 다른 개체군도 개체 수를 늘리려 하기 때문이다. 이처럼 경쟁자의 존재는 자원을 줄여 환경수용력을 낮춘다. 즉 개체군이 더 작은 크기에 도달해야 출생률과 사망률이 같아진다. 이는 당연한 결과일 것이다. 한 종이 의지하는 자원을 다른 종이 빼앗는다면, 그 종은 살아남기 쉽지 않을 테니 말이다.

그렇다면 경쟁이 이렇게 진행될 경우 각 경쟁자의 개체군 크기는 어떻게 변할까?

이는 각 종이 서로 얼마나 잘 경쟁하느냐에 달려 있다. 다른 종과의 경쟁에서는 물론이고 동종과의 경쟁에서도 말이다. 로트카-볼테라 모델의 **경쟁 계수**는 이러한 경쟁의 결과를 종별로 수치화한다. 우리는 이를 통해 동종의 다른 개체나 다른 종의 개체가 추가되었을 때 종의 개체 수 증가율이 더 줄어들지 여부를 알 수 있다. 계수가 1보다 작으면 종 내의 경쟁이 더 치열하다는 의미다. 즉 종내경쟁이 종간경쟁보다 더 강력하다는 것이다. 반대로 이 계수가 1보다 크면 종간경쟁이 종내경쟁보다 더 강력한 억제 장치가 되어, 자원은 동종보다 경쟁 종에 의해 더 많이 소모된다.

여기서 중요한 것은 경쟁에서 누가 이기는지 또는 실제 승자가 존재할지가, 종간경쟁이 더 중요한지 또는 종내경쟁이 더 중요한지에 달려 있다는 것이다. 두 개의 종을 고려할 경우, 로트카-볼테라 모델에 따르면 네 가지 결과를 도출할 수 있다. 서로 경쟁하는 하인나방 종인 노랑배불나방과 노랑테불나방을 예로 설명해보겠다.

노랑배불나방의 종내경쟁이 노랑테불나방과의 경쟁보다 더 큰 영향을 미친다면, 노랑테불나방은 약한 종간경쟁자라는 뜻이다. 따라서 개체군에 추가로 이입되는 노랑배불나방 개체가 노랑테불나방 개체보다 더 큰 영향을 미치게 된다. 이때 추가로 이입되는 노랑배불나방 개체가 노랑테불나방 개체보다 노랑테불나방 개체군에 더 큰 영향을 미친다면, 노랑배불나방은 강력한 종간경쟁자가 된다. 종간경쟁에서 강한 종은 약한 종을 이기고, 이 경우 노랑테불나방 개체군은 멸종한다.

만약 노랑테불나방이 강력한 경쟁자이고 노랑배불나방이 약할 경우, 그 반대가 사실일 수도 있다. 그렇다면 노랑테불나방은 경쟁에 승리하고 노랑배불나방 개체군은 멸종할 것이다.

한편 경쟁하는 두 종이 모두 약한 종간경쟁자인 상황도 있다. 이 경우 노랑배불나방 개체군에 새로 이입되는 노랑배불나방은 노랑테불나방보다 개체군 증가율에 더 큰 감쇠를 가져온다. 노랑테불나방 개체군에 이입되는 노랑배불나방 또는 노랑테불나방의 경우도 마찬가지다. 이런 경우에는 두 종 모두에게 종내경쟁이 종간경쟁보다 중요해지며, 두 종은 공존할 수 있다. 무엇보다 두 경쟁자가 모두 약한 종간경쟁자이므로 **둘 다** 서로를 멸종의 길로 몰아세울 수 없다. 따라서 이 공존은 **안정적**일 수 있다. 노랑테불나방의 개체 수가 우연히 감소하더라도 언제든지 그 크기를 회복할 수 있다. 노랑테불나방 자신이 노랑배불나방보다 더 강력한 경쟁자이기 때문이다(그 반대도 마찬가지다).

네 번째는 두 종이 모두 강력한 종간경쟁자인 경우다. 노랑테불나방은 노랑배불나방에게 동종보다 더 강력한 경쟁자이며, 반대의 경우도 마찬가지다. 즉 두 종 모두 종간경쟁이 종내경쟁보다 강하다. 이런 상황에서도 두 종의 공존은 **가능**하지만, 연약한 균형이 이루어지며 그 공존은 불안정하다. 만약 한 종이 개체 수에서 우위를 차지하면 다른 종은 빠르게 멸종위기를 맞는다. 개체군에 이입되는 각각의 노랑배불나방은 종내경쟁보다 종간경쟁에 더 강력한 효과를 발휘해 수많은 노랑테불나방을 죽음으로 내몰 것이다. 그 반대의 경우도 마찬가지다.

제한된 자원을 놓고 두 종이 서로 경쟁할 때 그 결과는 승리나 패배, 또는 무승부일 수 있다. 이 중 우리가 기대할 수 있는 결과는 '상황에 따라 달라'지며, 로트카-볼테라 모델은 이 상황을 명확히 하는 데 도움을 준다.

위덤숲의 두 나방

나는 종간경쟁이 개체 수를 통제하는 데 위력이 다소 약한 도구라고 생각했다. 내가 런던 테라스에서 빈번히 마주한 나방들의 먹이 목록에는 특히 같은 초본식물이 반복적으로 등장한다. 자주 잡히는 나방 20종을 살펴보면 겹치는 먹이는 더욱 많아질 것이다. 하지만 런던의 도심에서도 그러한 식물은 풍부하게 자란다. 또한 애벌레는 다양한 종류의 식물을 먹이로 삼는다는 사실도 잊지 말아야 할 것이다. 디기탈리스나 쐐기풀, 민들레 같은 식물을 자세히 들여다볼 때, 두 종은 고사하고 한 종의 애벌레라도 발견한 적이 있는가? 물론 그럴 가능성이 없지는 않다. 그러나 일부러 찾으려 해도 이파리 몇 개는 뒤집어봐야 나오는 게 보통이다. 그렇다면 과연 실제로도 경쟁이 그렇게 중요할까?

경쟁은 실제로도 중요하다. 경쟁하는 먹이가 민들레보다 클 때조차 말이다. 메드퍼드의 매미나방이 그 지역에 행사했을 영향력을 상상해보라. 숲 전체의 나무가 고사하면 다른 나뭇잎을 먹는 다른 종의 적합도는 감소할 수밖에 없다. 이것이 우리가 경쟁을 정의하는 방법이다. 이러한 영향은 영국의 나방에서도 볼 수 있다.

위덤숲Wytham Woods은 1940년대부터 인근 옥스퍼드대학교가 소유해온 부지로, 대학교에 적을 둔 생태학자들과 진화생물학자들이 현장 연구를 펼치는 본거지로서 수십 년간 역할을 하고 있다. 이 숲은 특히 새 개체군, 그중에서도 박새와 푸른박새 연구로 유명하다. 생태학자들은 새를 이해하기 위해 다른 종, 즉 새가 먹이로 삼는 곤충과 식물에 관한 연구도 게을리할 수 없었다. 그중에서도 겨울물결자나방과 참나무잎말이나방 연구는 중요하게 여겨진다.

이 두 종의 나방 애벌레는 공유하는 먹이 식물의 개체를 몇 년 안에 완전히 고갈시킬 만큼 충분히 큰 개체군 밀도로 성장할 수 있다. 이 둘의 먹이 식물은 작은 풀이 아니다. 영국의 상징적인 나무인 로부르참나무English Oak다. 미국의 매미나방처럼 보이지 않는 곳에서 기회를 잡는 외래종이 아니라 자생지 환경에서 먹이 활동을 하는 자생종이다. 이 두 나방은 평균적으로도 매년 위덤숲 잎면적의 40퍼센트를 먹어 치울 수 있다. 이들의 영향은 나무 자체에서도 나타나는데, 수년에 걸쳐 잎이 제거된 수준과 나이테의 두께를 비교한 결과, 애벌레가 없었다면 이들 참나무는 여름에 목질부를 60퍼센트쯤 더 축적할 수 있었을 것이다.

이렇게 이곳에 참나무잎이라는 유한한 먹이를 공유하며 살아가는 두 종의 나방이 있다. 잎눈이나 잎무리 하나에서 애벌레 두 종이 모두 발견되기도 한다. 이들의 잎 소비량은 상당해서 직접적인 경쟁을 해야만 할 텐데, 그동안 관찰한 증거에 따르면 실제로 이들은 실질적 경쟁에 참여하는 경쟁자다.

위덤숲의 참나무잎말이나방 개체군 크기는 동종 애벌레 간 잎사귀 경쟁을 통해 쟁취하는 먹이 가용성에 강력히 좌우된다. 참나무잎말이나방 애벌레는 겨울물결자나방 애벌레와 이파리를 공유할 때보다 홀로 이파리를 차지할 때 생존율이 더 높다. 반면 겨울물결자나방 애벌레는 동종과 경쟁할 때보다 참나무잎말이나방과 경쟁할 때 더 잘 자란다. 겨울물결자나방 애벌레는 강한 경쟁자이고 참나무잎말이나방이 약한 경쟁자로, 이는 예상할 수 있는 결과와 일치한다.

겨울물결자나방이 참나무잎말이나방에게 미치는 영향 중 일부는 간섭 경쟁interference competition을 통해 나타나는 것으로 보인다. 참나무잎말이나방은 잎말이나방과에 속한다. 이들 애벌레는 몸 주위로 잎사귀를 굴리거나 접어 촉촉한 집을 만든 뒤 그 안에서 먹이를 섭취하고 성장한다. 그런데 이 이파리에 겨울물결자나방 애벌레가 구멍을 낸다면 참나무잎말이나방 애벌레가 애써 촉촉하고 쾌적하게 만든 환경을 망쳐 탈수를 일으킬 수 있다. 또한 이처럼 손상된 나뭇잎은 돌돌 말기 어려워진다. 어느 쪽도 참나무잎말이나방에게는 유쾌한 결과가 아니다.

간섭을 통해서든 직접적인 먹이 섭취를 통해서든, 겨울물결자나방은 이 경쟁에서 우위를 차지하는 것으로 보인다. 한편 로트카와 볼테라에 따르면 약한 경쟁자는 강력한 경쟁자에 의해 축출된다. 그렇다면 왜 참나무잎말이나방은 숲 밖으로 쫓겨나지 않는 걸까?

나방의 왕성한 먹성을 고려하더라도 위덤숲에 참나무잎이 부족한 해는 거의 없기 때문이다. 쉽게 말해, 참나무잎말이나방을 완전히 몰아내기에는 경쟁에 비해 먹이가 너무 많다는 뜻이다. 따라서 경쟁은 애벌레 개체군 밀도가 아주 높거나 이따금 식물의 피해가 심각한 해에만 심화할 가능성이 높다. 참나무잎말이나방 개체군을 위험에 빠뜨릴 정도로 참나무잎이 희소해지는 경우는 대부분 많지 않으며, 그렇게 되더라도 사태가 오래 지속되지는 않는다.

나방의 경쟁자는 다른 나방만이 아니다.

영국의 황무지와 방목지에는 금방망이ragwort라는 식물이 흔하다. 소나 말에게 독성을 일으킬 수 있어서 소나 말을 키우는 주민들은 싫어한다. 반면 생태학자들은 금방망이가 여러 곤충과 다른 무척추동물 군집에 다양한 자원이 되어준다는 점에서 금방망이를 좋아한다. 이러한 생명체 중 가장 잘 알려진 것은 진홍나방Cinnabar

Moth일 것이다. 호랑이 줄무늬를 한 진홍나방 애벌레가 금방망이에 붙어 있는 모습을 자주 볼 수 있다. 성충이 되면 회색과 붉은색의 우아한 앞날개와 밝은 진홍빛 뒷날개를 가진 아름다운 나방이 된다. 진홍나방은 영국 나방 중 낮에 활동하는 몇 안 되는 나방(영국에 서식하는 나비의 종보다 이처럼 낮에 활동하는 나방의 종이 더 많지만 말이다)으로, 캠던 거리에 흔히 나타난다.

나방과 식물의 관계에 관해서는 다양한 연구가 이루어졌다. 금방망이는 호주와 캐나다에서는 외래 잡초이며, 나방은 이에 대한 생물적 방제(이를테면 파리를 잡기 위해 거미를 눈감아주는 것과 같은 이치다. 물론 이 경우는 더 엄격한 과학적 기반을 따른다)를 위해 풀어놓으려 했던 후보 종이었다. 이런 상황에서는 잡초와 잡초의 잠재적 천적을 철저하게 조사할 필요가 있다.

진홍나방의 애벌레는 금방망이를 줄기까지 씹어 먹을 수 있다. 하지만 생물 방제는 애벌레가 금방망이를 방제하는 게 아니라, 반대로 금방망이가 애벌레를 방제하는 것으로 밝혀졌다. 금방망이의 풍부도는 연중 묘목이 형성되는 시기의 강수량에 따라 달라지는데, 이때 결정되는 풍부도로 이듬해 진홍나방의 풍부도를 예측할 수 있다. 나방의 풍부도가 먹이 식물에 의존하는, 즉 나방이 금방망이의 풍부도 변화에 따라 달라지는 승객*인 것이다. 이는 전형적인

---

* 그래서 잡초와 잠재적 생물 방제제의 관계를 정확히 알아야 한다. 이 경우 나방은 잡초 개체 수에 아무 영향을 미치지 않았을 것이며, 많은 돈과 노력을 낭비했을 것

진홍나방은 낮에 활동하는 몇 안 되는 나방이다. 애벌레는 호랑이 줄무늬를 하고 금방망이에 붙어 있을 때가 많은데, 성충이 되면 회색과 붉은색의 우아한 날개를 보여준다.

상향식 효과, 즉 포식자(소비자)가 피식자(생산자)에 의존하는 것이다. 먹이가 풍부할 때 진홍나방은 마음껏 풀을 뜯을 수 있지만, 잔치를 벌인 뒤에는 금방 기근이 닥칠 수 있다.

진홍나방 애벌레의 먹이 소비는 식물 개체 수 성장에는 영향을 주지 않지만, 다른 소비자 개체 수에는 영향을 끼칠 수 있다. 금방망이씨앗파리Ragwort Seed Fly가 그 예다. 이 종이 어떻게 생활하는

─────

이다. 다른 종에게 의도치 않은 결과를 초래할 수도 있다.

지 금방 유추하겠지만, 암컷 금방망이씨앗파리는 늦봄과 초여름 사이 금방망이 두상꽃차례에 알을 낳고, 알에서 부화한 애벌레는 꽃이삭을 갉아 먹어 씨앗을 파괴한다. 그런데 이들 파리에게는 안타깝게도, 나방도 금방망이의 두상꽃차례를 좋아한다. 식물 개체에 나방 애벌레가 있으면, 파리 애벌레는 모두 이용 경쟁에 패해 죽을 수 있다. 파리의 애벌레 개체 수는 회복되지 않는다. 나방은 강력한 경쟁자이고, 파리는 약한 경쟁자이기 때문이다.

그러나 이 경우에도 겨울자나방과 참나무잎말이나방과 마찬가지로 경쟁의 결과는 먹이의 양에 따라 달라진다. 꽃이 풍부할 때 파리는 나방의 영향을 받지 않는다. 제한된 동일 자원을 필요로 하는 유기체 간의 경쟁, 즉 부정적 경쟁의 정의를 떠올려보라. 자원의 제약이 덜하다면 경쟁 또한 느슨해지는 것이다. 먹을 것이 풍부하면, 경쟁할 이유가 없다.

공존을 위한 회피

이처럼 경쟁은 내 덫에 날아드는 나방과 같은 식식성plant-eating 곤충에게 중요한 힘이다. 먹이가 제한되면 상향식 조절로 그 소비자의 개체 수도 제한된다. 또한 영국에 흔한 여러 나방 종의 경우처럼 서로 다른 종이 동일한 자원에 의존할 때, 종간경쟁의 무대가 마련된다. 이 경쟁에서 패하면 단순히 개체가 죽는 것이 아니라 개체군이 멸종할 수도 있다. 약한 경쟁자는 강한 경쟁자에게 패할 것이다. 그러나 로트카-볼테라 모델을 통해 알 수 있듯, 강한 경쟁자 또한 다른 강한 경쟁자에 패할 수 있기 때문에 강한 경쟁자조차 안정성을 보장받을 수가 없다.

하지만 경쟁만으로 경쟁자 중 하나가 완전히 멸종되는 경우는 놀라울 정도로 찾아보기 어렵다. 영국에서 자생종인 붉은유럽다람쥐Red Squirrel(북방청서)가 외래종인 회색다람쥐Grey Squirrel(청설모)에 의해 밀려나는 것과 같은 고전적 사례조차 좀 더 복잡한 요인이 섞인 것으로 판명되곤 한다. 이 경우 회색다람쥐가 유럽다람쥐에게 치명적인 질병을 퍼뜨린 게 주요 원인으로 여겨진다. 경쟁은 분명 자연계에 압력을 가하지만, 모델에서 본 것만큼 강력히 제어하지는 못하는 것으로 보인다. 대체 그 이유는 무엇일까?

경쟁은 종이 함께 살아갈 방법을 찾도록 강력한 동기를 제공해준다. 경쟁이란 약한(심지어 강한) 경쟁자에게 치명적일 수 있으므로, 종은 환경을 이용하는 방법을 분리하게 되었다. 이를 **생태 지위 분할**niche differentiation이라 한다.

생태 지위란 종이 살아가기 위해 필요한 일련의 조건을 말한다. 여기에는 물리적인 환경과 식량 그리고 생물학적 필수 요소가 모두 포함된다(다른 장에서 더 살펴볼 것이다). 두 종의 지위가 동일하다면(또는 매우 비슷하다면), 그 지위를 더 잘 활용하는 종에 의해 다른 종은 결국 멸종하게 된다는 것이 생태학의 격언이다. 이를 **경쟁 배제**라고 한다. 어떤 두 종이 완벽하게 같은 방식으로 살아갈 수는

나방은 빛을 쫓지 않는다

없다. 그러면 강한 종이 약한 종과의 경쟁에서 승리하고 만다. 두 종이 함께 살아가기 위해서는 지위의 유사성에 제한이 있어야 한다. 이렇게 생태 지위를 분할하면 가까운 경쟁자와의 유사성을 줄여 다른 종과 경쟁 없이 공존할 수 있게 된다. 로트카-볼테라 모델에 비추어 말하자면, 상대가 약한 경쟁자가 되는 환경으로 이동하는 것이다.

필요는 발명의 어머니다. 종들은 생태 지위를 분할하기 위해 다양한 방법을 개발해냈다. 그중 한 가지는 공간의 분리다. 풀과 같은 작은 식물도 초식동물은 다양한 부분을 나눠 먹을 수 있다. 정원잔디베니어나방과 창백한버드나무얼룩나방은 내 런던 덫에 자주 등장하는 나방이다. 정원잔디베니어나방 애벌레는 풀의 줄기 밑부분을, 창백한버드나무얼룩나방은 씨앗을 먹는다. 이웃집 장미의 꽃에서 이중줄무늬퍼그나방을 발견하고, 그 잎에서는 붉은선두리푸른자나방Common Emerald을 만날 수도 있다. 복숭아굴나방은 사과 잎 표면에 굴을 파고, 코들링나방 애벌레는 사과를 파먹는다. 이 두 나방은 런던과 데번 모두에서 근처 정원의 먹이를 먹고 내 덫으로 날아든다. 박쥐나방과Hepialidae의 아름다운 애벌레는 땅속에 서식하며, 종에 따라 화본식물이나 고사리 그리고 초본식물의 뿌리를 먹는다.

한편 다양한 식물 개체에 초점을 맞춰 공간을 나눌 수도 있다. 같은 식물 개체를 놓고 금방망이씨앗파리 애벌레가 진홍나방 애벌레와 경쟁한다면 반드시 패하겠지만, 물리적으로 거리를 벌려 경쟁을 피할 수 있다. 그러기 위해 파리는 어딘가에 고립된 작은 금방망이 군집으로 숨어든다. 이렇게 작은 군집은 진홍나방 애벌레를 먹이기에 부족하며, 기어서 또는 (움직임이 거의 없는) 성충 암컷 나방이 날아서 다른 식물로 옮겨가기에도 너무 멀다.

경쟁자는 서로 시기를 달리해 환경을 분할할 수도 있다. 겨울자나방과 참나무잎말이나방은 다른 잎을 뜯어 먹는 식엽성 애벌레와 마찬가지로 봄에 주로 참나무잎을 먹는다. 참나무잎은 봄에 가장 부드럽고 영양분이 많다. 반면 오래된 잎은 질기고 맛이 좋지 않은 타닌을 포함하고 있어 식엽성 애벌레도 봄의 풍부한 이점을 최대한 활용하려 노력한다. 한편 잎에 굴을 파는 잠엽성 종은 식엽성 종과의 경쟁이 덜한 여름에 주로 먹이 활동을 한다. 애벌레가 씹어 잎이 손상되면 참나무는 더 많은 보호 물질을 생성하도록 잎을 자극하는데, 이는 식엽성 종과 달리 다른 잎으로 도망칠 수 없는 잠엽성 애벌레의 사망률을 높인다. 따라서 잠엽성 종은 식엽성 종이 먹이를 배불리 먹을 때까지 기다려 이들과의 경쟁을 피한다. 물론 식엽성 종이 모든 잎을 먹어 치우거나 남은 잎이 거의 없다면 이는 위험한 전략이 될 수 있다. 그래서 가능하면 뷔페에 가장 일찍 도착하는 것이 일반적으로는 좋은 선택이다.

경쟁이 없을 때 그 경쟁의 힘을 볼 수 있다는 것이 경쟁의 모순이다. 경쟁이 작용할 수밖에 없는 듯한 두 종이 있을 때(예를 들어 같은 먹이를 먹는 종), 이들이 다른 삶의 방식으로 살아가고 있음을 발견한다면 이야말로 경쟁의 작용이라는 방증이 된다. 이렇게 종이 명백히 다른 종을 피하고 있을 때, 우리는 이를 설명하기 위해

'과거에 작용한 경쟁'을 상상할 수 있다. 지금은 경쟁하지 않는 종들도 생태 지위 분할 이전에는 서로 경쟁했다는 것이다.

이처럼 우리가 자연에서 볼 수 있는 수많은 패턴은 과거 또는 현재 경쟁의 결과로 보기에 적절하지만, 정말로 경쟁에서 비롯되었을까? 그냥 그렇다고 꿰맞추기는 쉽다. 하지만 그 반대도 사실일 수 있다. 경쟁이 존재하는데 우리가 알아차리기 어려울 수도 있는 것이다. 이미 우리가 그 효과를 알아볼 수 없을 정도로 종을 분리하기 때문이다.

자연을 관찰하는 것은 중요하다. 그러나 관찰을 시작하면 관찰이 왜 자연을 이해하는 과정의 시작에 불과한지 비로소 이해하게 된다. 관찰이 끝나면 우리는 관찰한 것을 설명하기 위해 설명, 즉 가설을 만들어낸다. 이러한 가설은 언어적 모델일 수도 있고, 앨프리드 로트카와 비토 볼테라가 제안한 것과 같이 수학적 모델일 수도 있다. 그리고 이러한 가설이 과연 올바른지 실험해야 한다. 일반적으로 관심 시스템system(계)의 작동 방식이 드러날 수 있게 시스템을 조작해 실험을 진행한다. 이러한 실험을 거쳐 마침내 경쟁이 작동하는 방식을 밝혀낼 수 있다.

파리와 나방이 서로 다른 금방망이 개체에 서식한다. 하지만 이는 경쟁의 영향일까? 애벌레를 제거하면 어떻게 될까? 실험에 따르면, 실제로 애벌레를 제거한 식물에서 파리의 생존율이 증가했다. 이처럼 실험은 단순한 관찰로는 알 수 없는 것, 즉 경쟁이 이 두 종을 물리적으로 분리했다는 사실을 보여준다. 실험에서 잠엽성 나방이 봄에 알을 낳도록 유도하면, 이들이 일반적으로 활동하는 여름일 때보다 더 잘 성장하고 생존했다. 단, 식엽성 애벌레에 의해 잎이 손상되지 않는다면 말이다. 우리는 실험을 통해 경쟁이 잠엽성 애벌레와 식엽성 애벌레가 먹이 활동 시기를 분리하게끔 유도했다는 것을 알 수 있다.

과학은 가설을 실험하고, 실험을 통해 증명되지 않은 가설을 파기한다. 이것이 진리를 추구하는 다른 접근과 과학의 차이점이다. 모델이 잘못된 경우에도, 그 실패를 토대로 모델이 증명되지 않는 **이유**를 이해해 다른 모델로 그 자리를 채울 수 있다. 이처럼 가설 또한 서로 경쟁해 승패를 가른다. 그리고 승리하든 패하든 우리의 이해를 돕는 발판이 된다.

그러나 대부분의 경우 우리는 경쟁이 일어나는지, 또는 어떻게 진행되는지 알지 못한다. 하인나방 애벌레는 모두 지의류를 먹는다. 이들의 자연사natural history만으로는 자원을 어떻게 분할해 이용하는지 파악하기가 쉽지 않다. 영국에만 수천 종의 나방이 서식하고, 이들은 나방뿐 아니라 다른 많은 종과도 경쟁하는 중일 수 있다. 수천, 수백만 개의 상호작용이 가능하다. 그렇기 때문에 제대로 실험하려면 **큰** 노력이 필요하다. 이들 종이 어떻게 경쟁하는지, 또는 과거에 경쟁이 작용했을지에 대한 생각은 대부분 여전히 가설에 불과하다. 하지만 우리는 적어도 몇 종의 나방에게는 경쟁이 **중요하다는 것**을 알고 있다. 개념이 입증되었기 때문이다. 지금은 그것으로 만족해야 할 것이다.

칼날이 모습을 드러내는 순간

자원은 중요하다. 그리고 동물에게 가장 기본적인 자원은 먹이와 물이다. 물의 경우 일반적으로 영국 나방에게는 문제가 되지 않으므로, 내 덫에 날아드는 나방을 결정하는 주요 요인은 먹이다. 애벌레가 성충으로 변할 만큼 충분한 먹이를 섭취할 수 없다면 성충은 존재하지 않을 것이다. 거리를 걸어 햄프스테드히스 공원으로 올라가면 대체로 어떤 풀과 초본식물이 흔한지, 어떤 관목과 나무가 그들에게 그림자를 드리우는지 관찰할 수 있다. 그리고 이를 통해 나는 내 덫에 어떤 나방이 날아들지, 또 어떤 나방을 볼 수 없을지 대충 상상할 수 있다. 덫을 놓은 첫날부터 나는 테라스에서 내려다보이는 정원의 키 큰 라임나무(피나무)를 희망에 찬 눈으로 바라보고 있었다. 그리고 2019년 5월 어느 아침, 마침내 덫에서 톱갈색박각시Lime Hawk-moth를 발견했다.

기본적인 요구가 충족되는 한 개체군의 크기는 증가할 것이며, 자원이 풍부한 시기에는 실제로 이 증가 속도가 매우 빠를 수 있다. 현재 몇몇 영국 하인나방 개체군이 보여주는 눈부신 성장세는 지금 영국에 지의류가 풍부하다는 것을 보여준다. 기후변화의 위협이 그림자를 드리우는 시기에는 국제조약의 환경 정화 능력을 실질적으로 입증할 수 있다. 이처럼 우리는 해낼 수 있다. 하고자 하는 의지만 있다면 말이다.

예지 능력이 없더라도 하인나방의 개체 수가 영원히 증가하지는 않으리라고 누구나 예측할 수 있다. 좋은 시절은 영원하지 않다. 칼날은 그때 비로소 모습을 드러낸다. 세 끼니만 거르면 사회에는 혼돈이 찾아온다는 말이 있다(블라디미르 레닌의 말이다―옮긴이). 우리는 자원이 유한하다는 것을 의식적으로 인식하고 살아가는 유일한 동물이지만, 그렇다고 우리의 행동이 항상 그런 인식을 반영하는 것은 아니다.

식량이 부족해지면 삶은 이내 생존을 위한 투쟁이 된다. 개체군 내의 어느 개체에만 해당한다면 삶이 어려운 수준이겠지만, 다양한 개체군의 군집이 관련된 상황이라면 종 전체가 위험에 빠질 수도 있다. 약한 경쟁자는 강한 경쟁자에게 패할 수 있다. 그러나 이는 강한 경쟁자도 마찬가지다. 힘만으로는 안전을 도모할 수 없다. 종은 경쟁자가 취약한 부분에서 생존 방법을 모색해야 하므로, 동종과의 경쟁이 더 치열해질 수도 있다. 이것이 바로 종간경쟁보다 종내경쟁이 더 중요한 경우다. 종은 생태 지위를 분할해 경쟁 종과 공간적으로 또는 시기적으로 거리를 두어 공존할 수 있다.

나방 덫에서는 주변 자원 그리고 종이 그 자원을 이용하는 방법이 중요하지만, 이를 이해하는 것은 시작에 불과하다. 주변의 자원에 따라 덫에 날아드는 나방의 종이 결정된다면, 그 종의 수와 다양성을 결정하는 것은 무엇일까? 정원에 더 다양한 식물을 심으면 더 많은 나방을 만나게 될까, 아니면 이미 존재하는 나방의 먹이가 부족해질까? 생활 방식이 유사한 종의 공존 여부를 결정하는 게 경쟁이라면, 경쟁은 공존할 수 있는 종의 최대 수에도 영향을 미칠까? 또 내 덫에 날아드는 나방은 얼마나 먼 거리를 날아 이곳까지 왔을까?

답은 나중에 살펴보겠지만, 생각해봐야 할 질문이 하나 더 있다. 대부분의 애벌레는 광합성에 의존하는 식물이나 지의류 같은 다른 유기물을 먹는다. 이는 매우 일리 있는 현상이다. 우리 같은 육상생물에게 이 자연 세계는 녹색 바다, 즉 애벌레의 먹이가 널린 바다와 같다. 하지만 애벌레를 찾기란 그리 쉬운 일이 아니다. 이렇게 먹이가 많다면 소비자도 더 많을 텐데, 왜 그렇지 않을까?

한 가지 이유는, 종은 소비되지 않기 위해 자신을 방어할 방법을 찾는다는 것이다. 애벌레의 먹이가 되는 식물도 다르지 않다. 그러나 다른 이유는 소비자 자신도 소비될 수 있다는 사실에 있다. 이러한 유형의 상호작용을 다음 장에서 살펴볼 것이다.

T H E   J E W E L   B O X

3

붉은 이빨, 붉은 발톱

소비자도 소비된다

우리는 기쁨으로 가득 찬 밝은 자연의 얼굴 속에서
풍요로운 양식을 본다. 그러나 우리 주위를 돌며 한가로이
노래하는 새들이 곤충이나 씨앗을 먹으며 끊임없이
생명을 파괴한다는 사실은 보지 못한다. 또는 잊는다.

찰스 다윈Charles Darwin

과학의 성공은 대개 예측으로 판가름한다. 우리는 시스템이 미래에 어떻게 작동할지 정확히 예측할 수 있는 이해 수준에 도달하려 한다. 혼란이 어떻게 반응할지, 유사한 시스템이 어떻게 작동할지 이해할 수 있을 정도로 말이다.

만약 이를 올바르게 해낼 수 있다면 그 효과는 아서 C. 클라크Arthur C. Clarke의 말처럼 마법과 구별할 수 없을 것이다(클라크의 세 법칙 중 하나인 "고도로 발전한 기술은 마법과 구별할 수 없다"). 이러한 관점에서 물리학자는 예술의 대가다. 양자역학 이론은 전자電子의 성질을 정확하게 예측하는데, 리처드 파인먼Richard Feynman에 따르면 그 정확도는 뉴욕에서 로스앤젤레스까지 거리를 사람 머리카락 굵기 정도의 오차 내로 계산하는 것과 같다고 한다. 내가 이 글을 쓰는 지금, 미국항공우주국NASA은 며칠 전 4억 6800만 킬로미터 밖 화성의 예정한 위치에 1톤짜리 차량을 무사히 보냈다. 기적과도 같은 일이 아닐 수 없다.

그러나 이런 관점에서 생태학은 때로 나쁜 평가를 받는다. 자연의 작동 방식을 이토록 정확하게 예측하는 것은 생태학자에 대한 평가를 더 깎아내린다. 힉스입자의 발견과 같은 성공은 우리가 지구에 공존하는 수많은 종의 약 80퍼센트를 여전히 알지 못한다는 사실을 상기시킬 뿐이다. 이 수치조차 정확하지 않아 98퍼센트로 예측하기도 한다. 우리는 수조 개의 다른 유기체와 이 지구를 공유한다. 그 사이에서 일어나는 근본적인 상호작용과 그 상호작용이 어떻게 전 세계적인 구조와 유형을 생성하는지 이해하는 것만으로도 벅차다. 심지어 그들 중 대부분이 이름조차 없을 때는 말이다. 생태학자는 물리학을 부러워할 수밖에 없다.

어느 8월 아침, 데번의 나방 덫에서 참나무솔나방Oak Eggar 두 마리를 발견했을 때 기뻐할 수밖에 없었던 것도 이런 이유에서였다. 나는 그들의 출현을 한 달도 전에 미리 예견했기 때문이다. 물론 정확한 날짜까지 예측한 것은 아니지만, 그래도 예측이 이루어졌다는 것에 조금은 우쭐해지는 느낌이 들었다.

참나무솔나방은 아름다운 나방이다. 대형 영국 나방으로, 크기는 박각시나방과도 견줄 수 있을 정도이며, 넓게 펼쳐지는 날개에 몸은 털로 호화롭게 덮여 있다. 내 덫에 날아든 참나무솔나방은 두 마리 모두 암컷이었는데, 암컷이 수컷보다 더 크다. 옅은 담황갈색에 짙은 테두리의 흰색 반점이 있고, 앞날개에는 넓은 노란색 띠가 있다. 전체적인 모습은 어벙한 허니 몬스터Honey Monster(영국의 유명한 시리얼 회사 마스코트로, 노란 털북숭이 모습을 하고 있다—옮긴이)를 떠올리게 한다.

날개가 넓게 펼쳐지는 참나무솔나방의 몸은 털로 호화롭게 덮여 있다.

덫의 포식자

암컷 나방은 보통 수백 개의 알을 낳는데, 일부 종은 알을 2만 개 이상 낳을 수 있다. 번식력 스펙트럼에서 낮은 축에 속하는 종도 폭발적인 개체 수 증가를 경험할 수 있다는 것은 메드퍼드의 매미나방 사태가 잘 보여준다. 유성생식을 하는 동물의 경우, 모든 암컷이 자손을 두 마리 이상 낳는다면 개체군의 크기는 증가할 것이다. 암컷이 낳는 수백 개의 알 중 단 두 마리만 생존해도 개체 수는 일정하게 유지된다.

그러나 우리가 어떤 종에도 파묻혀 살지 않는다는 것은, 대부분의 개체군이 통제를 경험한다는 것을 보여준다. 세대를 거듭할 때마다 개체 수는 변화하지만, 보통 많이 증가하지는 않는다. 결과적으로 대부분의 알은 성장해 알을 낳지 못한다는 뜻이다. 일부 드문 예를 제외하면 그것이 이들의 유일한 존재 이유다. 하지만 대부분의 나방은 그들 삶의 유일한 이유를 성취하지 못한 채 생을 마친다.

그렇다면 그 사망률은 엄청날 것이다. 앞에서 일부 원인을 살펴보았다.

환경의 급격한 변화는 큰 위협이다. 특히 가혹한 시기에 환경이 급변하면 작은 개체군은 멸종할 수도 있다. 자원이 부족한 경우, 경쟁자에 의해 자원이 완전히 고갈될 수도 있다. 2만 마리는 고사하고 200마리의 배고픈 애벌레를 먹일 먹이조차 없을 수도 있는 것이다. 일부 애벌레는 형제자매 간에 잔인한 방식으로 경쟁하기도 한다. 먼저 부화한 애벌레가 아직 부화하지 않은 알을 먹어 치우는 것이다. 이렇게 손쉬운 식사 한 번으로 자신의 생존 가능성을 높이며 경쟁자를 제거한다(단지 먹히기 위한 알도 종종 있다). 종내경쟁의 한 방법이다. 종간경쟁은 각 종이 가장 적합한 환경의 시기나 장소를 찾아야 할 만큼 심각할 수 있으며, 그러지 않으면 종 전체가 굶어 죽을 수도 있다. 많은 죽음이 이런 식으로 발생한다. 특히 이 녹색의 바다에서 애벌레 먹이가 실제로는 우리 눈에 보이는 것처럼 풍부하지 않을 때는 말이다.

때로는 소비됨으로써 많은 죽음이 발생한다. 나방 덫이라는 인공적인 경계에서도 자연의 이빨과 발톱이 붉게 물들어 있다는 사실

나방은 빛을 쫓지 않는다

은 지워지지 않는다. 또한 나방 덫은 생명의 다양성 패턴뿐만 아니라 그것의 통제를 보여준다. 내가 참나무솔나방의 출현을 예견한 것은 나방 덫에 이끌리는 게 나방만은 아니기 때문이다. 그래서 덫을 놓은 다음 날 아침에는 몹시 스트레스를 받을 수 있다. 나방 덫은 나방뿐 아니라 나방의 포식자도 끌어들인다.

초음파 vs 비늘

데번의 나방 덫은 주변의 울새를 끌어들인다. 2020년, 마당의 담에 난 구멍에 울새 한 쌍이 알을 낳았다. 전국적 봉쇄 기간에 새끼를 키우는 것은 암컷 울새에게 큰 부담이었을 것이다. 지저분한 털을 한 그 녀석은 내가 나방 덫을 여는 동안 주변에 앉아 있다가 내 손을 빠져나가는 나방을 잽싸게 물어갔다. 새끼가 자랄수록 녀석의 깃털은 점점 더 지저분해졌고, 사냥은 더욱 대담해졌다. 가끔은 덫에 넣어둔 달걀판(내부에 지지를 더하고 나방이 앉아서 쉴 공간을 제공하기 위해 덫 안에 넣어두었다)을 꺼낼 때 내 손이 닿는 거리까지 날아들기도 했다.

새와 나방을 모두 사랑하는 나는 갈등했지만, 녀석을 쫓아내지 못한 경우에도 그리 큰 죄책감을 느끼진 않았다. 내가 막는다고 녀석이 채식주의자가 되는 것도 아니지 않겠는가. 그 주변에 사는 백할미새도 언제부터인지 이른 아침 정원에 찾아오면 먹이를 잡을

나방이 쉴 수 있도록 덫 안에 넣어둔 달걀판을 꺼내면 주변에 있던 암컷 울새가 나방을 잽싸게 물어갔다. 새끼가 자랄수록 녀석의 사냥은 더욱 대담해졌다.

수 있다는 걸 깨달은 모양이다. 그해 우리 집 처마에서 키운 새끼 세 마리도 덫에서 도망친 나방을 먹고 자랐으리라. 박새는 내가 덫에서 멀어지면 그 위에 앉을 만큼 특히 대담했다. 종종 덫 안에 직접 들어가 먹이를 찾을 정도로 말이다.

박새는 어마어마한 수의 나방을 잡아먹는다. 〈들어가는 글〉에서 보았듯 영국에서 박새와 푸른박새는 번식기에 매일 통틀어 20억 마리 이상의 애벌레를 새끼에게 먹이는데, 대부분이 나방 애벌레다. 이 두 종의 새끼는 성숙하는 데 약 3주가 걸리는데, 부모는 여름내 한 마리 이상의 새끼를 키울 수 있다. 물론 어미도 먹어야 한다. 영국에서 이 두 종에 의해서만 매년 500억 마리 이상의 나방이 소비될 수 있다. 박새나 푸른박새만큼 수가 풍부하진 않지만, 영국에는 또 다른 4종의 박새도 살고 있다. 이들도 나비목의 애벌레를 새끼의 주요 먹이로 삼는다.

박새는 참새목Passeriformes에 속하며, 대부분 번식기에 무척추동물을 잡아먹는다. 심지어 보통은 씨앗을 먹는 것으로 알려진 종달새나 핀치finches도 여기에 포함된다. 따라서 영국에서만 1억 2400만 마리가 넘는 참새목의 새가 자신과 새끼를 위한 먹이로 나방과 곤충을 사냥한다. 전 세계적으로는 조류 종의 80퍼센트 이상이 무척추동물을 먹이로 삼는다고 기록되어 있으며, 나방은 다양한 생활 단계에서 많은 부분에 영향을 미칠 것이다. 그러니 덫에서 도망치다가 사냥당하는 나방에 대해 깊이 생각하지 않으려 한다.

새들은 시력이 좋아 애벌레나 성충이 된 나방을 쉽게 발견할 수 있다. 나방은 이러한 새들에게서 살아남기 위해 다양한 생존 방식을 터득했다. 그중 하나는 눈에 띄지 않는 것이다. 주변 환경과 쉽게 구별할 수 없는 색을 띤 종이 많다. 갈색과 녹색은 나무나 잎에서 위장하기에 매우 훌륭한 색이다.

이러한 특정 색상을 통해 종이 주로 서식하는 장소를 엿볼 수 있다. 푸른자나방아과Geometrinae에 속하는 에메랄드나방Emerald moths의 풍부한 녹색은 그들이 잎사귀 사이에 녹아들 수 있게 한다. 하지만 나방 덫에 이끌려 내 테라스의 빅토리아시대 벽돌에 앉아 있을 때는 그리 도움이 되지 않는다. 눈에 띄는 무늬가 있는 종도 특정한 배경에서는 찾기가 쉽지 않다. 얼룩매미나방Black Arches은 몸집이 크고 대체로 흰색이지만, 검은 선의 기하학적인 무늬 때문에(마치 베이크웰 타르트의 아이싱 장식처럼 보인다) '검은 아치'라는 뜻의 영문명을 지녔다. 이들의 아름다운 무늬는 지의류로 덮인 바위나 나뭇가지 위에서 완벽한 위장술을 제공한다. 나방을 채집하는 사람들이 아주 좋아하는 둥근무늬재주나방 성충은 부러진 자작나무 가지와 거의 구별되지 않는다. 이처럼 나뭇가지를 흉내 내 몸을 숨기는 종도 있지만, 나뭇가지나 나무껍질로 자기 몸을 덮어 숨는 종도 있다. 주머니나방과Psychidae에 속하는 나방은 아름답게 장식된 비단 주머니 속에 사는데, 그중에는 성충이 되어서까지 주머니 속에 사는 종도 있다.

포식자의 눈을 피하는 것은 시각 정보를 기반으로 사냥하는 종에게 대항하는 좋은 생존 전략이지만, 새들은 여전히 애벌레의 페로몬 냄새로 그들을 추적할 수 있다. 또한 애벌레에게 잎사귀가 갉아 먹힌 식물은 애벌레를 제거하기 위해 새를 유인하는 화학물질을 방출하기도 한다. 그렇지만 살아남는 방법은 여러 가지다. 반대로 눈에 띄는 전략을 선택하는 종도 있다.

일부 종은 위장을 포기한다. 이들이 밝은색을 띠는 것은 일반적으로 먹지 말라는 경고에 가깝다. 많은 애벌레는 독성 화학물질이 있는 식물을 먹이로 삼아 독소를 체내에 저장하게끔 진화했다. 진홍나방 애벌레의 호랑이 줄무늬는 그들이 포식자를 피해 숨는 대

풍부한 녹색으로 잎사귀 사이에 녹아든 에메랄드나방(위)과 '검은 아치'라는 뜻의 영문명을 지닌 얼룩매미나방(아래). 주변 환경과 쉽게 구별되지 않는 위장색이 시력 좋은 새들의 눈에 띄지 않도록 해준다.

신 금방망이에서 추출한 독성 알칼로이드로 몸을 방어하고 있음을 대대적으로 보여준다. 성충 진홍나방의 붉은색과 검은색의 화려한 무늬도 포식자에게 이와 같은 메시지를 보낸다. 이런 녀석들은 먹지 않는 게 상책이다.

어떤 종은 완벽하게 의태해 몸을 완전히 드러내기도 한다. 그을린양탄자나방Scorched Carpet과 한자나방Chinese Character은 크고 작은 새의 배설물 모습으로 의태한다. 때때로 나조차 나방 덫에 앉아 있는 이 한자나방을 박새의 배설물로 오해한 적이 있을 정도다. 한편 밝은 색상과 보호색을 조합해 사용하는 나방도 있다. 위장색을 띤 큰눈박각시나방Eyed Hawk-moth의 앞날개 아래에는 밝은 분홍색의 뒷날개가 가려져 있다. 이 뒷날개의 무늬는 밝은 파란 눈 한 쌍을 연상시키는데, 눈을 깜빡이는 듯한 착각을 자아내 포식자를 놀라게 한다.

새는 대부분 주행성으로 낮에 활동한다. 해가 지고 밤이 찾아오면 날개 달린 포식자로서 새의 자리를 박쥐가 대신한다. 데번의 개조된 헛간에는 다락이 있어, 황혼이 지는 여름에 흔히 처마와 생울타리 주변을 날아다니는 집박쥐를 만나볼 수 있다. 그렇지만 이 작은 포유동물은 주로 떼를 지어 다니는 각다귀나 다른 파리목Diptera의 연약한 곤충을 잡아먹기 때문에 내 덫에 날아든 나방은 이 작은 포유류를 두려워할 필요가 없다. 그러나 영국에는 18종의 박쥐가 살고 있으며, 이들 중 다수는 성체 나방을 잡아먹는다. 박쥐는 세계적으로 약 1400종이 알려진 식충동물로, 포유류 중에서는 설치류

큰눈박각시나방의 뒷날개는 한 쌍의 밝은 파란 눈이 깜빡이는 듯한 착각을 자아내 포식자를 놀라게 한다.

에 이어 두 번째로 종이 많다. 박쥐와 나방 모두 야행성이라서 이둘은 필연적으로 경쟁할 수밖에 없다.

포식자로서 박쥐의 중요성은 박쥐를 피하기 위한 나방의 놀라운 적응으로 설명할 수 있다. 박쥐는 음파의 반향으로 위치를 측정해 먹이를 찾는다. 고주파 초음파를 방출해서 초목이나 먹이와 같은 물체에 반사되어 돌아오는 정보를 민감한 귀로 감지하는 것이다. 반사되어 돌아오는 정보에는 물체의 크기와 위치 등이 포함된다. 박쥐는 이 정보를 바탕으로 주변 환경을 탐색해, 날아다니는 사냥감이나 심지어 나뭇잎에 앉은 곤충까지 찾아낼 수 있다.

이에 대응해 나방은 (몸 전체에 있는) 민감한 귀로 박쥐가 오는 소리를 듣고 회피한다. 또한 다양한 나방 종이 초음파를 생성할 수 있는데, 그런 능력으로 박쥐의 음파 위치 측정을 방해하거나 심지어 사냥감이 먹을 수 없는 종이라는 정보도 전달한다. 일부 나방은 날개 비늘이 박쥐의 초음파를 흡수하도록 진화하기까지 했다. 이 비늘은 포식자의 감각 기관으로부터 몸을 **숨길 수 있도록** 음향 '은폐 장치' 역할을 한다. 몸에 난 털도 같은 역할을 한다. 자연선택의 압력이 없었다면 이러한 적응은 나타나지 않았을 것이다. 자신을 사냥하려는 박쥐를 더 잘 피할 수 있는 나방에게 생존과 번식에 이점이 있었을 테니 말이다.

"창조주는 포식기생자를 지나치게 좋아한다"

나방 덫에 끌리는 포식자는 새와 박쥐만이 아니다. 늦여름이나 가을 아침, 달걀판 안에 가만히 앉아 있는 벌을 마주할 때가 많다. 가끔은 몸집이 더 큰 사촌인 말벌을 만나기도 한다. 어린 딸과 주변을 산책하다 머리카락에 엉겨든 벌 두 마리에 딸이 쏘인 뒤로, 나는 이 노란색과 황갈색을 띠는 곤충을 보면 마음이 불안하다. 그래서 녀석들을 놓아주기 위해 채집 튜브에 넣을 때마다 심호흡을 하곤 한다.

그렇지만 나보다 더 불안해할 것은 나방임이 분명하다. 다른 곤충의 주요 포식자인 벌은 시시때때로 나방을 사냥하려 한다. 런던에서 어느 날 아침 내 옆으로 쏜살같이 날아든 벌 한 마리가 기억에 남는다. 그 벌은 달걀판 위에 앉아 쉬는 회양목명나방을 노렸는데, 둘 사이에서는 즉시 격렬한 싸움이 벌어졌다. 나방이 벌을 떨쳐 내려고 발버둥 치자 둘은 함께 테이블 위를 구르다가 밑으로 떨어졌다. 떨어진 충격으로 나방은 잠시 휴식을 취하려 했지만, 벌은 순식간에 공격을 가했다. 벌의 찌르기 공격에 나방의 저항이 점점 약해졌고, 독소가 작용하자 싸움은 일방적인 양상으로 빠르게 전환되었다. 이윽고 벌은 나방의 날개와 다리를 여유 있게 물어뜯고는 지방과 단백질이 가득한 몸통만을 물고 집으로 돌아갔다. 단단한 턱으로 나방의 매끈한 몸통을 움켜쥐고 날아가는 벌의 몸은, 거친 몸싸움 중에 나방의 날개에서 떨어진 은빛 비늘로 반짝이고 있었다. 나는 버려진 나방의 부속물이 마구 흐트러진 테라스에서 멍하니 그 모습을 바라보고 있었다.

벌에 관한 이야기를 읽으면서, 많은 이들은 분명 노란 말벌 yellowjacket을 떠올렸을 것이다. 그 상상은 어느 정도 옳다. 이러한 말벌이나 땅벌은 벌목Hymenoptera 말벌상과에 속하는 곤충으로, 여기에는 개미와 꿀벌을 포함해 전 세계의 약 5000종이 포함된다. 말벌은 꿀벌과 마찬가지로 진사회성eusocial 동물이다. 번식을 하는 한 마리의 여왕이 군집을 세우며, 수많은 딸이 여왕을 따른다. 일꾼들의 주요 임무는 유충 형제자매(주로 자매로 이루어진다)를 위해 벌집으로 음식을 가져오는 것으로, 내 덫에 걸린 회양목명나방이 이들에게 당한 이유이기도 하다. 이러한 특성을 생각하면 말벌은 여느 벌과는 달리 특이한 편이다. 대부분의 벌은 말벌상과에 속하지 않으며, 진사회성도 없고 벌집을 짓지도 않는다. 그리고 보통 사람들이 생각하는 형태의 포식자도 아니다. 대부분의 벌은 포식기생자다.

포식기생자는 곤충에게 악몽과도 같은 존재다. 포식자와 기생충의 중간쯤에 위치하는 그들은 다른 곤충의 내부나 표면 또는 근처에 알을 낳고, 그 알에서 부화한 유충은 기주를 산 채로 천천히 갉아 먹는다. 리들리 스콧의 영화 〈에일리언〉을 생각해보면 대충 그림이 그려질 것이다.

모든 포식기생자가 벌목에 속하지는 않지만(일부는 파리목, 그중에서도 주로 기생파리과에 속한다), 대부분 맵시벌상과Ichneu-monoidea(크기가 큰 종이 대부분 포함되는 상과superfamily) 또는 좀벌상과Chalcidoidea에 속한다. 벌목에 속하는 포식기생자는 알부터 성충에 이르기까지 다양한 단계의 곤충을 (그리고 특히 거미 같은 다른 절지동물을) 공격하지만, 대부분은 유충이나 번데기를 목표로 삼는다. 성체 나방이 기주인 경우는 없는데, 그 이유는 명백하지 않다.

이디오비온트idiobiont라고 불리는 일부 기생자는 기주를 영구적으로 마비시킨다. 마비된 기주는 유충을 쫓아낼 수 없기 때문에, 주로 기주 외부에서 유충이 자라는 경우에 흔히 사용되는 전략이다. 기주의 체내에서 발달하는 것은 코이노비온트koinobiont라 하는데, 이들은 기주가 계속 발달하고 성장하게 한다. 이 경우 기주는 먹이 활동을 계속하므로 기생자 역시 먹이를 꾸준히 얻을 수 있으며, 기주가 포식자를 피하므로 포식자로부터 안전할 수도 있다. 그렇지만 어떤 경우에도 기주는 결국 죽음에 이른다. 하나의 기주 내부에서 때로는 수백 마리나 되는 기생자 유충이 성장과 소비를 완료하기 때문이다. 기생자의 유충은 기주의 빈껍데기 내에서 번데기가 되기도 하고, 영화에 나오는 존 허트(영화 〈에일리언〉에 출연한 배우―옮긴이)처럼 기주의 껍데기를 뚫고 나와 다른 곳에서 번데기가 될 수도 있다.

기생벌에는 과학계에 알려진 가장 작은 곤충인 총채벌과 fairyflies('요정 파리'라는 뜻의 영문명과 달리 파리는 아니다)의 곤충이 포함된다. 이들은 다른 곤충의 알에서 자란다. 다 자란 성체의 크기가 머리끝부터 꼬리까지 0.25밀리미터가 채 되지 않을 정도로 작다. 한편 기생벌 중에는 놀랍도록 크게 자라는 종도 있다. 내가 참나무솔나방의 출현을 예견한 것은, 6월의 어느 아침 영국에서 가장 큰 기생벌이 나타났기 때문이다.

에니코스필루스 인플렉수스Enicospilus inflexus는 영국에서 발견되는 별자루맵시벌속에 속하는 9종의 맵시벌과 벌ichneumonid wasp 중 하나다. 이들 모두 큰 주황색 곤충으로, 가는 허리에서 뒤로 뻗은 길고 가느다란 복부가 있어 벌목에 속하는 종의 특징을 잘 보여준다. 이들은 긴 더듬이 끝부터 꼬리 끝까지의 길이가 약 4센티미터로, 동종에 비해 상대적으로 큰 편이다. 나방 덫에서 만나기엔 놀라운 곤충이지만 그리 드물지는 않다. 별자루맵시벌속에 속하는 모든 종은 야행성으로, 빛에 이끌리곤 한다. 세계적인 벌목 전문가이자 숙련된 나방 사냥꾼인 자연사박물관의 분류학자 개빈 브로드

Gavin Broad에게 이 벌의 동정을 요청하자, 이름뿐 아니라 행동에 관련된 정보까지 알려주었다. 바로 '참나무솔나방의 파괴자'였다.

에니코스필루스 인플렉수스는 코이노비온트로 **단독생활**을 한다. 즉 한 마리의 참나무솔나방에서 한 마리의 기생자만 발생한다. 참나무솔나방도 크지만, 이 기생벌도 마찬가지다. 제대로 성장하려면 털이 수북한 참나무솔나방 애벌레 한 마리를 온전히 소비해야만 한다. 한편 이들은 갈대나방Drinker Moth을 기주로 삼은 한 번의 사례를 제외하면 참나무솔나방만을 기주로 삼았다.

저명한 생물학자 J. B. S. 홀데인J. B. S. Haldane이 남긴, 유명하지만 출처는 불분명한 듯한 말이 있다. "신은 딱정벌레를 지나치게 좋아하신다."[*] 이는 과학이 창조주에 관해 무엇을 말해줄 수 있는지 보여준다.

다른 동물 목에 속하는 종에 비해 딱정벌레가 더 잘 알려진 것은 사실이다. 약 35만 종 이상이 기술되었으며, 이는 알려진 식물 전체 종의 수와 비슷하다. 딱정벌레가 창조물 목록 중 다양성 면에서 1위를 차지하는 것처럼 보일 수 있지만, 이는 알려진 숫자에 불과하다. 분류학자 또한 딱정벌레에게 과도한 애정을 보인다. 19세기

---

[*] 이 인용문의 진실성은 확인되지 않았지만, 홀데인은 1949년에 발간한 책《생명이란 무엇인가?What is Life?》에서 "창조주는 한편으로는 별을 향한 열정을, 다른 한편으로는 딱정벌레를 향한 천부적 열정을 품은 것처럼 보인다…"는 말로 이를 표현했다.

나방은 빛을 쫓지 않는다

'참나무솔나방의 파괴자'로 불리는 기생벌 에니코스필루스 인플렉수스가 성장하려면 털이 수북한 참나무솔나방 애벌레 한 마리를 온전히 소비해야 한다.

에는 딱정벌레 수집이 취미활동으로 인기를 끌었고, 이는 생물 목록에 기록되는 이들의 수를 불균형적으로 늘리는 데 크게 기여했을 것이다. 만약 벌에 관한 연구가 활발히 이루어졌다면 벌이야말로 상당한 차이로 이 목록에서 1위를 차지했을 것이다. 특정 기주를 갖는 포식기생자가 참나무솔나방에게서만 발견되는 것이 아니기 때문이다.

북미에 서식하는 참나무솔나방의 가까운 친척을 포함해 잘 알려진 몇몇 곤충 군에 대한 연구를 토대로, 우리는 지구상의 모든 종이 그 종만을 특수하게 기주로 삼는 포식기생자를 평균적으로 하나 이상 지녔을 것이라는 결과를 도출해낼 수 있었다. 다시 말해, 이 세상에 존재하는 모든 곤충 종의 절반이 기생벌이라는 뜻이다. 포식기생자가 다른 포식기생자를 공격하는 경우도 있다. 현재 과학계에 알려진 벌목에 속하는 포식기생자의 수는 약 9만 2500종에 불과하지만, 실제 수는 약 10배에 달할 가능성이 높다. 이들은 아마 절대적 다양성에 견주어 지구상에서 가장 덜 알려진 곤충 군일 것이다.

영국에서는 이미 벌이 딱정벌레를 제치고 다양성이 비교적 가장 많이 알려진 곤충 1위를 차지했다. 개빈 브로드 같은 분류학자의 연구를 통해 약 6500종 이상의 벌목에 속하는 포식기생자가 동정되었다. 4000여 종의 딱정벌레(나방 2500여 종)에 비하면 훨씬 많은 수다. 또한 영국에서 기록된 별자루맵시벌속 종의 수가 금세기에만 50퍼센트 증가하는 등 해마다 새로운 종이 발견되고 있다. 우리가 벌을 언급할 때 보통 떠올리는, 말벌이나 땅벌처럼 사회성을 지닌 영국의 벌 9종과 이 6500종이라는 수를 한번 비교해보자.

이제 우리는 이러한 결론을 낼 수 있을 것이다. 창조주는 벌목에 속하는 포식기생자를 지나치게 좋아한다고 말이다. (이들이 살아가는 방식을 보고 우리는 창조주의 성품에 관해서는 어떤 결론을 낼 수 있을까?*) 포식기생자라는 말을 이곳에서 처음 접했더라도 별로 놀랍진 않을 것이다.

포식기생자는 새나 박쥐와 마찬가지로 나방의 방어기제 진화를

나방은 빛을 쫓지 않는다

주도한다. 어떤 나방은 포식기생자의 공격을 방어하기 위해 물리적 장벽을 사용한다. 갈색꼬리독나방Brown-tip은 알을 자극이 강한 털로 덮고, 애벌레는 이 비단 천막 아래에서 자란다. 일부 애벌레는 이 비단실을 타고 떨어지거나 잎의 구멍을 통해 다른 잎으로 기어가 포식기생자에게서 도망칠 수 있다. 나방의 몸에 격리된 독성 화학물질은 다른 포식자뿐만 아니라 포식기생자로부터 몸을 방어할 수 있게 한다. 만약 이러한 방어기제가 모두 뚫린다고 하더라도 아직 끝난 것은 아니다. 나방은 코이노비온트 포식기생자의 알 주위를 혈액세포와 멜라닌으로 만든 단단한 껍질로 둘러싸 알을 캡슐화해 죽일 수 있다. 이러한 방어기제에도 불구하고 나방을 기주로 삼는 포식기생자의 방대한 다양성을 고려하면, 포식기생자는 기주의 방어를 무력화하는 데 탁월한 능력을 갖췄다는 것을 알 수 있다.

이전 장에서 언급했듯 먹이가 존재한다고 해서 그 먹이를 섭취하는 동물이 그 지역에 존재하리라는 보장은 없지만, 그 반대가 참일 가능성은 훨씬 높다. 덫에 날아든 에니코스필루스 인플렉수스는 근처에 참나무솔나방이 존재한다는 것을 보여준다. 양자전기역학Quantum Electrodynamics만큼 정확히 예측할 수는 없을지 몰라도, 예측대로 들어맞을 때는 어떤 상황에도 만족스럽다.

• 찰스 다윈은 "나는 자비로우시고 전능하신 하느님이 애벌레의 살아 있는 몸 안에서부터 그들을 갉아 먹도록 맵시벌과를 창조하셨으리라고는 도저히 상상할 수 없다"고 기술했다.

유일한 결과는 없다

생태학에서는 한 동물이 다른 동물을 소비하는 과정을 포식이라 일컫는다. 소비자는 포식자가 되고, 소비되는 쪽은 먹이가 된다. 포식은 기술적으로 먹이에서 포식자로의 에너지 흐름이라 볼 수 있고, 이는 먹이의 죽음을 초래할 수 있다. 하지만 반드시 그런 것은 아니다. 기생충이 숙주로부터 에너지를 공급받는다는 점에서 이들을 포식자로 볼 수 있지만, 이것이 숙주에게 항상 치명적인 결과를 가져오는 것은 아니다(실제로 숙주의 죽음은 기생충에게도 죽음을 초래할 수 있다). 한편 포식기생자는 기술적 정의에 따르면 확실히 포식자가 맞다.

경쟁은 미묘하고 흔히 비밀스러운 죽음의 동인이 되지만, 포식은 보통 그렇지 않다. 포식자가 먹이에 미치는 영향은 일반적으로 명백해, 미묘함과는 거리가 멀기 때문이다. 그리고 나방에게는 많은 포식자가 있다. 이러한 포식의 중요성은 그 압력을 둘러싼 다양한 진화적 반응으로써 모든 생애 단계에서 그들의 몸에 분명히 기록되어 있다. 그러나 각각의 동물에 대한 이러한 영향이 먹이와 포식자 개체군 동태에 미치는 영향만큼은 미묘함의 영역으로 돌아갈 수 있다.

우리는 포식자와 먹이, 즉 포식자 집단과 피식자 집단의 관계를 이해하기 위해 일반적으로 로트카-볼테라 방정식을 이용한다. 두 종이 서로 경쟁할 때 도출할 수 있는 결과를 이해하는 데 도움을 주는 이 모델은, 그 상호작용이 포식일 때도 생태학자들이 결과를 이해하는 방식에 기초를 제공해주기도 한다.

경쟁에서 우리는 제한된 자원의 제약을 받는 한 종의 개체군에게 어떤 일이 발생할지, 또한 서로 다른 종이 같은 자원에 의존한다면 어떻게 될지 고려해보았다. 포식의 경우, 한 종의 자원은 다른 종의 개체 수다. 따라서 먹이 종의 사망률에 대한 잠재적 결과는 명백할 것이다.

로트카-볼테라의 포식자-피식자 모델은 1장에서 살펴본 지수 생장의 기본 방정식으로 시작한다. 아무런 외력이 작용하지 않는다면, 먹이 개체 수는 통제를 벗어나 증가할 것으로 가정한다. 출생률은 개체 수를 더하고 사망률은 개체 수를 줄어들게 하지만, 출생률이 사망률보다 높아 개체군 크기의 변화는 항상 위쪽을 향한다. 물론 포식자 개체군이 없다면 말이다. 사망률을 높여 개체 수 증가를 막는 외력을 가하는 게 바로 포식자다.

로트카와 볼테라에 따르면 먹이 개체군의 성장은 일반 지수증가 곡선에서 추가적인 사망률, 즉 포식자에 의한 죽음을 뺀 것이다. 포식되는 개체 수는 포식자의 공격률attack rate, 개체 수 그리고 피식자의 수에 따라 달라진다. 먹이가 풍부할수록 포식자가 먹이를 찾을 가능성이 높아지므로 피식자의 풍부도가 중요해지는 것이다. 한편 포식자의 수도 물론 중요하지만, 공격률은 각 포식자가 피식자의 개체 수를 억제하는 데 미치는 영향을 측정한 것이다. 일부 포식자 종의 개체는 다른 조건이 모두 동일할 때, 다른 종보다 더 많은 피식자를 죽인다.

포식자에 대한 가정은 피식자에 대한 것과는 정반대다. 로트카와 볼테라는 포식자가 먹이를 찾을 수 없다면 포식자 개체 수는 기하급수적으로 **감소**할 것이라고 가정했다. 죽음은 이미 정해진 운명이지만, 먹이가 없다면 생식이 불가능하며 출생이 없다면 멸종을 피할 수 없다. 포식자 개체군 크기 방정식의 출생률은 포식자의 개체 수가 얼마나 많은지, 먹이가 얼마나 풍부한지, 포식자가 얼마나 효율적으로 피식자를 더 많은 포식자로 전환하는지에 따라 달라진다. 즉 더 많은 포식자가 있고, 이들이 더 많은 먹이를 잡을 수 있으며, 잡은 먹이를 통해 더 많은 자손이 생산된다면 포식자 개체군의 출생률도 높아지는 것이다. 그리고 출생률이 높아지면 포식자의 개체 수는 더 빠르게 증가한다.

그렇다면 포식자가 피식자의 사망률을 증가시킬 때 피식자 개체군의 크기는 어떻게 될까? 그리고 피식자 개체군이 부양할 수 있는 포식자 개체 수는 얼마나 될까? 이 두 질문에 대한 답은 다음과 같다. '상황에 따라 다르다.' 생각해보면 그 이유는 명백하다.

포식자의 개체 수는 먹이 사냥으로 증가하고, 개체군 크기의 증가 속도는 먹이의 수에 따라 달라진다. 그러나 포식자가 먹이를 사냥할 때마다 피식자 개체 수는 줄어들고, 포식자가 다음 먹이를 찾는 것은 더 어려워진다. 포식자가 많을수록 먹이가 더 빠르게 고갈되는 것이다. 결국 기존의 포식자 개체군을 부양하기에 먹이 수가 부족해지고, 포식자의 사망률은 출생률보다 더 높아진다. 포식자 개체군의 크기가 감소하기 시작하는 것이다.

그렇지만 포식자의 개체 수는 여전히 풍부하며, 그들은 계속 먹이를 섭취할 것이다. 다만 출생률이 사망률의 증가 폭을 상쇄할 만큼 빠르게 먹이 활동을 하지 못할 뿐이다. 이 시점에 포식자의 수는 감소세로 접어들지만, 피식자의 개체 수 또한 감소 중이다. 포식자 개체군을 부양하기에는 이미 부족해진 피식자 개체 수가 꾸준히 감소하는 것이다. 포식자 개체군의 크기는 이 감소세와 함께 점점 더 줄어든다.

결국 포식자와 피식자 개체 수 모두 피식자 개체 수가 반등할 때까지 계속 감소한다. 포식자와 피식자의 개체 수가 모두 적을 때, 서로 마주칠 확률은 낮다. 즉 포식자에게 사냥당하는 먹이의 수가 피식자 개체군 크기의 성장을 통제할 만큼 많지 않다는 것이다. 그 결과 피식자 개체군의 사망률은 출생률보다 낮아지며, 우리는 그 결과를 이미 잘 알고 있다. 동시에, 포식자는 죽음으로 인한 개체군 감소를 만회할 충분한 자손을 생산할 만큼 먹이를 찾지 못한다. 포식자의 개체 수는 계속 감소하고, 피식자의 개체 수는 증가한다.

이렇게 피식자 개체 수가 급증하기 시작하면 포식자들도 이익을 얻는다. 그들은 더 많은 먹이를 더욱 손쉽게 발견하고, 출생률이 회복되어 포식자 수가 증가하기 시작한다. 출생률 **증가** 초기에는 그 증가율이 아직은 피식자 출생률을 상쇄할 만큼의 수준이 아니기 때문에 포식자와 피식자의 수가 모두 증가한다. 이렇게 계속해서 증가하는 포식자의 개체 수는 결국 피식자의 과잉 개체 수를 상쇄할 만큼 증가하게 **된다**. 그렇지만 많은 포식자만큼 여전히 많은 피식자가 존재하기 때문에, 한쪽에는 해가 되고 한쪽에는 이익이 되는 양상으로 이들은 지속적으로 마주친다. 이 시점에서 포식자의 수는 계속 증가하는 반면, 이제는 피식자의 수가 감소한다.

피식자가 소비된다는 것은 피식자 개체군이 감소한다는 뜻이다. 즉 피식자가 소비될 때마다 포식자는 다음 먹이를 찾기가 더 어려워진다…. 이미 짚어본 이야기다. 이렇게 이야기는 꼬리에 꼬리를 물고 원을 그리며 반복된다. 포식자 개체 수와 피식자 개체 수를 그래프로 표현하면, 이들의 선 또한 이러한 원(엄밀히 말하면 타원형이지만 의미하는 바는 같다)을 나타낸다(반시계 방향). 포식자와 피식자의 개체 수가 둘 다 증가하는 경우(원의 '남동쪽' 사분면), 둘 다 감소하는 경우(원의 '북서쪽' 사분면), 하나는 증가하지만 하나는 감소하는 경우도 있다(나머지 두 사분면). 그러나 그 변화는 곧 출발점으로 되돌아가 또다시 같은 원을 그린다. 포식자와 피식자의 개체군 동태에 대한 로트카–볼테라 모델도 마찬가지다.

이 모델의 결과를 그리는 또 다른 방법은, 포식자 개체군과 피식자 개체군의 크기가 시간에 따라 어떻게 변화하는지 생각해보는 것이다. 두 개체군 모두 크기에서 규칙적인 변동을 보여준다. 포식은 먹이의 풍부도에 달려 있으므로 밀도 변화에 의존한다. 피식자 개체 수는 포식자 개체 수의 압력을 받아 줄어들 때까지 증가한다. 한편 포식자 개체 수는 먹이가 부족해 굶주려 쇠퇴할 때까지 증가한다. 이 시점에 피식자의 개체 수가 반등하고, 새로운 주기가 시작

나방은 빛을 쫓지 않는다 🦋

된다. 포식자 개체군 크기의 변동 주기는 피식자의 주기를 따르지만, 4분의 1박자 늦는다.

우리는 포식자-피식자 모델에서 이러한 개체군 크기 순환을 도출할 수 있지만 이것이 유일한 결과는 아니다. 포식자 개체군의 크기와 먹이 활동은 피식자의 탄생과 포식자의 죽음이 서로 상쇄되는 지점에서 적절히 유지될 가능성도 있다. 이 경우, 두 종의 개체군은 완벽한 균형을 이룰 것이다. 이는 충분히 가능하다.

피식자의 환경수용력이 개체 수를 안정된 크기로 유지할 수 있는 수준일 때, 포식자가 없다면 균형을 이룰 가능성이 더 높다. 환경수용력은 종내경쟁으로 사망률과 출생률이 상쇄되는 수준을 말한다는 것을 기억해보라. 포식자 개체 수가 적으면, 피식자의 종내경쟁으로 개체 수 크기의 증가 속도가 억제될 수 있다. 이러한 억제는 피식자 개체 수의 급증을 방지하고, 그 결과 포식자 개체군의 크기가 회복될 환경 조건이 갖춰졌을 때도 포식자 개체 수가 급증하지 않는다. 이러한 과정을 통해 개체군 크기가 변동하는 순환은 약화하고, 포식자 개체군과 피식자 개체군 모두 안정적인 수준으로 유지된다. 그러나 피식자 개체군 크기는 여전히 외력이 작용하지 않을 때보다는 포식자에 의해 통제될 경우에 더욱 큰 폭으로 줄어든다.

한편 개체 수의 변동이 클 때는 이와 반대로 극단적인 상황이 발생할 수 있다. 포식자 개체 수가 너무 많아져서 피식자 개체 수가 극단적인 수준까지 줄어들 경우, 피식자 개체군 또는 두 개체군 모두 회복할 수 없게 되기도 한다. 그 결과는 개체군의 멸종이다.

사실이기도 하고 아니기도 한 것

두 개체군 모두에서 나타나는 개체군 크기의 순환은, 로트카와 볼테라의 포식자-피식자 모델의 전형적인 결과다. 이는 생태학자들이 이러한 모델에 큰 흥미를 느끼는 주된 이유이기도 하다.

나방 덫을 운용하는 사람이라면 매년 개체 수의 변화를 알아차릴 수 있을 것이다. 대부분의 종은 번영과 쇠퇴를 반복적으로 겪는다. 나 역시 같은 기간 같은 장소에 덫을 놓았는데, 2019년 가을 덫에서 포획한 달꼴뒷날개나방Lunar Underwing의 수가 2020년의 5배에 달했다. 해마다 변화하는 개체 수를 장기간에 걸쳐 연구한다면, 맨눈으로 보기에도 이러한 변동이 어느 정도 일정한 주기를 따르는 듯 보일 것이다.

참나무솔나방을 예로 들 수 있다. 로덤스테드곤충조사의 자료에 따르면 해마다 포획되는 참나무솔나방의 수는 상당히 다르며, 포획량은 약 8년마다 최고점과 최저점을 기록한다. 나는 2019년에 참나무솔나방을 한 마리도 포획하지 못했지만, 2021년에는 꽤 많았다. 로트카와 볼테라는 이러한 현상에 포식이라는 설명을 덧붙인다. 그렇다면 참나무솔나방 개체 수에서 나타나는 이러한 변동은 참나무솔나방을 특정 기주로 삼는 참나무솔나방의 파괴자, 에니코스필루스 인플렉수스의 포식으로 주도되는 주기적 영향일 수 있을까? 아마 그럴 것이다. 하지만 개체 수의 변동이 반드시 주기를 따르는 것은 아니며, 포식기생자 개체 수를 다룬 자료가 부족하므로 이러한 가능성에 대해 논하는 것은 불가능하다.

그러나 우리는 **분명히** 현실에서 포식자와 피식자의 개체군 크기 순환을 관찰할 수 있다. 이러한 현상을 설명하기 위해 전형적으로 쓰이는 예가 바로 캐나다스라소니Canadian Lynx와 눈덧신토끼다.

스라소니는 모피 무역에서 귀중한 상품이었는데, 허드슨 베이 컴퍼니HBC를 통해 캐나다에서 거래된 모피 기록을 살펴보면 약 200년간 캐나다스라소니 개체군 크기의 변화를 확인할 수 있다. 스라소니의 개체 수가 풍부한 연도에는 수많은 사냥꾼의 손을 통해 수만 개의 모피가 HBC 장부에 기록되었다. 하지만 그다음 몇 해 동안은 그 수가 수백에 그칠 수도 있다. HBC의 기록을 통계적으로 분석한 결과, 캐나다스라소니의 풍부도는 약 10년을 주기로 최고점과 최저점을 기록한 것으로 보인다. 한편 이러한 주기는 스라소니의 주요 먹이원인 눈덧신토끼의 개체 수에서도 나타나는데, 스라소니 개체 수의 최고점을 기준으로 약 2년 전에 이들 개체 수도 최고점을 기록했다. 이는 로트카와 볼테라의 모델에서 기대할 수 있는 전형적인 양상이다. 이 순환에서는 포식자와 피식자 개체군의 크기 변동이 순환할 뿐만 아니라, 피식자 개체군의 크기가 최고점을 기록하고 약 4분의 1의 주기가 지나면 포식자 개체군 크기의 최고점이 나타난다.

현실에서는 스라소니와 토끼처럼 명확하고 규칙적인 개체군 크기의 변동 주기를 보이는 개체군이 거의 없지만, 일부 나방은 이러한 양상을 보인다. 북미에서는 매미나방이 해당 지역에 함께 서식하는 스라소니나 눈덧신토끼처럼 10년 또는 11년 주기로 대규모로 발생한다. 노르웨이의 사과좀나방Apple Fruit Moth의 경우는 주기가 더 빨라서 약 2~3년마다 최고점을 기록한다. 한편 스위스 알프스의 낙엽송애기잎말이나방Larch Budmoth은 약 9년마다 최고점을 기록한다. 해당 지역 나무의 나이테 폭 변화 분석에 따르면, 이 주기는 약 1000년 동안 이어졌을 가능성이 있다(겨울물결자나방과 참나무잎말이나방의 경우처럼, 낙엽송애기잎말이나방의 개체 수가 풍부한 연도에는 나무가 잘 자라지 않는다). 생태학자들은 포식이 이러한 모든 양상을 주도할 수 있다고 주장한다.

한편 포식자가 먹이 개체군의 개체 수 변동 주기를 주도한다고 가정하는 것과 이를 증명하는 것은 또 다른 문제다. 야생동물 개체수의 변동 원인을 입증하는 것은 무척이나 어렵고 시간이 오래 걸리는 일이기 때문에, 그러한 답을 구할 수 있었던 종은 거의 없다. 앞서 언급한 몇몇 나방은 우리가 그 답에 접근할 수 있었던 일부 소수 종이다.

북미의 매미나방은 가장 많은 연구가 진행된 종이다. 앞서 소개한 다양한 증언에서 우리는 이 개체군이 폭발적으로 증가할 능력이 있음을 확인했지만, 통제 불가한 수준의 개체 수 증가율은 꾸준히 유지되지 않으며 실제로도 유지되지 않았다. 대부분의 경우 매미나방은 적은 수를 유지한 채 숲에 존재하지만, 약 10년 간격으로 개체 수가 불쑥 급증한다.

우리는 한 해와 그 이전 모든 연도의 풍부도 사이 관계를 추적하고, 특정 시간 간격에 더욱 유사한 개체군 크기가 기록되었는지를 확인해 (무작위 변동이 아닌) 규칙적인 주기가 나타나는지 살펴볼 수 있다. 매미나방은 포식자가 주도하는 개체군 주기를 보여주는 것일 수 있다. 매미나방의 경우, 약 9~11년 간격으로 개체 수에 가장 강력한 정적 상관관계가 나타난다. 즉 특정 해에 나방의 개체 수가 급증했다면, 약 10년 뒤에 나방 개체 수가 급증할 것을 예상할 수 있다는 것이다. 이처럼 매미나방의 개체군 크기는 주기를 따른다.

개체군 크기가 정점에 달하는 10년의 주기 이후, 약 2년간 이들의 개체 수는 급격히 감소한다. 이처럼 유도기를 두고 나타나는 개체군 크기의 감소는 먹이 개체군이 기생벌처럼 기주 특이성을 띠거나, 특정 종을 먹이로 삼는 소비자에 의해 통제되는 경우 나타날 것으로 예상되는 것이다. 나방의 개체 수가 많은 해에는 포식기생자도 그만큼 많은 기회를 얻을 수 있고, 그들의 개체 수 또한 그다음 해에 증가하게 된다. 이렇게 증가한 포식기생자는 이듬해의 나방 개체 수에 영향을 미치며, 수많은 나방이 생존에 실패한다. 이것이 로트카-볼테라 모델에서 예상할 수 있는 지연 효과lagged effect다. 따라서 매미나방은 포식자에 의한 개체군 순환의 증거를 보여준다고 할 수 있을 것이다.

그렇지만 이는 사실이기도 하고, 사실이 아니기도 하다.

매미나방의 개체군은 포식기생자의 영향으로 보이는 양상을 **나타내지만**, 문제는 매미나방이 포식기생자에 의해 고통받는다는 증거가 많지 않다는 것이다. 개체군에서 나타나는 기생의 비율은 낮다. 또한 개체군에서 관찰되는 기생이 밀도 의존적이라는 강력한 증거도 없다. 즉 나방의 개체 수가 많아지면 포식기생자의 개체 수가 증가한다는 강력한 증거가 없다. 기생이 밀도 의존적이지 않다면, 기주 개체군 크기의 증가나 감소를 야기할 수 없다. 포식기생자의 개체 수가 많지 않은 경우에도 마찬가지다.

미국의 매미나방을 죽이는 것이 포식기생자가 아니라면 무엇이란 말인가? 그 답은 다른 유형의 포식자인 쥐로 밝혀졌다. 이 작은 포유류는 매미나방 번데기의 주요 소비자이며, 나방의 개체 수가 급증하지 않는 해에는 이들이 나방의 사망률을 높인 주요 원인일 것이다. 과학자들은 소형 포유류의 개체 수를 늘리면 매미나방의 포식이 증가하는 반면, 소형 포유류를 가둬놓으면 매미나방의 포식이 줄어든다는 사실을 보여주었다. 따라서 매미나방의 개체 수 주기가 포식에 의해 좌우된다고 하는 게 타당할 것이다.

그렇지만 이것 역시 사실이기도 하고, 사실이 아니기도 하다.

앞서 모든 모델에 그것을 뒷받침하는 가정이, 수학적 목적에서 우리가 사실로 여기는 다소 신뢰할 수 있는 믿음이 있다고 말했다. 로트카와 볼테라의 포식자-피식자 모델에는 그 기본이 되는 지수 생장 모델과 다양한 가정, 이를테면 폐쇄 개체군이라는 점, 모든 개체가 동일하다는 점 등이 있다. 여기서 포식자에 대한 주요 가정은 그들이 먹이 특이성을 지닌다는 점, 즉 포식자는 특정한 먹이 종만 먹고 그 먹이를 잡지 못하면 굶어 죽는다는 것이다. 이러한 가정은 실제로 꽤 많은 포식자에게 적용된다. 우리가 살펴본 에니코스펄루스 인플렉수스처럼 기주 특이성을 지닌 종이 포식기생자 중에만 잠재적으로 수십만 종은 있을 것으로 보이기 때문이다. 그러나 소형 포유류는 포함되지 않는다. 매미나방 번데기를 찾지 못한 쥐는 다른 먹이를 찾아 나설 것이다. 사실 쥐는 매미나방 애벌레보다 다른 먹이를 **더 좋아한다**. 따라서 쥐가 다른 먹이를 손쉽게 찾을 수 있을 때, 매미나방에 대한 포식 압력은 자연히 낮아진다.

쥐가 매미나방만을 잡아먹지는 않지만, 쥐의 나방 소비가 나방의 밀도에 의존한다면 여전히 쥐는 나방의 개체 수 주기를 주도할 수 있다. 나방의 개체 수가 풍부할 때 쥐가 나방을 잡아먹을 가능성이 높다면 나방의 개체 수를 줄이는 데 도움이 될 것이다. 반대로 나방이 드물 때 나방을 잡아먹을 가능성이 적다면 나방의 개체 수는 반등할 수 있다. 하지만 안타깝게도 쥐가 나방을 이런 방식으로 소비한다는 증거는 많지 않다. 쥐는 나방의 주요 소비자로, 나방 개체 수 변화의 많은 부분을 설명한다. 그러나 이러한 변화는 나방이 아니라 **쥐**의 개체 수에 달려 있다.

이는 마침내 쥐가 먹이의 개체 수 주기에 영향을 미치는 방법에 대한 단서를 제공해준다. 쥐의 개체 수 역시 변동한다. 나방이 많을 때는 나방을 많이 잡아먹고, 쥐의 개체 수가 적을 때 나방은 그 기회를 이용한다. 그렇다면 쥐의 개체 수는 왜 때때로 왜 줄어드는 걸까? 이는 매미나방 때문이 아니라, 쥐의 다른 먹이의 가용성 때문이다. 그 답은 나무에 있다.

매미나방의 침입을 받은 북미 숲은 참나무가 우세종이다. 참나무의 작은 도토리에서는 웅장한 참나무가 자라나지만, 그것을 양분 삼아 자라는 것은 참나무만이 아니다. 도토리는 매미나방을 잡아먹는 포유동물을 포함해 다양한 소형 포유류에게 중요한 식량원이다. 도토리는 특히 가을에 무척이나 귀중하다. 쥐는 추운 겨울을 나기 위해 많은 양의 지방을 축적해야 한다. 불행히도 도토리가 많이 나지 않는 해에는 쥐가 겨울을 날 수 있을 만큼 몸집을 키우지 못하고, 쥐의 개체 수가 크게 급감한다. 이는 매미나방에게 좋은 소식이다. 쥐의 개체 수가 적어지면 결국 매미나방 개체군이 번성하게 된다. 그리고 몇 년이 걸려 그해가 오면, 수백만 헥타르의 숲이 고사할 수도 있다.

이처럼 매미나방의 개체 수 주기는 포식자에 **의해** 주도되지만, 이는 로트카와 볼테라의 개체군 크기 모델에 내재된 메커니즘과는 매우 다른 방식을 따른다. 도토리 생산량이 급감하면 쥐 개체군 크기가 급감한다. 한편 쥐의 개체 수가 급감하면 매미나방의 개체 수는 급증한다. 이렇게 매미나방의 개체 수가 폭발적으로 증가하면 꽤 많은 나무가 고사할 수 있다(그리고 이듬해 도토리가 또다시 많이 나지 않을 정도로 참나무에 피해를 줄 수도 있다). 그러나 이러한 개체 수 급증은 이전 장에서 살펴본 핵다각체병바이러스에 의해 개체군 내에서 발생하는 전염병으로 오래 지속되진 않으며, 이 병원체는 빠른 속도로 매미나방 개체군의 크기를 낮은 수준으로 되돌린다. 이 시점에서 쥐의 개체 수는 나방 개체군의 크기를 억제할 만큼 충분히 회복될 것이다. 적어도 다음 도토리 흉년이 들 때까지는 말이다.

여기서 우리가 던져야 할 마지막 질문은, 도토리 생산량은 왜 줄어드는가다. 이에 대한 답에도 주기가 얽혀 있다.

참나무의 종자 생산은 고유한 주기를 따르며, 도토리 생산량은 종에 따라 2~10년마다 최고조에 달한다. 매미나방이 침입한 북미의 숲에는 주기와 풍부도가 각각 다른 다양한 참나무 종이 여러 지역에 서식하므로, 대부분의 해에 적어도 한 종류 이상의 도토리가 풍부하게 생산된다. 그러나 때때로 도토리 생산량이 적은 주기가 모두 맞물릴 때가 있다. 이 경우 모든 참나무가 도토리를 생산하지 않으며, 그해 도토리는 흉년을 맞는다.

이러한 해가 발생한 이유는 모든 참나무에 동시에, 또 넓은 지역에 영향을 미칠 수 있는 악천후 때문일 가능성이 높다. 악천후가 약 10년마다 발생하는 정확한 이유는 알려져 있지 않지만, 약 11년 주기로 태양 활동이 활발해지거나 뜸해지면서 흑점의 수가 크게 늘거나 줄어드는 흑점주기가 원인으로 제시되었다. 이 주기에 따르면 태양의 활동 정도 때문에 약 10년마다 비교적 추운 해가 나타나는데, 이것이 도토리 흉년을 야기하는 악천후를 설명할 수 있지 않겠느냐는 것이다. 검증되지는 않았지만, 꽤 그럴듯한 이야기다.

도토리 생산량은 매미나방에게만 중요한 것이 아니다. 우리 인간도 영향을 받는다. 한 지역에서 도토리가 많이 나면 해당 지역의 쥐 개체 수만 증가하는 게 아니다. 풍부한 먹이를 노리는 흰꼬리사슴도 끌어들인다. 사슴은 검은다리진드기Black-legged Tick(사슴진드기)의 주요 먹이원이며, 사슴 개체 수가 증가하면 이러한 기생충의 개체 수도 차례로 증가한다. 또다시 포식자와 피식자가 발생하는 것이다. 우리 인간에게는 불행히도 이들 진드기가 라임병의 매개체 역할을 하고, 쥐는 라임병을 일으키는 박테리아의 저장소 역할을 한다. 북미 북동부 지역의 도토리 생산량 주기는 매미나방 개체 수 주기뿐만 아니라 인간의 라임병 발병률에까지 영향을 미친다. 자연은 모두 연결되어 있다.

두 번의 고비

매미나방을 다시 살펴본 것처럼, 이번에는 겨울물결자나방을 다시 들여다보며 포식자의 영향을 살펴보자. 겨울물결자나방 또한 야생동물 개체 수 변동의 원인을 파악하는 것이 얼마나 많은 시간을 잡아먹는 일인지 보여준다.

겨울물결자나방은 북부에서 나방 덫을 운용하는 사람들이 겨우내 덫을 놓도록 열정을 유지시켜주는 종이다. 날개가 없어 빛에 이끌려 날아들지 못하는 암컷을 제외하고, 적어도 수컷은 말이다. 암컷은 늦가을에 땅속의 번데기에서 우화해 나무 꼭대기까지 올라가 알을 낳는다. 4월에 이 알에서 부화하는 애벌레는 봄에 피어나는 이파리를 먹으며 애벌레 시기를 나고, 다 자란 애벌레는 땅속으로 들어가 번데기가 된다. 그리고 이듬해 가을, 이 순환이 다시 시작된다.

영국 곤충학자 조지 발리George Varley와 조지 그래드웰George Gradwell이 이끄는 연구팀은 1950~1960년대 대부분의 기간에 옥스퍼드대학교의 위덤숲에서 겨울물결자나방 개체군을 연구했다. 그들은 다섯 그루의 참나무 몸통에 덫을 놓은 뒤 올라오는 암컷을 잡아 성충의 개체 수를 계산했으며, 포획한 나방 일부를 해부해 알의 양을 평가하고, 전체 개체군이 낳은 알의 수를 추정했다. 또한 더 많은 덫을 설치해 땅으로 떨어지는 애벌레를 포획한 후 해부해 포식기생자에 감염된 애벌레의 수를 확인했다. 이렇게 모든 생애 단계에 걸쳐 개체 수 추정치 변화를 추적해 겨울물결자나방의 개체 수를 조사하고, 폐사 시기와 그 주요 원인을 식별할 수 있었다. 19년 동안 이어진 노력의 결과다. 시간이 무척 많이 소요되는 일이다.

이 작업을 통해 발리와 그래드웰은 겨울물결자나방의 개체 수(적어도 다섯 그루의 나무에서) 변화를 추적할 수 있었으며, 개체 수는 해마다 큰 폭으로 변동하는 것으로 나타났다. 개체 수가 많은 해에는 그렇지 않은 해보다 애벌레 수가 약 100배 더 풍부하기도 했다. 비록 매미나방만큼 극단적 발생을 보이진 않지만, 겨울물결자나방에서도 나타나는 중요한 특징이다.

겨울물결자나방 암컷은 날개가 없어서 빛에 이끌려 날아들지 못한다. 늦가을에 땅속 번데기에서 우화해 나무 꼭대기로 올라가 알을 낳으면, 이듬해 4월 유충이 부화해 이파리를 먹으며 애벌레 시기를 난다. 그리고 땅속으로 들어가 번데기가 된다.

두 학자는 또한 부단한 노력 끝에 겨울물결자나방의 생애주기에서 사망이 발생하는 주요 시점을 식별할 수 있었다.

대부분의 죽음은 첫 번째 유충 단계에서 발생한다. 나방의 성장을 가속하거나 참나무의 개엽開葉 시기를 늦추는 가장 큰 원인은 날씨다. 이 두 경우 모두 어린 애벌레가 부화했을 때 이들에게는 먹이가 없을 것이다. 발리와 그래드웰은 이들이 이른 시기 죽음을 맞이하는 또 다른 이유가 알을 먹는 선두리먼지벌레속*Dromius* 딱정벌레의 풍부도와 관련될 수 있다는 증거도 발견했다. 만약 이것이 사실이라면, 이들의 이른 죽음은 악천후보다는 포식자가 알에 미치

나방은 빛을 쫓지 않는다 🦋

는 영향일 가능성이 높다. 그러나 이 학자들이 딱정벌레와 관련한 연구 결과를 발표한 적은 없기 때문에 이 점을 확인할 수는 없다.

한편 번데기 단계에서 포식자의 역할은 중요하다. 번데기가 되기 위해 땅속으로 들어가는 겨울물결자나방 중 4분의 3은 성체로 우화하지 못한다. 매미나방 번데기를 먹는 쥐와 같은 범식포식자 그리고 번데기를 노리는 혹부리맵시벌속 포식기생자 크라티크뉴몬 쿨렉스*Cratichneumon culex*가 그 원인이다. 번데기 시기에 발생하는 죽음은 밀도 의존적으로, 개체 수가 더 많은 나무 아래에서 번데기 사망률이 더 높았으며, 유충 단계의 사망률이 낮은 해에는 번데기 단계의 사망률이 더 높게 나타났다. 즉 날씨로 인한 (또는 알을 잡아 먹는 포식자로 인한) 애벌레 사망률이 높지 않은 연도에 번데기 포식자가 겨울물결자나방의 개체 수 변동 폭을 완화하는 역할을 한다는 것이다. 날씨의 영향으로 환경이 급변해 개체 수의 변동 폭이 커질 때 이들은 먹이 개체 수를 안정적인 수준, 즉 균형에 가깝게 유지하는 데 도움이 된다.

덫은 넘쳐흐르지 않는다

따뜻하고 온화한 여름, 풍요로운 서식지에서는 하룻밤 만에 300마리가 넘는 나방이 덫에 날아들기도 한다. 이들을 모두 동정하기란 쉽지 않은 일이지만, 이 경우에도 그 수는 덫 바닥을 간신히 덮을 정도다. 덮이 '꽉 차 있는' 경우에도, 덮이 나방으로 넘쳐흐르지는 않는다.

자연의 상당 부분은 먹을 수 있지만, 대부분은 먹히지 않는다. 우리 인간의 눈에 비치는 이 땅은 (대체로) 몸부림치는 애벌레의 덩어리가 아니라, (대체로) 식물로 채워진 녹색 풍경이다. 나방은 소비자이지만, 대부분 그 자신이 소비되기 전에 소비할 기회를 얻지 못한다. 참나무솔나방도, 매미나방도, 하인나방도 모두 개체군 크기가 폭발적으로 증가할 잠재력이 있지만, 그 잠재력은 대부분 현실로 이어지지 않는다. 우리가 풍경으로 보는 많은 야생동물은 이들의 실패를 양분 삼아 살을 찌운다. 곤충은 세계에서 가장 큰 부분을 차지하는 천연자원의 일부다.

이전 장에서 소개한 개체군 크기 모델은 나방 덮의 내용물을 이해하는 첫걸음이다. 이들 모델은 생물학적 다양성의 근간이 되는 가장 기본적인 사실, 즉 생명체는 놀라울 정도로 폭발적인 증식의 힘이 있다는 사실을 보여준다. 그리고 우리는 모델을 통해 그 잠재된 힘이 잘 드러나지 않는 이유를 이해할 수 있다. 생식은 필연적으로 상호작용으로 이어지며, 이러한 상호작용의 결과는 흔히 상호작용에 참여한 하나 또는 모든 개체군의 손실로 이어진다는 것이다. 생명체의 잠재력은 경쟁이나 포식으로 감소하거나 완전히 소멸한다. 사망률은 증가하고 출생률은 감소하며 개체군 크기 증가는 억제된다.

그렇지만 개체 수가 급증할 때도 있다. 극단적인 수준으로 나타나는 경우, 이는 1889년 매사추세츠주 메드퍼드에서처럼 중요한 변화의 신호일 수 있다(한편 종이 자연 서식지를 벗어나 다른 지역에 옮아가 번성하는 이유 중 하나는, 레오폴드 트루벨로가 매사추세츠로 가져간 매미나방처럼 천적을 뒤로하고 떠나왔기 때문이다). 그러나 '안정적인' 개체군도 크기가 변동한다. 모든 종은 번성하는 해와 그렇지 못한 해를 경험한다. 이러한 변동이 규칙적으로 나타날 때, 우리는 이를 '주기'라고 일컫는다. 나방 덫은 이러한 변동을 표본으로 기록하고 포획량을 통해 정량화할 수 있다. 그렇게 획득한 정보는 개체군 크기가 변동하는 이유를 이해하는 데 도움이 된다.

동물 개체 수 크기의 변화는 '복잡하다'라는 말의 극치를 대변하는 듯이 보인다. 종간 상호작용이 없더라도 개체군 크기에 안정성은 보장되지 않는다. 계절 변화에 적응하고자 개체군 동태에 내재된 유도기 때문에 개체 수가 변동될 수도 있다. 영국에 서식하는 대부분 나방이 이러한 경우다. 그리고 변동은 혼란스러운 양상으로 나타날 수 있다. 날씨처럼 예측할 수 없는 요소를 고려하기 **전에도** 말이다. 여기에 다양한 종을 더하면 혼란의 수준은 더욱 높아지고, 포식자 종이 더해지면 포식자와 피식자 개체군 모두에서 또다시 변동이 일어날 것이다.

이런 단순한 모델을 자연의 실제 그림과 나란히 놓고 본다면, 언제나 그렇듯 모델이 틀렸다는 것을 알 수 있다. 모델의 가정은 중요한 세부 사항을 무시하기 때문이다. 그렇다고 이러한 모델이 유용하지 않은 것은 아니다. 이들 모델의 메커니즘이 실제 현실에서 작동하는지 확인하는 여러 실험을 통해 우리는 현실의 복잡성을 알 수 있으며, 또 그 이유를 알 수 있다.

상향식 조절은 하향식 조절만큼 피식자 개체군에 중요하다. 피식자 개체군 크기의 변동 주기를 조절하는 것은 포식자만이 아니기 때문이다. 물론 포식자는 피식자 개체군 크기의 변동 폭을 완화할 수 있다. 많은 수의 포식자는 먹이 특이성이 없으므로, 주 먹이원의 개체 수가 적을 때 대체할 먹이가 있다면 이들의 개체 수 감소 폭은 줄어들 것이다. 쥐는 매미나방에게만 의존하지 않는다. 이 경우, 피식자 개체군은 로트카와 볼테라의 모델에서 예상되는 포식자로부터의 해방을 반드시 경험하진 않는다.

한두 개의 종만 고려한다 해도 개체군 크기 모델은 몹시 복잡해질 수 있으며, 세 번째 또는 더 많은 종을 그 안에 더하기 전에도 예상치 못한 결과가 나타날 수 있다. 매우 단순한 모델조차 실제 삶에서 나타나는 현상은 복잡할 수 있다는 사실을 지적한다. 단 하나의 종에서 개체 수를 결정하는 요인인 무엇인지 이해하려고 쏟아부은 다양한 노력을 통해, 우리는 이것이 실제로 얼마나 복잡한지 알 수 있다.

그러나 생태계는 단지 한두 종, 또는 소수의 종으로만 구성되지 않는다. 내 나방 덫에는 하룻밤 만에 50종 이상이 날아들기도 한다. 3년 동안 나방 덫을 운용하며 동정한 종의 수만 500개가 넘는데, 대부분은 고작 두 곳에서 기록한 것이다(그리고 이러한 수치는 전혀 이례적이지 않다). 개체군 연구는 생태학의 기초이지만, 생태학자

나방은 빛을 쫓지 않는다

는 다양한 종이 관련되어 있을 때 다른 접근 방식이 필요하다는 점을 인정해야 한다. 그게 바로 우리가 **군집생태학**이라고 부르는 접근 방식이다. 나방 덫의 내용물을 이해하려면 종의 군집 구조를 정량화해 이해할 필요가 있다.

군집생태학이라는 주제로 넘어가기 전에, 한 가지 소개해야 할 주제가 있다. 바로 **생활사**다. 종은 개체군의 출생률과 사망률 사이의 차이를 최대화하기 위해 다양한 전략을 이용한다. 그 결과, 종은 매우 다른 방식으로 살아가게 되었다. 종의 이런 전략은 나방처럼 상대적으로 균일한 종에서도 나타나는 다양한 생활 형태를 설명하는 데 도움을 주며, 군집에 얼마나 많은 종이 공존할 수 있을지의 질문에 중요한 배경을 제공한다. 다음 장에서는 이러한 생활사를 살펴보겠다.

T H E   J E W E L   B O X

4

모든 것을 가질 수는 없다

짧고 굵게 또는 길게 오래

어쩌면 나는 살아 그대의 비문을 쓸지도 모르고,
어쩌면 나는 묻혀 썩어갈 때 그대는 살아 있을지도 모르리.

윌리엄 셰익스피어 William Shakespeare

나의 나방 포획은 단절감에서 시작되었다. 가정생활과 런던의 환경 그리고 바쁜 일정으로 밖에 나가 자연을 만끽할 시간이 부족했다. 그 해결책은 자연이, 적어도 나방이 스스로 다가오게 하는 것이었다. 그러나 이 계획에는 분명한 단점이 있다. 내가 사는 곳이 캠던이라는 것이다. 단도직입적으로 말해, 런던 도심은 나방이 살아가기엔 꽤 형편없는 환경이다.

이미 설명했듯, 나방 애호가들은 나방을 '대형' 나방(대시류)과 '소형' 나방(미소류)으로 구분한다. 이름에서 알 수 있듯 대형 나방은 크기가 큰 종이고, 소형 나방은 크기가 작은 종이다. 하지만 이는 공식적인 구별이 아니며, 각 군의 진화적 역사를 반영하지도 않는다. 심지어 크기를 정확하게 반영하지도 않아, 일부 소형 나방은 대부분의 대형 나방보다 큰 반면에 일부 대형 나방은 대부분의 소형 나방보다 크지 않다. 참나무껍질나방Oak Nycteoline을 처음 포획한 날, 나는 도감에서 소형 나방을 찾아봤다. 그러나 실제 참나무껍질나방은 다양한 나방이 속한 밤나방과의 작은 나방으로, 대형 나방이다.

나방 포획을 시작하는 사람들은 대부분 대형 나방에게 초점을 맞춘다. 대형 나방이 전체적으로 더 크고, 날개의 무늬나 모양이 더 잘 정의되어 있으며, 더 잘 알려져 있고, 도감에도 잘 설명되어 있어 (여전히 쉽지는 않지만) 동정하기가 더 쉽기 때문이다. 대부분의 대형 나방은 육안이나 돋보기 같은 간단한 도구만으로도 동정할 수 있다. 반면 소형 나방은 외관상 서로 매우 유사해 특수한 화학물질로 복부를 용해해 해부한 뒤 생식기를 현미경으로 검사한 뒤에야 정확한 동정이 가능한 경우가 많다. 이런 이유에서 나를 포함한 많은 사람들, 특히 포획한 종의 목록을 작성하고 싶지만 동정에 필요한 전문적인 생식기 해부genital determination 기술이 없는 아마추어들에게는 대형 나방이 더 매력적으로 느껴진다. 따라서 대부분은 대형 나방을 시작으로 나방의 매력에 빠져든다.

그러나 런던에서 겪은 문제는, 런던에 서식하는 대형 나방 종이 내 갈망을 채워줄 만큼 많지 않았다는 것이다. 물론 일부는 **서식하며** 덫에 **날아들기도** 하지만, 그 수와 다양성은 그리 높지 않다. 나는 곧 소형 나방도 자세히 들여다보는 내 모습을 발견했다. 그 뒤로 나는 눈을 가늘게 뜨고 결국은 동정할 수 없는 종들을 들여다보는, 내가 자주 후회하는 습관에 푹 빠져들었다.

나를 소형 나방의 매력에 빠져들게 한 것은 코들링나방이었다. 코들링나방은 아름다운 소형 동물이다. 우리가 먹는 해바라기씨 정도의 크기로, 소형 나방의 기준에서는 그리 작은 편이 아니지만

소형 나방의 매력에 빠져들게 한 코들링나방. 해바라기씨 크기만 한 몸은 위장색을 띠고 있는데 날개 모서리에는 어두운 눈동자 같은 무늬가 있다.

말이다. 코들링나방은 대부분 회색과 갈색 위장색을 띠고, 그 위를 섬세한 하얀 물결무늬가 장식하고 있다. 날개의 위쪽 뒤 모서리에는 구릿빛 홍채로 둘러싸인 어두운 눈동자 같은 눈알 무늬가 있다. 대부분의 소형 나방처럼 코들링나방의 날개 비늘도 쉽게 벗겨지지만, 이 어두운 눈알 무늬와의 대비는 뚜렷하게 남아 있는 편이다. 코들링나방은 영국에서 기록된 약 400종의 잎말이나방과Tortricidae 중의 한 종이며, 영국에서 흔히 볼 수 있다. 런던에서 처음 나방 덫을 놓은 날 밤, 내 덫에는 코들링나방 6마리가 날아들었다. 이들은 척 보기에도 쉽게 동정할 수 있을 것 같았고, 나는 이내 그 매력에 빠져들었다. 소형 나방은 대체로 크기는 작지만, 여전히 아름답고 매혹적이다.

정반대의 방식

그렇긴 하지만 나방 덫에서 마주하는 진정한 즐거움은 적어도 내겐 대형 나방이다. 대형 나방이 많은 이들을 나방의 매력으로 이끄는 데는 그럴 만한 이유가 있다. 대부분 갈색이나 노란색과 녹색의 미묘한 색을 띠고 크기는 강낭콩만 하지만, 우리는 그 표준에서 크게 벗어나는 크고 화려한 나방을 만날 수 있다. 이를테면 박각시나방이나 불나방 같은 화려한 나방 말이다.

나는 어느 날 덫을 열고 크기만 쥐와 비슷한 게 아니라 쥐처럼 울기까지 하는 해골박각시Death's-head Hawk-moth의 텅 빈 해골 무늬 눈을 마주하는 꿈을 꾸곤 한다. 언젠간 그 꿈이 이루어질지도 모른다. 2020년 데번에서 보낸 (첫 번째) 코로나19 봉쇄 기간에 나방 덫을 운용하며 흰점무늬불나방Cream-spot Tiger을 포획하는 짜릿한 순간도 있었다. 이 나방은 위쪽에서 볼 수 있는 검은색 날개의 창백한 반점 무늬 때문에 이런 이름이 붙었다. 위에서만 바라봐도 꽤 예쁜 나방이다. 그렇지만 밑에서 바라보면 풍부하게 빛나는 붉은색과, 흩뿌려진 듯한 검은빛과 노란빛이 비로소 나타난다. 다른 나방이 평범해 보일 정도로, 이 나방을 완전히 다른 동물처럼 보이게 한다.

이런 나방을 포획한 것은 굉장히 짜릿했다. 하지만 최고로 짜릿했던 순간은 따로 있다. 바로 굴벌레큰나방Goat Moth을 포획한 순간이었다.

나는 2020년 6월 10일에 느낀 흥분을 아직도 생생히 기억한

크기뿐 아니라 울음소리도 쥐와 비슷한 해골박각시. 어느 날 덫을 열고 해골박각시의 텅 빈 해골 무늬 눈을 마주하는 꿈을 꾸곤 한다.

다. 밤새 놔둔 나방 덫을 회수하려고 데번의 정원 뒤 들판으로 걸어 나갔다. 그 몇 주 전, 방목해 키우는 소들이 접근할 수 없도록 약 0.5에이커 밖으로 소들을 몰아두었기 때문에 어느새 들판의 풀이 무릎 높이까지 자라 있었다. 줄기 사이에는 나방이 앉아 쉬고 있었으며, 나는 이 숨은 보석들을 찾기 위해 덫 주위에서 넓은 원을 그리며 서성대기 시작했다. 이는 매우 즐거운 일이지만, 그날 아침에는 특별한 기술이 필요하지 않았다. 적어도 내게 큰 흥분을 안겨준 나방을 발견하는 데는 말이다. 바로 앞의 줄기에 가만히 앉아 쉬는 굴벌레큰나방이 내 눈을 단숨에 사로잡았다.

굴벌레큰나방은 정말 특별한 나방이다. 실제로 특별한 생명체라고 말하는 게 옳을 것이다.

우선 굴벌레큰나방은 크기도 모양도 내 엄지손가락과 비슷하며, 영국에서 가장 큰 나방에 속한다. 회갈색 앞날개에는 은빛과 끊어진 선 같은 좀 더 어두운 무늬가 있고, 가슴에는 담황색 깃이 있다. 가만히 앉아 있으면 마치 지의류가 얼룩덜룩 덮인 나무껍질처럼 보여 나무줄기에 앉아 있을 때는 멋진 위장색이 되겠지만, 풀밭에 앉아 있을 때는 좀 더 눈에 띈다. 하지만 어디에 앉아 있든 놀랍도록 아름다운 곤충이다.

굴벌레큰나방은 영국에서는 보기 드문 종이기도 하다. 예전에는 영국 전역에서 널리 발견되었지만, 지난 수십 년간 그 수가 눈에 띄게 감소했다. 내가 덫을 놓는 곳은 데번의 남서쪽으로 타마강 너머 콘월까지 바라다보이는 곳인데, 영국에 남은 마지막 굴벌레큰나방의 요새다. 그 서식지에서도 굴벌레큰나방은 모습을 자주 드러내는 종이 아니다. 그래서 덫에 이 나방이 나타난 것은 예상치 못한 일이었으며, 그만큼 더욱 짜릿했다.

굴벌레큰나방은 생활 방식 또한 놀랍다. 암컷은 버드나무, 자작나무, 물푸레나무 등 다양한 종의 나무껍질에 약 50개씩 총 500개 정도의 알을 낳는다. 이들은 특히 습한 지역에서 자라는 나무를 좋아하는데, 여전히 데번 남서부에 서식하는 이유를 짐작할 수 있다. 알에서 부화한 애벌레는 나무껍질 아래로 기어들어 심재 속으로 파고든 뒤 그곳에서 먹이 활동을 한다. 완전히 자란 애벌레는 길이

나방은 빛을 쫓지 않는다

크기도 모양도 엄지손가락과 비슷한 굴벌레큰나방. 나뭇가지 위에 가만히 앉아 있을 때는 나무 껍질처럼 보인다. 번데기가 되기까지 서너 번의 겨울을 지난다.

가 약 10센티미터나 되지만, 서둘러 그 크기에 도달하려 노력하진 않는다. 번데기가 되기 전까지 서너 번의 겨울을 보내는 굴벌레큰 나방은 영국에 서식하는 나방 가운데 생장 속도가 가장 느리다. 그리고 부화한 지 4~5년이 되는 여름, 드디어 성충이 된다.

굴벌레큰나방의 영문명 뜻은 '염소나방'으로, 이 느긋한 애벌레에서 나는 염소 냄새 때문에 그런 이름이 붙었다. 그러나 내게 이 나방은 'GOAT', 즉 'Greatest of All Time'(역대 최고)의 약어로 기억될 것이다. 크고 아름답고 희귀하며 특별하다는 것은 어떤 동물에게든 아주 매력적인 특징이다.

굴벌레큰나방 같은 종을 보면 몇 가지 흥미로운 질문이 떠오른다. 코들링나방과 이들을 비교해보자. 다 자란 코들링나방은 늦봄

짝짓기를 위해 모습을 드러내고, 암컷은 수십 개의 알을 낳는다. 코들링나방의 애벌레도 굴벌레큰나방의 애벌레처럼 먹이 속을 파고들지만, 나무가 아닌 과일(보통 사과이지만 때로는 배나 모과 등)을 파고든다. 이들은 빠르게 생장해 약 한 달 뒤면 완전한 크기에 이르는데, 이때 크기는 약 2센티미터로 인상적이진 않다(하지만 과일을 재배하는 사람의 신경을 건드리기에는 작지 않다). 다 자란 애벌레는 열매를 떠나 땅속으로 들어가 겨울에 휴면기를 갖고, 이듬해 봄에 번데기가 된다. 그러나 영국에서는 때때로 두 세대가 1년 안에 나타나기도 하며, 날씨가 더 온화한 중동 지역에서는 4~5세대가 발생하기도 한다. 굴벌레큰나방과 달리 코들링나방은 느긋하지 않다.

이 두 종 모두 일반적인 나방 범주에 속한다. 그런데 적어도 모양이나 색상에서는 큰 차이를 보이지 않는 이 두 종은 생활 방식이 너무나 다르다. 이들은 기술적으로 전혀 다른 생활사를 지녔다. 하나는 크고 수명이 길며, 번식력이 높지만 희귀하다. 반면 다른 하나는 작고 더 적은 자손을 생산하지만, 세대 순환이 빨라 훨씬 흔하게 발견된다. 대부분의 나방은 이 두 가지 생활 방식 사이의 어딘가에 놓여 있다. 코들링나방과 생활 방식이 비슷한 종이 더 많지만 말이다. 그런데 이유는 무엇일까? 왜 모든 나방이 굴벌레큰나방과 더 비슷한 방식으로 생활하지 않는 걸까?

답은 이전 장에서 살펴본 과정, 즉 탄생과 죽음 그리고 소비자와 소비되는 것에서 찾을 수 있다. 이러한 과정의 다양성과 상호작용 방식은 나방의 삶의 방식에 하나 이상의 답이 있다는 것을 의미한

나방은 빛을 쫓지 않는다

다. 그 결과를 우리는 나방 덫에서 만족스러운 형태의 다양성으로 마주하게 된다.

하나를 얻기 위해 하나를 잃다

우리는 모든 동물 개체군이 성장의 잠재력을 지닌다는 사실을 안다. 우리는 영국에서 다시 확산된 하인나방과 매사추세츠주의 매미나방 사례를 통해, 그 잠재력이 정점에 달했을 때 어떤 일이 벌어지는지 살펴보았다. 그리고 이들은 단지 나방에 불과하다. 우리에게 엄청난 재앙을 안겨준 이lice와 메뚜기는 오늘날에도 여전히 우리를 괴롭힌다. 이 재앙은 우리가 실제로 겪은 것보다 훨씬 더 심각할 수 있다.

진화생물학자는 가상의 이상적인 유기체를 만들어냈다. **다윈의 악마**라고 부르는 존재다. 모든 유기체의 목표는 다윈적응도(2장에 나온 개념)를 극대화하기 위해 가능한 한 많은 유전자 사본을 자손에게 남기는 것이다. 그 목표를 달성하기 위한 번식의 모든 측면에서 다윈의 악마는 완벽하다. 이들은 태어난 순간부터 생식을 시작할 수 있다. 부모는 수많은 자손을 남기며, 그 자손도 태어난 즉시 부모처럼 높은 생식능력을 부여받고, 제한이 없는 수명 속에서 생식 활동을 계속한다. 다윈의 악마는 기하급수적 개체군 크기 증가의 모델이지만, 죽음에서 자유롭고 출생률은 자연에서 관찰되는 것과 비교할 수 없을 정도다.

다윈의 악마는 사고 실험이다. 즉 우리의 상상으로만 진행하는 실험으로, 이런 과정을 거쳐 왜 이것이 다행히도 상상 속에서만 존재하는지 이해할 수 있다. 여기에는 몇 가지 중요한 이유가 있다. 동물에게 죽음을 가져오는 수많은 요인을 고려하기도 전에, 현실에는 완벽함을 불가능하게 하는 다양한 제약이 있기 때문이다.

모든 생명은 에너지, 즉 먹이에서 얻는 연료로 움직인다. 식물이나 그 밖의 독립영양생물은(몇 가지 예외를 제외하고) 태양에너지를 원료로 삼는다. 다른 종은 독립영양생물이 태양에너지를 사용해 만들어낸 탄화수소에 의존하며(독립영양생물을 직접 소비하거나, 그 소비자를 소비함으로써), 기본적으로 이 연료를 태워 신진대사를 한다. 그러나 동물이 획득할 수 있는 에너지의(그리고 다른 필수 자원들도) 양은 한정적이며, 먹이를 찾고 섭취하며 소화하는 데도 시간과 에너지가 소비된다. 모든 동물이 이런 유한한 에너지를 연료로 삼아 살아간다. 우리가 한정된 예산 안에서 가계를 꾸려가듯 말이다. 따라서 동물은 이렇게 얻은 귀한 에너지를 어디에 집중할지 선택해야 한다.

동물이 자신의 생활사를 구성할 때 내리는 선택은* 궁극적 목표, 즉 어떻게 하면 미래에 가능한 한 많은 유전자를 남길 수 있는지를

---

* 선택이라는 단어가 무색하게 이는 의식적으로 이루어지는 것은 아니며, 생존경쟁에서 자연선택에 의해 자연스럽게 진행된다.

나방은 빛을 쫓지 않는다

기준으로 한다. 모든 동물 개체군은 멸종되지 않기 위해 최소한 죽은 개체 수만큼의 자손을 생산해야 한다. 유성생식을 하는 대부분의 종이 개체군 크기를 안정적으로 유지하려면, 암컷 개체당 최소 평균 두 마리의 자손을 번식 가능한 성체로 키워야 한다. 이미 살펴본 것처럼 모든 종은 환경적 조건이 유리할 때 더 많은 자손을 키울 수 있다. 개체군이 지속된다는 것은 종이 적어도 최소한의 생식에 성공하고 있다는 뜻이다. 다윈의 악마 같은 종은 존재하지 않음을 감안할 때, 개체가 자신을 자손으로 대체하는 방법에는 선택이 필요하다.

그렇다면 가능한 한 빨리, 최대한 많은 자손을 생산하면 되지 않을까? 아마도 이는 다윈의 악마를 가장 잘 설명하는 방식일 것이다. 실제로 일부 종은 이러한 전략을 사용한다. 우리의 먼 조상을 거슬러 올라가면, 좋은 예시인 생쥐를 찾아볼 수 있다. 암컷 쥐는 생후 약 6주가 되면 성적으로 성숙해진다. 약 3주의 임신 기간을 지나면 무게가 약 1그램에 불과한 새끼를 최대 14마리나 낳을 수 있다. 이 새끼들은 태어난 지 3주가 지나면 젖을 떼고, 암컷 한 마리는 1년에 무리 없이 다섯 번쯤 출산할 수 있다. 그리고 환경 조건이 유리할 때 이들의 개체 수는 폭발적으로 증가할 수 있다.

호주 빅토리아주의 풀루트Pullut에서 단 하룻밤 사이 잡은 생쥐를 찍은 사진이 있는데, 그 사진에는 '20만 마리: 3.5톤'이라는 라벨이 붙어 있다. 생쥐는 미국의 매미나방처럼 호주에서는 외래종이며, 그곳의 휘트벨트wheatbelt(밀 생산 지역)에서는 약 3년마다 생쥐가 대량으로 발생한다. 지금 이 글을 집필하는 순간에도 호주는 생쥐 때문에 난리를 겪고 있다. 고통받는 농부들이 이들을 죽이려고 갖은 노력을 동원하지 않더라도, 암컷 생쥐는 보통 야생에서 1년 이상 살지 못한다. 이들은 빠르게 살아내고 빠르게 죽음을 맞이한다.

생쥐는 번식에 에너지를 할당하는 선택을 했다. 그것이 성공한 선택인지는 논하기 어렵지만, 살아가는 방식이 하나만 있지는 않다. 아프리카코끼리는 이런 생쥐와 정반대다. 암컷 코끼리는 성적으로 성숙할 때까지 약 10~12년이 걸린다. 성체가 된 암컷은 약 2년의 임신 기간을 거쳐 100킬로그램가량의 새끼를 한 마리 낳는다. 새끼는 보통 6~18개월이면 젖을 떼지만, 그 뒤로도 몇 년간 어미의 돌봄을 받는다. 암컷 코끼리는 보통 3~6년에 한 번 새끼를 낳는데, 이들의 수명은 약 70년이며 말년까지도 번식할 수 있다. 코끼리는 천천히 삶을 살며, 노화로 죽기 전에 다른 요인으로 죽음을 맞지 않기를 기대한다. 그렇지만 코끼리 역시 환경 조건이 유리할 때 개체 수의 지수적 증가를 경험할 잠재력이 있다. 생쥐처럼 번식을 서두르지 않더라도 말이다. 실제로 나는 강의할 때 크루거 국립공원의 아프리카코끼리 개체 수를 예시로 들곤 한다.

쥐와 코끼리는 같은 포유류이지만, 최대한 많은 유전자를 자손에게 남기기 위한 전략으로서 에너지를 할당하는 방식은 극과 극이다. 이들은 코들링나방과 굴벌레큰나방이 우리에게 주는 교훈을 다시금 떠올리게 한다. 성공을 향한 길이 한 가지가 아니라는 사실

말이다. 또한 이들은 종이 생존과 성장과 번식 사이에서 선택할 때 어떤 결정을 해야 할지 보여준다. 어떤 종도 모든 것을 다 가질 수는 없다. 선택은 필연적으로 하나를 얻기 위해 하나를 잃는 교환으로 이어지기 때문이다. 그리고 그 선택이 이끄는 모든 길 끝에는 죽음이 기다리고 있다.

삶의 속도

죽음은 우리 모두에게 찾아오지만, 우리에게 얼마나 긴 시간이 주어졌는지는 대부분이 모른다. 그렇지만 확률의 대략적인 분포는 알 수 있다. 다른 종의 경우도 마찬가지다. 물론 인간의 경우처럼 사망률 자료 해석을 통해서가 아니라, 자연선택의 맹목적 영향을 통해서지만 말이다. 죽음이 언제 우리를 찾아오는지는 중요하다.

동물은 언제든 죽음을 맞이할 수 있다. 그렇지만 대체로 삶의 두 단계, 즉 아동·청소년기와 성년기에 발생하는 것으로 구분할 수 있다. 아동·청소년기 사망은 번식할 수 있기 전에 발생하는 죽음이고, 성년기 사망은 그 이후에 발생하는 죽음이다. 이처럼 삶의 다양한 단계에 걸친 죽음의 분포는 동물이 생존을 위해 진화하는 방식에 큰 영향을 준다. 생태학자는 여러 종 가운데서도 포유류에게 나타나는 영향을 가장 깊이 생각해왔다. 아마도 우리 인간의 죽음에 대한 인식 때문일 것이다.

자손 생산에 투자할 수 있는 일정량의 에너지를 보유한 암컷 포유류를 한번 생각해보자. 이 개체는 이상적인 세상에서 건강하게 성장해 자신의 새끼(이 개체에게는 손주)를 낳을 수 있는 새끼를 가능한 한 많이 낳고 싶어 할 것이다. 하지만 그런 이상적인 상황을 선택할 수는 없다. 모든 자원이 한정되어 있기 때문이다. 그 대신 이 개체는 선택해야만 한다. 가능한 한 적은 비용으로 더 많은 새끼를 낳을지, 가능한 한 적은 새끼에게 더 많은 자원을 분배할지(또는 새끼 한 마리에게 모든 것을 쏟을지) 말이다.

　이는 동물(적어도 포유류와 새. 뒤에서 더 자세히 다룰 것이다)이 생활사에서 선택해야만 하는 고전적인 균형이다. 작은 것을 많이, 또는 큰 것을 적게. 즉 질과 양 사이의 선택이다. 이 극단 중 어미가 어느 쪽을 선택하든, 그 선택에는 대가가 따른다. 많은 자손을 남기기 위해서는 더 작은 자손을 남겨야 한다. 이들은 빠르게 성장할 수 있지만, 각각의 개체가 안전하게 성체로 자라날 가능성은 더 적다. 반대로 적은 자손에게 더 많이 투자한다면 각각의 생존율은 더 높아지겠지만, 이들은 어미의 자궁에 더 오래 머물러야 하고, 태어난 뒤 성숙하는 데 더 오랜 시간이 걸린다.

　문제는, 이러한 장기적인 투자는 자손의 성숙을 지켜볼 수 있을 때만 의미가 있다는 것이다. 포유류가 생존하려면 적어도 초기에는 어미의 생존이 필수다. 특히 새끼가 아직 태어나기 전이라면 말이다. 어미의 생존 가능성이 낮다면 천천히 성장하는 소수의 새끼에게 더 많이 투자하는 전략은 위험할 수밖에 없으며, 그 결과는 번식 실패일 수 있다. 따라서 어미의 생존 가능성이 적을 경우, 최대한 빨리 많은 자손을 생산하는 게 더욱 적절한 선택일 것이다. 기회가 왔을 때 최대한 이용하는 전략 말이다.

한편 번식에 모든 걸 투자하는 것이 언제나 최고의 전략은 아니다. 만약 그랬다면 모든 포유류가 생쥐와 비슷한 방식으로 생활했을 것이다. 천천히 살아가는 것에도 분명히 장점이 있다.

더 많은 보살핌을 받고 태어나 천천히 성장하는 소수의 새끼는 우수한 경쟁자로 자라날 가능성이 높다. 유한한 세상에서는 식량 등의 한정된 자원을 차지하기 위한 싸움에서 일부 개체군이 패배할 수 있다는 것을 이미 살펴보았다. 그 싸움의 대상이 동종이든 다른 종의 개체든, 잘 대비되어 있을수록 싸움에 유리할 수밖에 없다. 질은 짝짓기 경쟁에서도 중요할 수 있다. 생존해서 자손의 자손을 볼 가능성이 높은 부모는 자손에게 가능한 한 좋은 삶의 시작을 선사하려고 노력할 것이다.

실제로, 삶의 속도가 느리면 손주를 볼 때까지 생존할 가능성이 높아질 수 있다. 반면 번식은 상당한 에너지를 소모하는 일이므로, 번식에 모든 노력을 기울이면 어미의 생존 가능성은 더 낮아질 수 있다. 예컨대 포식자를 피하거나 질병에 대응할 수 있도록 일정량의 에너지를 비축하는 편이 생존에 더 유리할 것이다. 또는 겨울과 가뭄 같은 어려운 시기를 이겨낼 수 있다면 다음 번식기까지 생존하는 데 도움이 될 것이다.

여기서 동물은 번식 또는 생존을 선택해 에너지를 쏟는 것으로 균형을 맞춘다. 이 선택은 번식과 생장 사이의 에너지 분배로 이루어질 수도 있다. 장기적으로는 생장에 에너지를 쏟는 게 더 나은 선택일 수 있다. 생장이 끝나 더 크게 자란 성체는 자손에게 더 많은 투자를 할 수 있다. 몸집이 큰 성체는 몸집이 작았더라면 불리했을 더 큰 포식자와의 경쟁에서도 생존 확률을 높일 수 있으며, 자손의 출산을 차근차근 계획하면 살아서 자손을 볼 확률이 더 높아질 수 있다.

번식을 서두르지 않는 것도 유리한 전략일 수 있다. 더 성숙한 개체가 더 좋은 어미가 될 수 있는 데는 여러 이유가 있다. 생장과 발달에 더 많은 시간을 투자하면, 크기가 더 큰 자손을 낳아 생존율을 높일 수 있으며 성공적으로 번식할 자손을 낳을 가능성도 커진다. 따라서 출산을 늦춰 얻을 수 있는 이점이 비용(주로 번식 기회를 얻기 전 사망할 위험)보다 크다면, 부모가 되는 데 더 여유롭게 접근하는 것이 올바른 선택일 수 있다.

포유류로서 우리 인간은 이러한 영향이 삶에 어떻게 나타나는지 볼 수 있다. 인류 진화 역사의 대부분에서 인간의 삶은 위생적이지 못했고, 잔인했으며, 짧았다. 그러나 양질의 식량이 안정적으로 공급되고 현대 의학이 발달하면서 지난 60년간 인간의 평균수명은 전 세계적으로 53세에서 73세로 늘어났으며, 영아 사망률은 1000명당 65명에서 28명으로 감소했다.

이처럼 출산 전에 사망할 확률이 줄어들면서 같은 기간에 여성 1인당 평균 출생아 수는 5명에서 2.5명으로 약 절반 감소했다. 여성은 더 적은 수의 아이를 낳게 되었으며, 첫 아이를 낳는 시기 또한 더 늦어졌다. 인간은 생장에도 더 큰 노력을 기울이고 있다. 1996년에 태어난 여성은 평균적으로 1896년에 태어난 여성보다 키가 약 8센티미터 더 크다(남성은 그 차이가 10센티미터에 달한다). 사망률 감소에 따라 호모사피엔스는 삶의 속도가 느려졌다. 다른 포유류와 마찬가지로 우리의 성장과 번식, 생존은 모두 연결되어 있다. 우리는 여전히 자연의 법칙을 따른다.

왜 큰 나방은 거의 없을까

나방 역시 생장과 번식, 생존이 모두 연결되어 있지만, 나방은 포유류가 아니다. 그래도 우리는 나방이 다른 모든 유기체처럼 궁극적인 제약에 분투할 것으로 예상한다. 나방 또한 에너지가 한정되어 있으며 다윈적응도를 극대화하기 위해, 즉 미래 세대에 전달할 유전자를 극대화하는 데 그 에너지를 어떻게 사용할지 선택해야 한다. 한편 나방이 생장하고 번식하는 방식은 우리와 매우 다르며, 그들은 우리와 다른 방식으로 죽음을 맞이한다. 이것이 나방의 삶이 포유류와 다른 이론적 경로를 따른다는 의미는 아니다. 단지 균형의 요인과 그 종점이 다를 뿐이다.

나방과 포유류는 삶의 방식에서 일부 유사한 특징을 보인다. 더 큰 나방은 더 큰 알을 낳고, 그 알은 더 큰 애벌레로 부화한다. 더 큰 애벌레는 번데기에서 발달하기까지 시간이 더 오래 걸리고, 더 큰 성체가 되어 우화한다. 그리고 그 성체는 수명이 더 길다. 포유류와 마찬가지로 나방의 생활사에는 작고 빠른 것부터 크고 느린 것들이 늘어서 있다. 고들링나방과 굴벌레큰나방처럼 말이다.

나방과 포유류의 차이점은 번식이 삶의 속도에 맞춰지는 방식에서 드러난다. 포유류의 경우, 삶의 속도가 느리다는 것은 몸집이 큰 소수의 자손을 생산한다는 뜻이다. 반면 삶의 속도가 느린 나방의 경우, 몸집이 큰 자손을 더 많이 생산한다. 소수의 작은 자손과 다수의 큰 자손 사이에서 선택하는 나방의 균형은 이전에 살펴본 고전적인 균형과는 다른 듯 보인다. 코끼리가 수십 마리의 새끼를 낳는다고 상상해보라. 코끼리박각시라는 뜻의 영문명을 가진 주홍박각시Elephant Hawk-moth가 실제로 그런 삶의 방식을 따른다.

그렇다면 왜 나방은 어떤 점에서는 포유류와 유사하고, 또 어떤 점에서는 차이를 보일까? 우리는 아직 답을 확신할 수 없지만, 양육 방식의 차이가 이러한 차이점을 만드는 데 중요한 역할을 하는 것으로 보인다. 한편 삶의 방식이 사망 가능성에 미치는 영향 또한 다르다.

우선 양육 방식을 짚어보도록 하자.

사실 나방은 양육을 위한 노력을 거의 기울이지 않으며, 그 점이 아마 중요할 것이다. 나방은 알에 영양소를 공급하고, 알이 클수록 그 안에 더 많은 영양소를 담을 수 있다. 영양소가 많을수록 그 속에서 발달하는 애벌레에겐 도움이 될 것이다. 마치 포유동물의 임

코끼리박각시라는 뜻의 영문명을 가진 주홍박각시. 삶의 속도가 느린 이 나방은 몸집이 큰 자손을 더 많이 생산한다. 코끼리가 수십 마리의 새끼를 낳는 것과 비슷하다.

신 기간이 길어지는 것처럼 말이다. 알에 영양소를 잘 공급하는 것은 알 속에서 겨울을 보내는 종에게 특히 중요하기 때문에, 이런 종은 일반적으로 생각되는 것보다 더 큰 알을 낳는다.

그러나 대부분의 나방은 알에 영양소를 공급하는 것과 알을 낳을 좋은 장소를 물색하는 것 말고는 양육을 위한 다른 노력을 거의 하지 않는다. 어떤 종은 비행 도중 마치 구식 폭격기처럼 적당한 장소에 알을 흩뿌리며, 낳을 장소를 물색하는 일조차 하지 않는다. 박쥐나방과에 속하는 박쥐나방Swifts이나 유령나방Ghosts이 이러한 전략을 사용하는 예다.

자손을 양육하는 데 큰 노력을 기울이지 않는 경우, 자손을 돌보

구식 폭격기처럼 비행 도중 적당한 장소에 알을 흩뿌리는 박쥐나방(위)과 유령
나방(아래). 이들은 알을 낳을 장소를 물색하는 노력조차 하지 않는다.

기 위해 그 수를 조절할 이유가 없어진다. 이제 큰 자손을 생산하는 것은, 큰 자손을 더 많이 생산할 수 있다는 의미가 된다. 번식의 관점에서는 손해가 전혀 없는 선택인 것이다.

생활사의 다양한 선택에서 양육의 중요성이 발견되는 곤충도 있다. 다시 말해 양육에 노력을 기울이는 곤충도 일부 있다. 유충의 성장을 위해 영양분을 제공한다는 면에서 말이다. 애벌레가 먹을 수 있도록 똥덩어리를 굴리는 쇠똥구리, 새끼를 위해 사체를 찾아 땅에 묻는 송장벌레 등이 그 예다.

송장벌레는 나방 덫에 자주 등장하는 반갑지만은 않은 손님이다. 악취가 심한 것으로 악명이 높으며 흔히 편승응애phoretic mite(운반 진드기. 이들을 떠올리는 것만으로도 머리가 간지러운 기분이다)를 옮기기 때문이다. 그러나 이 송장벌레는 양육에 노력하는 부모이기도 하다. 새끼에게 먹이를 주는 새처럼, 이들은 애벌레에게 먹이기 위해 고기를 먹고 소화한 뒤 토해내기도 한다. 이렇게 자손을 돌보는 곤충도 자손의 크기와 수 사이에서 포유류와 비슷한 균형을 보인다. 이처럼 양육에 쏟는 노력, 또는 양육의 부재는 동물이 생활사에서 선택하는 전략에 중요하다.

크기가 큰 자손을 양육의 책임 없이 생산하는 것은 분명 이점이 있다. 이는 굴벌레큰나방의 예시를 통해 알 수 있다. 하지만 나방 덫에서 내가 마주하는 나방은 대부분 굴벌레큰나방만큼 크지 않다. 오히려 대형 나방보다 소형 나방의 수가 월등히 많다. 그렇다면 왜 대부분의 나방은 코들링나방처럼 작고, 굴벌레큰나방처럼 큰

나방은 거의 없을까?

그 답은 또다시 죽음에 있다.

이미 살펴본 것처럼 새와 박쥐, 딱정벌레 등 다양한 포식자가 나방을 잡아먹는다. 수만 마리의 기생벌과 쥐도 나방을 소비한다. 핵다각체병바이러스처럼 질병을 유발하는 병원체도 나방을 죽음으로 내몬다. 한편 나방의 포식자뿐 아니라 경쟁 또한 나방을 죽음으로 이끈다. 나방은 생존하기 위해 포식자에 대한 온갖 종류의 대응책과 경쟁을 피하는 방법을 발전시켰지만, 중요한 것은 대부분 알을 낳지 못하고 죽음을 맞이한다는 점이다.

이런 상황에서 느긋한 삶은 나방에게는 위험한 전략이다. 자신을 노리는 다른 동물이 이렇듯 많다면 최대한 빨리 생활 주기를 거쳐야 할 것이다. 이는 빠르게 유충 시기를 지나 성충으로 성장한다는 의미다. 그러나 몸집이 크게 생장하는 데는 시간이 걸리기 때문에 빠르게 성숙하기 위해서 나방은 그러한 선택을 포기할 수밖에 없다. 몸집이 작은 성충은 알을 많이 낳을 순 없지만, **어느 정도** 낳을 수는 있을 것이다. 그리고 이렇게 작은 성체는 수명이 짧으므로 최대한 빨리 낳아야 한다. 적어도 알을 많이 낳진 않을 테지만 말이다.

포유류의 경우, 크기와 죽음의 관계에는 양방향의 원인과 결과가 있다. 코끼리는 몸집을 크게 키우는 전략을 통해 포식자에게서 자신을 보호하며, 안전하게 다음 세대를 키우는 데 시간과 노력을 투자한다. 유년기 사망률이 성년기 사망률보다 높을 때 이런 전략이 발전할 것으로 예상할 수 있다. 성체는 자손에게 투자할 시간이 있고, 이를 통해 자손의 생존 기회를 더 높일 수 있다.

이와 달리 나방에게 크기는 자신을 죽음으로부터 보호할 수단이 아니다. 아무리 큰 나방도 새나 박쥐 같은 포유류 포식자에게 손쉬운 먹잇감이다. 물론 큰 나방일수록 거미를 피하기는 쉬울 것이다. 쉽게 거미줄을 뚫고 탈출할 수 있을 테니 말이다. 그러나 거미줄을 빠져나와 쏙독새나 박쥐에게 사냥당한다면 큰 의미는 없을 것이다. 오히려 크기가 클수록 척추동물 포식자의 눈에 더 잘 띄고, 더욱 귀중한 사냥감이 되므로 더 큰 위험에 빠질 가능성이 높다. 따라서 잡아먹히지 않기 위해서는 크기가 작은 편이 나방에게는 더 좋은 전략이다. 크기가 작으면 발견하기도 쉽지 않고, 그리 귀중한 먹잇감도 아닐 테니 말이다. 이는 주행성 나방이 야행성 나방보다 일반적으로 더 작은 이유일 것이다.

또한 크기는 기생충과 바이러스에서 나방을 보호할 수 없다. 참나무솔나방은 큰 나방이지만, 그 큰 애벌레는 마찬가지로 큰 포식기생자인 에니코스필루스 인플렉수스의 희생양이 된다. 핵다각체병바이러스 입자는 애벌레의 먹이에 앉아 애벌레가 소비하기를 기다린다. 크기가 커서 더 많은 먹이를 소비한다면 더 큰 위험에 놓일 것이다.

나방이 몸집을 키우는 데는 또 다른 문제가 있다. 바로 먹이 공급이다. 나방은 먹이를 섭취할 수 있는 시기가 한정적인 경우가 많고, 먹이 섭취에 시간을 투자하기가 불리하다. 코들링나방이 좋은 예다. 코들링나방 애벌레는 늦여름 과일 속으로 파고든다. '벌레 먹은 사과'를 양산하며 과수원을 운영하는 농부들에게는 피해를 주지만 말이다. 사과를 베어 문 뒤에 뭐가 파먹은 듯한 갈색 굴과 애벌레 반쪽을 발견한 적이 있다면, 아마 방금 당신에게 소비된 코들링나방이었을 것이다[구글에서 코들링나방을 검색하면 내가 지붕 테라스에 설치한 것과는 디자인이 매우 다른 나방 덫 광고가 같이 나와 있다(벌레 먹은 사과를 나방 덫 광고에 비유한 것이다—옮긴이)]. 그 과일은 애벌레에겐 세상이다. 적어도 배불리 먹을 때까지는 말이다.

그러나 사과는 오랫동안 집으로 삼을 만한 곳이 아니다. 사과는 과일을 먹는 동물에 의해 씨앗을 퍼뜨리기 위한 목적으로 생성되며, (이상적이라면) 소비되기 전까지 저장 수명이 짧다. 따라서 코들링나방 애벌레는 과일과 함께 소비되지 않도록 재빨리 먹이 활동을 끝내고 빠져나와야 한다. 이러한 제약은 애벌레가 성장할 수 있는 기간과 크기에 걸림돌이 된다. 사과나무 잎을 먹는 겨울물결자나방(참나무 이파리만 먹는 것이 아니다)이나 복숭아굴나방Apple Leaf-miner(영문명에서 알 수 있듯 잎 표면에 살기 때문에 제약이 더 크다)도 이와 비슷한 문제에 마주친다.

식물체 전체가 사과의 과육이나 잎만큼 수명이 짧은 경우도 많다. 내가 런던에서 잡은 '다양한 초본식물'을 먹는 나방들을 기억해보라. 소라쟁이, 쐐기풀, 질경이 같은 초본식물은 생활사 전략에서 빠르게 살아가는 쪽에 속한다. 따라서 초본식물을 먹이로 삼는 나방은 관목과 나무가 초원을 점령하기 전에 번식을 서둘러야 한다.

초본식물은 신속하게 서식지를 확장하며 공간을 점유하지만 경쟁에는 취약하다. 더 크고 성장이 느린 식물이 자라나면 그들은 공간을 잃는다.

이처럼 초본식물은 많은 곤충이 이용하는 흔하고 널리 퍼진 먹이원이지만, 그들의 소비자와 마찬가지로 빠르게 살아가야 하는 생물이다. 따라서 다른 조건이 동일할 때, 초본식물을 먹는 나방이 나무를 먹는 나방보다 작다는 것은 놀라운 일이 아니다. 열매의 경우와 마찬가지로 애벌레는 한정된 시간 내에 빨리 먹이 활동을 해야 하고, 이는 몸집이 커질 시간이 부족하다는 뜻이기 때문이다.

만약 먹이가 오랫동안 공급될 수 있다면 나방에게는 선택의 폭이 넓어진다. 가장 오랫동안 공급되는 먹이는 아마 나무일 것이다. 내구성이 가장 중요하기 때문이다. 나무는 목부를 뼈대 삼아 수십 년에서 수백 년까지 살 수 있다. 애벌레가 나무를 먹는다면 나방은 먹이 공급이 끊길 걱정 없이 시간을 들여 애벌레를 성장시킬 수 있다. 실제로도 성장하는 데 오랜 시간이 걸리곤 하는데, 나무는 신뢰할 수 있는 식량원이지만 나무의 영양소로 살아가기란 쉽지 않기 때문이다.

다양한 종이 부드러운 잎이나 과일을 섭취하고 소화할 수 있다. 심지어 과일은 애초부터 먹히기 위해 **생성되었다**. 반면 나무의 질긴 섬유소를 동물 조직으로 변환시킬 능력을 갖춘 종은 많지 않다. 그것이 가능한 종 또한 성장에 필요한 영양분을 섬유소에서 추출하는 데 오랜 시간이 걸릴 수 있다. 굴벌레큰나방은 이러한 삶의 방식을 터득한 종이다. 굴벌레큰나방의 애벌레가 이 길고 느린 생명 주기를 거쳐 완전히 성장할 때까지는 5년이 걸린다.

나무는 신뢰할 수 있는 먹이원일 뿐만 아니라 그 안에 사는 종을 다른 위험에서 보호해준다. 나무를 죽일 만큼 혹독한 날씨가 아니라면, 악천후는 굴벌레큰나방에게 큰 문제가 되지 않을 것이다. 협식성 포식자specialist가 아닌 일반적인 포식자에게는 굴벌레큰나방을 찾아내 소비하기란 불가능한 일일 것이다. 물론 이런 굴벌레큰나방 애벌레를 찾아내 소비하는 포식기생자가 없는 건 아니다. 맵시벌과에 속하는 스테나렐라 글라디아토르Stenarella gladiator와 리소노타 세토사Lissonota setosa 같은 기생벌은 길고 날카로운 산란관(곤충의 암컷이 알을 낳는 관)으로 나무를 뚫고 애벌레에 구멍을 낸다. 기생파리인 자일로타치나 딜루타Xylotachina diluta의 유충은 먹이를 찾기 위해 굴벌레큰나방 애벌레가 갉아먹어 만든 터널을 따라 기어간다.

위험으로부터 자유로운 삶은 없다. 그렇지만 나무는 굴벌레큰나방이 비교적 안전하게 먹이 활동을 하고 성장에 투자할 시간을 제공해준다. 그 결과 굴벌레큰나방은 크게 성장할 수 있다. 큰 복부에는 더 많은 알을 생산할 공간이 있으며, 성체는 알을 낳을 수 있을 만큼 오래 생존한다. 크기와 개수 둘 다를 충족한 선택이다.

분산 투자의 전략

모든 종은 주어진 시간에 무엇을 할지 결정해야 한다. 모두에게 부과된 제약은 생장과 번식, 생존의 필요성에 따라 서로 얽히고 계획의 방향을 결정한다. 나방 또는 다른 어떤 유기체도 삶의 방식에 정답은 없다. 상황마다 해결책이 다를 수밖에 없다. 그 다양한 답이 나방 덫에서 볼 수 있는 다양한 결과를 만든다.

여기서 중요한 것은 종이 불확실성과 우연의 변덕에 어떻게 반응하느냐다.

우리는 환경적 임의 변동을 살펴보며 이러한 형태를 이미 만나보았다. 건강하고 문제없이 성장하는 개체군조차 실질적으로 멸종 위기 수준까지 또는 그 이상으로 위협할 수 있는 무작위적 변동 요소, 이를테면 날씨나 서식지 가용성 등을 말이다. 메드퍼드에 유입된 최초의 매미나방 개체군은 그 수가 아직 적을 때 악천후를 겪지 않는 행운을 누렸다. 북미 북동부 넓은 지역에 서식하는 지금도 악천후는 도토리 생산량이나 매미나방 개체 수를 조절하는 생쥐 개체 수에 영향을 미쳐, 매미나방 개체군에 긍정적이든 부정적이든 상당한 영향을 준다.

그렇지만 이러한 변동이 환경적인 것만은 아니다. **인구통계학적** demographic 변동일 수도 있다. 탄생과 죽음이라는 근본적인 과정 또한 본질적으로 우연이기 때문에 무작위성이 발생하는 것이다. '일반적인' 환경이라는 개념으로 우리가 중요한 임의 변동의 존재를 간과하듯이, 출생률과 사망률이라는 개념도 이 안에서 우연이 중요한 역할을 한다는 사실을 간과하게 만든다. 불운하게도 예상치 못한 죽음이 발생하거나 우연히 수컷 개체만 출생하거나 하는 인구통계학적 임의 변동 또한 개체군을 멸종위기에 빠뜨리게 할 수 있다. 무엇보다 개체군이 작을 때, 즉 출생과 죽음이 하나하나 중요할 때는 특히 문제가 될 수 있다. 개체군이 클 경우에는 보통 약간의 불운 정도는 감당할 수 있다.

빠른 생활사를 선택하면 이런 인구통계학적 임의 변동의 위험에서 벗어날 수 있다는 장점도 있다. 생활 주기가 빠른 개체군은 일반적으로 낮은 밀도에서 빠르게 증가할 수 있다. 특히 1년에 여러 세대를 거칠 수 있는 종의 경우, 개체 수는 더욱 빠르게 늘어날 수 있다. 개체군이 개체 수가 적은 상태로 소비하는 시간이 적을수록 이러한 변동으로 큰 문제를 겪을 가능성이 줄어든다. 달리 말하면 느린 생활사를 가진 종의 경우에는 개체 수가 적을 때 인구통계학적 임의 변동이 큰 문제가 될 수도 있다는 것이다.

그렇다면 무엇이 개체군의 크기를 작게 만드는 걸까? 주요 원인 중 하나는 환경의 임의 변동으로 야기되는 혹독한 시기다. 빠르게 살아가는 종은 개체 수가 빠르게 증가할 수 있지만, 예컨대 또다시 악천후가 발생해 수명이 짧아진다면 빠르게 사라질 수 있다. 반면 느린 생활사를 가진 종은 더 느리게 접근한다. 이런 개체군은 환경의 단기적인 변화를 극복할 수 있으므로, 좋지 않은 상황을 맞았을 때 개체 수가 급감할 가능성이 작다.

사과나무의 꽃은 봄에 불어닥친 느닷없는 폭풍으로 모두 꺾여버릴 수 있다. 그렇게 되면 가을에 먹이가 없는 코들링나방은 굶어야 할 것이다. 예년과 다르게 추운 봄에는, 나뭇잎 없이 애벌레만 가득한 참나무 숲을 목격할 수도 있다. 그런 봄에는 우리가 이미 본 것처럼 개체 수가 급감할 것이다. 하지만 그러한 봄도 나무 속 깊숙이 파고든 굴벌레큰나방 애벌레에게는 큰 문제가 되지 않는다. 느리게 사는 종은 개체군 크기가 작을 때 인구통계학적 임의 변동에 더 취약할 수 있지만, 우연한 요인으로 낮은 개체 수에 도달할 가능성은 작다.

이처럼 느리게 사는 것은 혹독한 시기를 이겨내 환경 변화를 극복하는 한 가지 방법이다. 또 다른 방법은 여러 군데 투자해 손실에 대비하는 것이다. 다양한 상황에 대한 서로 다른 접근 방식이 다양한 결과로 이어지므로, 혼합된 생활사 전략에 투자하기도 한다. 이러한 투자의 전형적인 예로는 휴면 기간이 긴 종자를 생산하는 식물이 있다. 다윈의 악마가 선택한 전략은 가능한 한 빨리 번식하는 것이지만, 때로는 기다리는 것이 더 유익할 때도 있다. 그래서 일부 식물은 종자에 투자해 예측할 수 없는 미래의 혹독한 시기에 대비한다.

나방 역시 모든 알에 한 번에 투자할 필요는 없다. 실제로 많은 나방이 투자를 분산한다. 암컷 나방은 하나의(또는 적은 수의) 알집에 알을 낳거나, 여러 개의 작은 알집에 알을 낳을 수 있다. 암컷 낡은무늬독나방Vapourer Moth은 날 수 없으며, 단 하나의 고치에 수백

개의 알을 낳는다. 한편 털이 화려한 암컷 나무결재주나방Puss Moth
은 두세 개의 군집에 나누어 알을 낳는다(이 알에서는 어미와 마찬가
지로 화려한 애벌레가 부화한다). 종의 선택은 이 알집이 파괴될 가능
성에 따라 일부 좌우된다. 알집이 부화할 가능성이 작다면, 작고 많
은 알집에 알을 낳는 편이 더 유리할 것이다. 암컷은 서식지를 다
양하게 함으로써 위험성을 줄인다.

　나방은 한 가지 먹이원, 이를테면 한 종의 식물에만 의존하지 않
는 방법으로 위험을 피하기도 한다. 다양한 초본식물을 먹는 수많
은 나방을 떠올려보라. 이렇게 다양한 식물을 먹는다면 어떤 연도
에 특정 식물이 불리한 환경 등으로 잘 자라지 못해도 굶어 죽지
않을 수 있다. 폭넓은 식단은 또한 혹독하고도 잔인한 짧은 수명에
대비할 수 있게 한다. 나방은 성충의 수명이 짧을수록 애벌레의 먹
이 폭이 넓어지는 경향이 있다. 이는 암컷 나방이 주어진 짧은 시간
내에 애벌레의 성장에 적합한 곳에 알을 낳을 수 있게 해준다.

　한편 나방은 식물의 씨앗처럼 시간에 투자하기도 한다. 나방 덫
에는 특정 종의 나방이 몇 주 또는 몇 달에 걸쳐 날아드는 일이 있
다. 성충의 수명이 이보다 훨씬 짧은데도 말이다. 유럽과 북미 고위
도 지역에 서식하는 회색가을물결자나방Autumnal Moth을 예로 들어
보겠다. 이들의 수명은 약 2주에 불과하지만, 종 자체는 약 3개월
에 걸쳐 목격된다. 개체마다 번데기에서 보내는 시간이 한 달에서
최대 석 달로 다르기 때문에 가을 내내 이들의 모습을 목격할 수
있는 것이다. 애벌레가 등장하는 시기를 달리함으로써, 환경적으로

좋지 못한 시기가 우연히 겹치더라도 일부는 살아남을 수 있게 하는 전략이다. 이들 나방이 서식하는 위도 지역에서는 가을 날씨를 예측할 수 없다. 따라서 번데기 상태로 보내는 기간을 다르게 하면 불리한 환경에서 모든 자손을 잃을 위험을 줄일 수 있다.

유카나방Yucca Moth은 이러한 전략의 극단적인 예시다. 유카는 나방을 통해서만 수분이 되는 것으로 잘 알려져 있다. 유카나방이 없으면 유카 씨앗도 생성되지 않는다. 이 유카나방은 수분 매개자로도 유명하지만, 생활사 또한 그 못지않게 주목할 만하다. 유카나방의 애벌레는 완전히 발달한 뒤 유카 열매에서 보통 여름부터 시작해 이듬해 봄까지 휴면 기간을 갖는다. 많은 나방이 겨울이나 다른 혹독한 시기를 견디기 위해 휴면 기간을 갖기 때문에 이는 드문 일이 아니다. 코들링나방도 그런 예에 속한다.

그러나 유카나방 애벌레는 겨울 동안 추위가 이어지는 기간을 경험하지 않는다면, 동면 상태에서 깨지 않고 1년 이상 성숙한 애벌레 상태로 휴면할 수 있다. 만약 적당한 조건, 즉 낮은 온도만 아니라면 10년까지도 휴면 상태를 유지할 수 있는데, 애벌레가 든 씨앗을 실내로 옮겨놓으면 최대 30년까지도 휴면 상태를 유지할 수 있다. 이후에 그 씨앗을 다시 차갑게 하면 그들의 시간은 다시 시작된다. 유카와 유카나방이 서식하는 사막에서 그들은 물 같은 주요 자원이 부족할 때도 오랜 기간 생존할 수 있다. 유카나방은 식물의 종자에 투자함으로써, 식물이 종자에 투자하는 것과 같은 방식으로 이러한 불확실성에 대응하는 것이다.

종이 투자를 분산하는 마지막 방법은, 환경 전체에 종을 널리 퍼뜨리는 것이다. 일부 개체는 한 지역에 머물지만, 다른 개체는 풍요로운 곳을 찾아 날개를 펼친다. 나방의 개체군과 군집에 중대한 영향을 미치는 이 전략에 관해서는 다음 장에서 자세히 살펴보려 한다.

어둠 속의 질서

런던은 나방이 살아가기엔 형편없는 곳일지도 모르지만, 캠던의 옥상 테라스에 덫을 놓으면 다양한 형태의 나방이 여전히 덫으로 날아들 것이다. 물론 대부분이 중간 크기부터 작은 크기에 걸쳐 있고 갈색을 띠는 평범한 형태를 하고 있겠지만, 심지어 런던 도심에도 종종 이러한 경향을 벗어나는 종이 날아든다. 런던의 덫에서 굴벌레큰나방을 마주하고 숨을 삼킬 수는 없겠지만, 톱갈색박각시도 도심 옥상 테라스에서 만나기에는 매우 놀라운 생명체다. 참나무밤나방Oak Beauty, 노란껍데기나방Yellow Shell, 초콜릿버들재주나방 Chocolate Tip, 주홍테불나방, 각진음영밤나방Angle Shades처럼 흔하게 만나볼 수 있는 나방들도 모두 다양한 삶의 방식을 보여준다.

생명의 다양성은 이해하기 어려울 정도로 놀랍고 방대하다. 그래서 질문을 이러한 복잡성의 한 부분으로 축소하는 것 그리고 나방 덫에 날아드는 다양성을 이해하려 하는 것은 여전히 중요한 일

나방은 빛을 쫓지 않는다

이다. 적어도 내 바람으로는, 그 거대한 그림의 작은 조각이 서서히 자리를 찾아가고 있다. 어둠 속에서 질서 같은 것이 모습을 드러내기 시작했다.

지금까지 우리는 세 가지 전제만을 놓고 이야기해왔다. 유기체가 태어나고, 죽고, 그 탄생과 죽음이 다양하지만 자원이 유한한 이 행성에서 일어난다는 것이다. 이렇게 단순해 보이는 진실은 모든 생태학과 진화를 뒷받침하며, 다음에 오는 모든 것의 바탕이 된다.

사망·탄생과 상호작용하여 개체군의 크기를 결정하는 유한한 자원은, 개체가 탄생과 사망 사이에 무엇을 **하는지** 결정하기도 한다. 빠르게 살아내고 일찍 죽음을 맞이하는 것과 느리게 살고 늙어가는 것. 이것은 종이 자신의 자리를 찾아야 하는 생활사의 양극단이다. 코들링나방은 빠르게 살아가는 쪽에, 굴벌레큰나방은 느리게 살아가는 쪽에 자리하고 있다. 종의 위치는 죽기 전 그들에게 허락된 소비의 기회와 그 기회를 성장과 번식에 투자하는 방식에 따라 달라진다. 그 선택은 나방 덫에 걸린 코들링나방과 굴벌레큰나방의 모습으로 우리 눈앞에 나타나고, 그 너머에 존재하는 놀라울 정도의 다양성에 기여한다. 이쯤 되면 언론인이 (보도할 때 등장인물의 ─ 옮긴이) 나이에 집착하는 것처럼 생물학자가 생물의 크기에 집착하는 이유를 이해할 수 있을 것이다.

탄생과 죽음, 유한한 자원은 덫에 날아드는 나방의 다양성을 이해하는 데 유익한 출발점을 제공해주었다. 이를 통해 우리는 개체군 동태의 기반을 이해하고, 덫을 드나드는 나방의 흐름을 설명하며, 종이 저마다 다른 방식으로 살아가는 이유를 설명할 수 있다. 이제 우리는 다음 질문으로 넘어가야 한다. 나방 덫에 특정 종이 많이 등장하는 이유와 그 방법을 설명할 필요가 있다. 왜 우리는 나방 덫에서 어떤 종은 발견하고 또 어떤 종은 전혀 찾아볼 수 없을까? 무엇이 그 수를 결정하는가? 이 질문에 답하기 위해서 우리는 군집생태학을 고려해야 한다.

나방은 빛을 쫓지 않는다

5

모자이크라는 환상

종의 공동체

부유한 자는 성에 있고,
가난한 자는 그 성문에 있네.
하느님께서 그들을 높고 낮게 만드시고,
그 재산을 주셨노라.

세실 프랜시스 알렉산더 Cecil Frances Alexander

나는 다른 사람들보다 늦은 나이에 나방 덫의 즐거움을 발견했지만, 늘 생물을 좋아했다. 말을 떼기도 전부터 교외에 있는 집의 창가에 서서 날아가는 새를 손가락으로 가리켰다고 한다. 내 기억에 나는 아주 어릴 때부터 어떤 삶을 살게 되든 새와 관련된 일을 하고 싶었고, 노력과 행운이 겹쳐 새를 연구하는 직업을 얻을 수 있었다. 그리고 (최근까지는) 학자로서 전 세계의 멋진 장소를 다니며 들새를 관찰하는 큰 행운을 누릴 수 있었다. 마음을 모두 비워내고 자연에서 소리와 풍경, 냄새만을 온전히 받아들이는 것은 명상과 치유와도 같았다.

지난 1년간(나는 2021년 런던에서 이 글을 쓰고 있다) 우리는 많은 것을 배웠지만, 생태학자의 관점에서 내게 가장 긍정적이었던 것은 자연을 더 소중히 여기게 되었다는 점이다. 많은 사람이 코로나19 규정으로 이동이 제한되었으며, (집이 있는 운 좋은 사람들에게) 집과 정원과 공원은 한동안 세상의 전부가 되었다. 한편 인구의 통행량이 크게 줄어들면서 자연은 우리가 일반적으로 독점하던 공간을 잠시나마 되찾을 기회를 얻었고, 우리는 이를 체감할 수 있었다. 우리가 집에 갇혀 있는 동안 더욱 대담해진 야생동물들을 보고 들으면서 본능적이고 자연스러운 동물의 아름다움을 깨달을 수 있었다. 어두웠던 이 한 해에 자연은 한 줄기 빛이 되었고, 인간은 그 자연과 연결되었다.

나방 포획은 자연을 수동적으로 관찰하는 것이 아니라 적극적으로 우리 곁으로 가져오게 함으로써 이 연결을 더 단단히 하는 하나의 방법이다. 나방 덫은 영국에서 봉쇄 기간에 단절을 해소하는 수단으로 급성장한 취미다. 나비보호자선단체의 조이 랜들 박사Dr. Zoë Randle에 따르면 2020년 데번 나방 그룹Devon Moth Group에 제출된 기록이 62퍼센트 증가했으며, 제출자 수는 72퍼센트 증가했다.[8] 나방에 관심을 두는 사람이 매우 많아졌다는 것을 알 수 있다. 이 연약하고 덧없는 생물을 잡는 일이 얼마나 큰 기쁨을 안겨주는지는 나 역시 아주 잘 안다.

우리는 바이러스부터 고래에 이르기까지 매우 다양한 종과 이 세상을 공유하지만, 모든 그룹이 아마추어 동식물 연구자에게 똑같이 매력적으로 다가오는 것은 아니다. 그중 가장 인기가 많은 동물은 새로, 많은 사람의 꾸준한 관심을 받아왔다. 영국왕립조류보호협회Royal Society for the Protection of Birds, RSPB의 회원 수는 영국의 주요 정당 3개를 합친 인원보다 많다. 영국에서는 주택을 소유한 사람 중 절반 이상이 정원의 새를 위해 먹이를 내놓는다. 희귀 조류 탐조가 수천 명은 길을 잃고 우연히 나타나는 희귀한 새를 보기

나방은 빛을 쫓지 않는다 🦋

위해 (봉쇄 규정이 허용하는 한) 차 또는 배를 몰거나 수백 마일을 날아 여행한다(그리고 이것은 영국에서만 벌어지는 일이 아니다). 나도 때때로 그런 여행을 떠나곤 한다. 이처럼 새는 가장 많은 관심을 받는 동물이지만, 나비와 잠자리, 벌, 포유류, 식물 그리고 나방 같은 동물도 높은 관심을 차지한다.

이러한 동물들이 야생동물 관찰자들에게서 가장 많은 관심을 받는 이유에는 다양한 요인이 얽혀 있다. 우선, 사람들의 관심을 끌려면 동정이나 기록이 가능하게끔 눈에 잘 띄어야 한다(대부분의 아마추어 동식물 연구가는 목록을 작성하고 싶은 본능이 강하다). 또한 전문 장비나 교육 없이, 이를테면 저렴하고 쓰임새가 많은 쌍안경 등으로 관찰할 수 있다면 더욱 좋다. 사람들의 관심을 끌 수 있을 만큼 다양성이 충분해야 하지만, **너무** 많지는 않은 편이 낫다. 종의 수가 너무 적으면 쉽게 흥미를 잃을 수 있고(영국에 자생하는 파충류 6종이나 양서류 8종은 목록을 작성하려는 연구가에게 큰 관심을 끌지 못한다), 너무 많으면 수를 추적하기가 힘들기 때문이다(기생벌을 기록하는 아마추어 연구가는 거의 없다). 마지막으로, 전문 장비나 훈련 없이도 종을 동정할 수 있어야 한다. 휴대용 도감이 있고 종을 동정할 수 있다면 좋지만, 그게 너무 쉬워도 안 된다. 흥미를 유발할 만큼 동정이 쉬운 종, 쌓이는 기술을 시험할 수 있을 만큼 어느 정도 난이도가 있는 종, 도전 정신을 자극할 만큼 동정의 난이도가 높은 종이 있다면 가장 이상적이다.

너무 쉬우면 재미가 없을 것이다.

새는 이러한 기준에 가장 적합하며, 야생동물 관찰자 사이에서 이들이 큰 인기를 끄는 이유를 설명해준다. 그렇지만 나방도 마찬가지다. 적어도 대형 나방은 말이다. 그래서인지 새를 관찰하는 많은 사람은 나방도 함께 관찰한다. 대형 나방은 전구를 이용하는 덫과 돋보기를 사용해 (지속적인 비용 없이) 쉽게 관찰할 수 있다.

나방을 관찰하는 이들은 전 세계에 퍼져 있지만, 영국은 특히 이러한 취미를 즐기기에 비옥한 땅이다. 영국에는 약 900종의 나방이 서식한다. 수년간 기록하기에 충분히 많으면서도 모든 종을 직접 기록하는 것이 불가능한 수는 아니다. 나방은 어디에서나 찾을 수 있으므로 런던의 옥상 테라스도 나방 관찰을 시작하기에 적합한 장소다. 한편 일부 종은 특정 서식지나 위치에만 서식하므로 휴가를 이용해 나방 덫을 들고 새로운 장소를 여행할 좋은 계기가 된다. 그리고 영국에 서식하는 모든 종의 멋진 그림과 사진, 활동기와 서식지에 관한 설명이 담긴 훌륭한 도감도 있다. 일부 나방은 손쉽게 동정할 수 있다. 둥근무늬재주나방을 처음 발견하고 동정하기는 그리 어렵지 않을 것이다. 동정이 쉽지 않은 종 또한 얼마든지 있다.

나방을 동정하기 어려워 그것이 나방의 이름이 된 경우도 있다. 영국에는 '추정Suspected'이라는 이름의 나방이 있다(국명은 버들회색밤나방이다—옮긴이). '혼란스러움Confused'이라는 이름의 나방도 있다(물론 혼란스러운 것은 우리 인간이다. 이 나방은 아무런 혼란 없이 잘 살 것이다). 그리고 내가 처음 런던에서 나방 덫을 놓았을 때 마주했던 아무르밤나방Uncertain이 있다. 아마도 그 나방이 맞았을 것이다.

영국에서 나비목을 연구하는 학자들은 오랫동안 이 '불확실함Uncertain'의 도전을 받아왔다. 이 나방의 국명은 아무르밤나방으로, 엄지손톱만 한 크기의 전형적인 밤나방과 나방이다. 앉아서 쉴 때는 앞날개가 더블버튼 양복처럼 서로 겹쳐 있다. 보통 밝은 갈색을 띠며, 앞날개에는 어두운 갈색에 흰색 테두리를 두른 타원형과 콩팥 모양의 무늬가 있고, 앞에서 뒤쪽 가장자리까지 이어지는 어두운 갈색 가로선 세 개가 있다.

문제는, 이러한 설명이 영국에 서식하는 유사종인 러스틱Rustic에게도 똑같이 적용된다는 점이다. 러스틱의 앞날개는 조금 더 매끄럽고 반짝이며, 가로선은 약간 더 흐릿하다. 그리고 날개 무늬는 앞날개의 배경색에 조금 더 가깝다. 그러나 이는 깨끗한 표본을 비교했을 경우다. 약간의 마모로 앞날개가 거칠어지면 가로선이나 무늬와의 대비가 흐려질 수 있다. 그런 경우, 이 두 나방을 구별하기는 더욱 불확실해진다. 생식기 해부를 거치지 않는다면 말이다. 심지어 깨끗한 표본마저 눈으로만 동정하기가 쉽지 않다. 나도 처음 이 나방을 마주했을 때는 트위터(현재는 '엑스X'―옮긴이)에 로그인해 @MOTHIDUK에 도움을 청했다.

아무르밤나방과 유사한 종이 하나 있다는 것만으로도 충분히 혼란스러운데, 최근에는 바인스러스틱Vine's Rustic이라는 종까지 더해졌다.

아무르밤나방(위 왼쪽, 추정)과 바인스러스틱(위 오른쪽) 그리고 러스틱(아래)은 거의 똑같이 생겼다. 먹이 식물과 생활 방식도 매우 동일해 보인다. 이토록 유사한데 어떻게 한 지역에서 공존할 수 있는 걸까?

바인스러스틱이라는 나방은 아무르밤나방·러스틱과 털이 매우 비슷하다. 바인스러스틱은 다른 두 종에 견주어 전체적으로 회색 빛이 더 돌고, 외관이 더 분필 같은 느낌이 들며, 타원형 콩팥 무늬는 조금 더 크고, 앞날개의 앞 가장자리가 좀 더 똑바르다. 차이점이 아주 미묘하다. 바인스러스틱은 20세기 초 영국 남부에 서식하기 시작한 종으로, 그전까지는 영국에서 나방을 기록하는 사람들에게 어려움을 주지 않았다. 일단 확고한 서식지를 마련한 이들은 빠르게 퍼져나갔고, 지금은 영국 서해안의 브리스틀해협과 동부의 와시만The Wash을 연결하는 선을 기준으로 남쪽에서 널리 발생한다. 런던의 내 나방 덫에서는 아무르밤나방보다 바인스러스틱이 더 많이 발견되고, 데번에서는 그 반대다. 덫에 이 두 종이 함께 등장하면 적어도 이들을 분리하는 데는 도움이 된다.

가장 깊은 수수께끼

동정에 어려움을 주는 아무르밤나방과 러스틱, 바인스러스틱은 공존과 관련된 문제도 야기한다.

나는 데번의 덫에서 세 종을 모두 포획할 수 있었는데, 그중 두 종은 런던의 옥상 테라스에서 흔하게 만나볼 수 있는 종이다(아직 러스틱은 포획하지 못했다). 이 세 종은 거의 똑같이 생겼다. 과연 포식자가 그들을 색이나 무늬로 구별할 수 있을지조차 의문이다. 생활 방식 또한 모두 동일한 것으로 보인다. 이들 세 나방은 다양한 저지대에 서식한다. 세 종 모두 한여름부터 가을까지 애벌레 상태로 먹이를 찾아 나서며, 우리에게는 이제 익숙한 '다양한 초본식물'을 먹이로 삼는다. 휴대용 도감에는 아무르밤나방의 먹이로 별꽃, 소라쟁이, 광대나물속 식물과 앵초가, 러스틱의 먹이로는 별꽃, 소라쟁이, 질경이가, 바인스러스틱의 먹이로는 소라쟁이, 민들레, 가시상추, 앵초가 나열되어 있다. 모두 애벌레 상태로 겨울을 나다가 봄에 땅속 고치에서 번데기가 된다. 성충의 활동 시기 또한 겹친다(바인스러스틱은 좀 더 이른 시기에 활동하는 경향이 있지만, 늦은 가을까지도 활동한다).

이토록 유사한 나방 세 종은(관심이 있다면 생식기를 해부해 구별할 수 있다. 이들은 실제로 동일하지 않으며, 고유한 생식기가 있어 종간 교배가 불가능하다!) 어떻게 거의 같은 생활 방식으로 한 지역에서 공존할 수 있는 걸까? 생태계 군집의 구성을 결정하는 요인이 과연 무엇인가는 생태학자에게 가장 근본적인 수수께끼다.

테세우스의 배

군집을 이해하는 것, 즉 자연이 군집을 어떻게 구성하는지 이해하는 것은 생태학의 기준에서도 쉽지 않다. 우선, '생태군집'이란 **대체** 무엇인가?

나방은 빛을 쫓지 않는다

겉으로 보기엔 그리 어려운 질문이 아니지만, 우리가 사용할 수 있는 정의는 다양하다. 가장 일반적인 정의는, 군집이란 주어진 기간 동안 주어진 지역에 서식하는 살아 있는 유기체의 집단이라는 것이다. 이는 개체군의 정의와 비슷해 보인다. 그러나 개체군은 개체의 군이지만, 군집은 종의 공동체라는 점이 다르다. 우리는 생태학적 복잡성의 수준을 한 단계 끌어올렸다.

그러나 어떤 생태학자도 한 지역의 **모든** 개체군을 고려하지는 않는다. 아주 작은 지역을 조사하는 것이 아닌 이상 너무 벅찬 작업일 테니 말이다. 따라서 우리는 일반적으로 식물이나 새, 또는 나방 같은 특정 분류군의 개체군에 초점을 맞춘다. 그러나 이런 특정 분류군의 군집 구조조차 이해하기가 쉽지 않다. 특정 분류군을 떼어놓고 들여다본다 해도, 우리가 관심을 둔 종은 다른 종과 상호작용해 그들을 끌어들인다. 나방을 살펴볼 때 포식자나 먹이까지 함께 살펴볼 수밖에 없는 것처럼 말이다. 이를 보여주듯 생태학의 일부 정의는 상호작용을 명시한다. 그리고 군집의 다른 정의 역시 개체군 간의 상호작용을 명시하기도 한다.

생태학자는 군집을 설명할 때, 개체군의 경우와 마찬가지로 주로 우리의 편의를 위해 공간과 시간을 제한한다. 이때 상호작용하는 다수의 유기체 집합 또는 군집을 포함하기 위해, 제한되는 영역이 너무 작거나 크면 안 된다. 우리는 이에 따라 발생할 다양한 문제를 이미 예상할 수 있다. 정의에 따르면, 군집은 주어진 영역에 서식하는 개체군의 집합이다. 그렇다면 그 주어진 영역은 어떻게 다양한 개체군을 포함할 수 있을까? 군집은 우연히 공존하는 유기체의 집합일까, 아니면 그들을 하나로 연결하는 더 깊고 근본적인 통합성이 있는 걸까? 이러한 질문은 군집이 구성되는 방법을 둘러싼 논쟁의 핵심이다. 이에 관해서는 곧 살펴보도록 하겠다.

시간과 관련해서도 비슷한 문제가 발생한다. 어떤 종을 연구하려면 적절한 기간을 정해야 하는데, 이 기간은 어떻게 결정되는 걸까? 군집도 개체군과 마찬가지로 역동적인 집합이지만, 그 구성원을 변경하는 것은 더 문제가 된다. 바인스러스틱이 영국에 유입된 것처럼, 시간이 지남에 따라 지역에 서식하는 종은 자연스레 변화한다. 하지만 군집의 구성원이 얼마나 바뀌어야 이를 다른 군집으로 정의할 수 있을까? 이는 생태학의 '테세우스의 배'(그리스 신화에 등장하는 역설로, 배를 타고 탈출한 영웅 테세우스의 전설을 기념하기 위한 테세우스의 배에 대해 "배의 판자를 떼어내 교체해서 본래 배의 조각이 전혀 남지 않았을 때도 그 배를 테세우스의 배라고 할 수 있을까"를 둘러싼 사고실험을 뜻한다―옮긴이)와 같다.

우리가 이해하고자 하는 군집의 주요 특징을 살펴보려 할 때, 생태학자들이 직면한 어려움을 체감할 수 있다. 생태군집은 다양한 측면으로 연구할 수 있지만, 가장 기본적이고 포괄적인 다음의 세 가지 질문이 핵심이다. 얼마나 많은 종이 함께 살 수 있는가? 그들은 어떤 종인가? 군집에서 각각의 종은 얼마나 흔한가, 또는 그들의 **상대적 풍부도**는 어떠한가? 우리는 나방 덫에 등장하는 종이 제공하는 정보로 이러한 질문을 더 자세히 살펴볼 수 있다.

나방은 빛을 쫓지 않는다 🦋

최선의 추정

첫 번째 질문부터 시작해보자. 런던 옥상 테라스 주변의 나방 군집에는 얼마나 많은 종이 함께 서식하고 있을까? 나는 대형 나방과 소형 나방을 포함해 총 245종의 나방을 포획했다. 그렇다면 런던에는 총 245종의 나방이 서식하고 있을까?

아마 아닐 것이다.

나는 245종을 포획했지만, 이것이 군집의 전부라고 생각하지는 않는다. 나는 단지 몇 년 동안 나방 덫을 운용했을 뿐이다. 내가 포획한 것은 군집의 한 **표본**에 불과하다. 그리고 그 표본이 얼마나 완전한지는 모른다. 여기서 첫 번째 문제가 등장한다. 군집에 몇 개의 종이 존재하는지 알지 못한다면, 군집에 얼마나 많은 종이 공존할 수 있는지 어떻게 이해할 수 있단 말인가?!

우리의 최선은 그 수를 **추정**하는 것이다. 이 수를 추정하는 방법만 다루는 책이 있을 만큼, 그 방법은 하나가 아닐뿐더러 간단치 않다는 사실이 놀랍지는 않을 것이다. 우리는 보통 시간이 지나면서 포획되는 종의 수가 얼마나 증가했는지 조사해 전체적인 수를 추정한다. 군집의 표본을 처음 수집할 때는 많은 종을 빠르게 포획할 수 있지만, 시간이 지날수록 수확 체감의 법칙law of diminishing returns에 따라 새로운 종을 포획하는 빈도는 점점 감소한다. 우리는 시간이 흐를수록(더 정확하게는 표본의 수가 증가함에 따라) 축적되는 종의 수를 토대로 더 이상 새로운 종이 포획되지 않는 시점을 예측할 수 있다. 이것이 군집의 종 풍부도에 대한 최선의 추정치다. 런던의 나방 덫에 몇 가지 통계적 방법을 적용하면, 약 340~350종에 이르렀을 때 더는 새로운 종을 포획하지 못할 것으로 추정된다. 데번의 정원에서 포획한 표본으로 추정해보면 약 390~410종이 추산된다.

실제 수가 아닌 추정치를 비교하는 것은 합리적으로 보인다. 나는 데번보다 런던에서 더 오랫동안 나방 덫을 놓았는데(런던에서는 204일, 데번에서는 139일 밤 동안 덫을 놓았다), 데번에서 지금까지 326종을 포획하며 더 많은 종의 나방을 잡았다. 나는 런던보다 데번에서 더 많은 종을 포획할 수 있다고 생각하는데, 이는 통계 추정치와도 일치하는 결과다. 불행히도 정확한 수는 알 수 없다. 물론 계속해서 덫을 놓아 그 수를 추적할 수 있겠지만, 여기서 시간이 그 추악한 머리를 들이민다.

군집은 시간이 지날수록 변화한다. 우리는 다양한 근거로 군집의 변화를 기대할 수 있다. 2장에서 살펴본 내용을 떠올려보라. 환경오염으로 도시의 지의류가 죽고 하인나방이 자취를 감췄다. 이후 대기오염 방지법 덕분에 대기질이 회복되자 지의류와 하인나방은 다시 모습을 드러냈다. 더 장기적으로 이야기해보자면, 영국은 불과 1만 2000년 전만 해도 대부분 얼음으로 덮여 있었다. 템스강 강둑의 나방 군집은 그 뒤로 많이 변했을 것이다. 캠던의 나방 군집을 아주 오랫동안 포획한다면, 이들은 절대 '하나의' 군집이 아닐 것이다.

실제로 캠던(또는 데번이나 다른 곳)의 정확한 종의 수는 중요하지 않다. 이 우주에서 표본을 조사할 때는 언제나 다소의 오류가 예상되기 때문이다(심지어 물리학자도 말이다). 중요한 것은 상대적인 수, 즉 일반적인 양상이다. 우리가 설명할 것은, 런던에 서식하는 나방의 수가 데번에 서식하는 나방의 수보다 적은 이유다. 물론 그런 질문에 답하기 위해서는 두 개 이상의 위치에서 조사해 비교할 필요가 있다.

흔할수록 드물다?

그렇다면 런던의 옥상 테라스 주변 나방 군집의 상대적 풍부도는 어떨까? 다른 말로, 내가 잡은 개체는 내가 잡은 종 사이에 어떻게 분포되어 있을까? 어떤 종은 흔하고 어떤 종은 희귀한 걸까, 아니면 모든 종의 풍부도가 비슷할까? 이 질문에 답하기 전에, 나방 덫은 군집 자체가 아닌 군집의 표본을 보여준다는 사실을 다시 한번 기억해야 한다.

개체가 종 사이에 어떻게 분포되어 있는지에 관한 연구(**종 풍부도 분포**species abundance distributions로 알려져 있다)는 나방으로부터 큰 영향을 받았다. 정확히는, 우연한 기회로 영국 남부의 작은 마을 하펀던Harpenden에 있는 로텀스테드실험연구소Rothamsted Experimental Research Station에서 10대 시절을 보낸 곤충학자 C. B. 윌리엄스C. B.

Williams가 운용한 나방 덫으로부터 말이다. 그의 친구들에 따르면, 그는 생물 다양성에 나타나는 통계적 양상에 관심이 있었던 것으로 보인다. 나방 덫의 풍부도는 마치 불꽃처럼 그의 관심을 끌었을 것이다. 당시 로딤스테드실험연구소에는 뛰어난 통계학자(그러나 부끄러움을 모르는 우생학자)인 로널드 피셔Ronald Aylmer Fisher도 근무하고 있었다. 윌리엄스는 피셔에게 나방 덫 기록을 가져갔다. 종 풍부도에 관한 그들의 공동 연구(공동 집필자에는 대영박물관의 나비목 학자 스티븐 코베트Steven Corbett도 포함된다)는 종 풍부도 분포 연구의 기초가 되었다 해도 과언이 아닐 것이다.[*]

윌리엄스가 기록한 나방에는 두 가지 주요한 특징이 있었다. 우선 가장 희귀한 개체군, 즉 같은 종의 나방이 한 마리만 포획된 경우가 가장 빈번했다. 한 마리의 개체가 종을 대변하는 경우가 가장 많았던 것이다. 그리고 포획된 나방이 두 마리, 세 마리 등으로 점점 많아질수록 기록되는 종의 수가 점점 줄었다. 종의 수와 개체 수를 그래프로 그려 점을 연결하면, 하나의 개체만 포획된 경우에는 정점에 이른 뒤 뒤로 갈수록 부드럽게 곡선을 그리며 쇠퇴하는 양상이 나타난다(뒤집은 J자 모양). 이 양상을 바탕으로 피셔는 종의

---

[*] 그렇지만 이것이 처음은 아니다. 이사오 모토무라Isao Motomura가 이 주제에 관해 작성한 논문은, 과학의 공용어인 영어가 아닌 모토무라의 모국어인 일본어로 작성되어 큰 관심을 받지 못했다. 지금은 그의 작업이 논의의 대상이 되었지만, 그가 제안한 종 풍부도 분포 모델은 (피셔의 로그 급수와 마찬가지로) 현실을 잘 설명하는 것으로 여겨지지는 않는다.

수와 개체 수 사이의 통계적 관계를 로그 급수log-series로 설명했다. 로그 급수 분포에서 개체의 수가 2마리, 3마리, 4마리 등인 종의 수는 개체가 1마리인 종의 수보다 비율이 더 낮다.

로그 급수 모델은 개체가 종에 분포되는 규칙성을 설명하고 보여준다. 대부분의 종은 개체 수가 매우 적으며, 흔한 종은 거의 없다. 이는 생물 다양성의 양상을 이해하는 역사에서 흥미로운 발전이었다. 그러나 가장 흔하게 보이는 종이 가장 드물다는 주장은 많은 논쟁을 불러일으켰다.

윌리엄스의 나방 기록에서 가장 자주 보이는 종은 포획된 개체 수가 한 마리인 종이었다. 데번과 런던의 나방 덫에서 내가 기록한 나방 또한 마찬가지다. 그러나 물론 대부분의 종은 개체가 한 마리 이상일 것이다. 나방 덫은 군집의 표본을 보여줄 뿐 그 군집 자체를 보여주는 것은 아니니 말이다. 계속 덫을 놓아 나방을 포획하면, 한 마리의 개체만 잡혔던 종도 점점 더 많이 덫에 모습을 드러낼 것이다. 윌리엄스의 기록에서는 실제로 이러한 양상이 나타났다. 또한 앞서 살펴보았듯, 잡을 수 없으리라 예상된 매우 희귀한 종도 포획할 수 있을 것이다. 언젠가 모든 종을 포획하면, 우리는 매우 흔한 종과 수많은 희귀한 종 그리고 그 사이 어디쯤에 있는 대부분의 종을 발견할 수 있을 것이다. 대부분의 종은 흔하지 않다(그러나 대부분의 개체는 흔한 종에 속한다). 이를테면 영국의 새처럼 우리가 군집의 전체를 파악하고 있는 경우에도 이런 현상을 볼 수 있다.

군집의 표본이 점점 커질수록 종 풍부도 분포의 양상은 조금씩 모습을 드러낸다. 그리고 조금씩 조금씩 본모습에 가까워진다. 그렇지만 실제로는 그 모습을 볼 수 없다. 심지어 영국의 조류 개체수 역시 추정치에 불과하다. 실체를 볼 수 없다는 사실은, 생태학자가 주로 보이지 않는 개체에 대한 가정을 토대로 그 실체에 관해 논쟁하는 데 큰 노력을 기울이게 만들며, 개체가 종에 분포되는 방법을 설명하는 다양한 모형을 옹호하게 한다. 이들 모형은 현실 세계에서 풍부도를 결정하는 다양한 메커니즘을 보여주는데, 여기서도 진실은 가려져 있다.

그러나 지금은 어떤 종은 흔하고, 어떤 종은 희귀하며, 대부분 종은 그 사이 어디쯤에 있다는 결론을 아는 것만으로 충분하다. 그 위치가 **정확히** 어디인지는 군집마다 큰 차이를 보인다.

군집생태학자는 얼마나 많은 종이 있는지 모르지만 종의 수를 설명하려 하고, 얼마나 많은 종이나 개체가 있는지 모르지만 종의 풍부도를 설명하려고 애쓴다. 그렇다면 어떤 종이 군집에 공존할 수 있을까? 존재하는 모든 종을 알지 못하는데, 이 질문에 답하는 것 또한 쉽지 않을 게 뻔하다. 기록되지 않은 종의 **수**를 추정하는 것은 상대적으로 쉬운 일이지만, 정확히 **어떤 종**이 누락되었는지를 설명하는 것은 훨씬 어려운 일이다. 하지만 다행히도 우리는 기록되지 않은 종이 상대적으로 희귀했을 것이며, 생태학적 영향력이 크지 않았을 것으로 추정할 수 있다.

종은 중립적이지 않다

지금까지 나는 생태군집이 이해하기 쉽지 않다는 점을 충분히 강조했다. 변명은 이만하면 충분할 것이다. 그렇다면 군집의 구성을 결정하는 것은 **무엇일까?**

이미 예상했겠지만, 그 대답은 복잡하다.

먼저, 유사한 종이 환경을 공유하는 경우 종간경쟁을 다시 떠올려보자. 우리는 로트카와 볼테라의 모델을 통해 한 쌍의 종이 종간경쟁에서 승리 또는 패배하거나 비길 수 있음을 보았다. 군집에 공존하는 여러 종의 관점에서 중요한 것은 종이 경쟁에서 비긴 상황이다. 우리는 종간경쟁보다 종내경쟁이 더 중요할 때 경쟁자가 공존할 수 있음을 살펴보았다. 종은 일반적으로 경쟁자가 약한 환경에서 생존하므로, 종간경쟁보다 동종 간의 경쟁이 더 치열하다. 이는 경쟁하는 개체군 쌍의 경우에도 마찬가지이며, 더 넓은 범위에까지 적용된다. 종이 자신의 위치에서 경쟁자보다 뛰어난 면이 있다면, 그 경쟁자와 함께 군집을 이룰 수 있을 것이다.

이처럼 종이 공존하기 위해서는 동종 사이의 경쟁이 종간경쟁보다 치열해야 하는데, 여기에는 두 가지 이유가 있다. 종내경쟁이 활발하면 어떤 이유, 이를테면 혹독한 날씨 등으로 개체 수가 급감했을 때 종은 개체 수를 회복할 수 있다. 종간경쟁이 더 치열할 경우에는 이렇게 회복할 기회가 없을 것이다. 경쟁자는 종이 약해진 기회를 바짝 밀어붙일 테니 말이다. 한편 종내경쟁이 활발하다는 것은 종 스스로 자신의 개체 수를 통제한다는 뜻이다. 이는 개체 수가 급증해 다른 종을 밀어내는 것을 막는다. 이처럼 종내경쟁의 심화는 공동체를 **안정화**한다.

군집에 먹이가 포함되어 있다면 소비자도 군집을 안정화할 수 있다. 먹이 특이성을 지닌 포식자는 강력한 경쟁자가 될 종의 개체 수를 억제할 수 있다. 우리는 이를 생물적 방제에 활용한다. 호주에 도입된 선인장명나방Cactoblastis cactorum은 자생종을 위협하는 엄청난 양의 가시선인장prickly pear 잎을 먹는다. 3장에서 만난 쥐 같은 범식포식자 역시 특정 종을 주로 먹을 경우 동일한 효과를 가져올 수 있다. 이는 어느 한 종이 지나치게 흔해지는 것을 방지하지만, 개체 수를 너무 낮은 수준으로 떨어뜨려 종에 휴지기를 가져올 수도 있다.

종의 생활 방식에 관해 생각해볼 수 있는 한 가지 방법은 그들의 생태적 지위를 고려하는 것이다. 우리는 이 개념을 앞에서 만나보았다. 그때 나는 생태적 지위를 종이 살아가기 위해 필요한 일련의 조건으로 정의했지만, 이것은 '군집에서 유기체의 역할, 특히 먹이 소비와 관련된 생태학적 역할'을 뜻하는 일반적인 용어로 굳어졌다. 생태적 지위에 관한 이렇듯 좀 더 정돈된 관점은, 종이 다른 종과 공존하기 위해 가장 잘하는 무언가가 있어야 한다는 우리의 생각과 잘 들어맞는다.

그렇다면 우리는 군집을 각각 고유한 삶의 방식을 가진 종의 집합으로 생각할 수 있다. 나는 이를 생각할 때마다 조지아 마을

Georgian village 그림을 떠올리곤 한다. 가게 주인, 지배인, 의사, 편자공 모두 자신만의 정해진 역할을 맡아 수행하는 마을 말이다. 이 그림은 모든 사람이 자신의 위치를 잘 알고 있는 결정론적 질서를 보여준다. 이렇게 **생태적 지위에 따라 구조화한** 모형은 군집의 고전적인 관점이다.

그런데 이런 마을이 실제로 존재한 적이 있을까? 아마 없을 것이다. 그림 같은 겉모습 아래에는 항상 긴장감이 팽배했을 것이다. 생태군집을 질서정연한 모자이크식 생태적 지위의 집합으로 보는 개념은 더 지저분하고 복잡한 현실을 가린다. 우리가 보통 이해하는 생태적 지위는 종이 실제로 실현한 **실제** 생태적 지위realised niche다. 즉 종이 다른 종과 상호작용할 때 사용할 수 있는 자원의 집합이라는 뜻이다. 사실 우리가 관찰하는 종의 행동 가운데 미리 정해진 부분은 그리 많지 않으며, 종은 다만 실용적으로 얻을 수 있는 위치를 차지한다. 아무르밤나방의 경우, 실제 생태적 지위에는 생명주기를 완료할 수 있는 다양한 먹이 식물부터 유럽과 몽골, 한국에 이르는 광범위한 유라시아 지역의 서식지 환경까지 포함된다.

모든 경쟁자와 포식자에 맞서는 상황에서 이것이 바로 종이 하는 일이다. 종은 아주 많은 일을 한다. 그렇지만 종이 아무런 제약 없이 지속할 수 있다면 결과가 **어떨지** 우리는 알지 못한다. 경쟁이나 그 밖의 부정적인 상호작용이 없을 때 이론적으로 활용할 수 있는 일련의 자원을 **기본** 생태적 지위fundamental niche라고 한다.

많은 종이, 또는 대부분의 종이 우리가 실제로 보는 것보다 군집에서 더 많은 것을 차지할 수 있는 잠재력을 지녔다. 상호작용은 그 잠재력을 제한한다. 2장에서는 겨울물결자나방 등 참나무 잎을 먹는 나방 때문에, 나뭇잎으로 숨을 곳을 만드는 다른 나방 애벌레가 여름에 생활하게 된 경우를 살펴보았다. 포식자나 포식기생자가 종의 이득을 위해 다른 종을 죽이는 것처럼 경쟁이 **명백한** 형태로 드러나는 경우도 있다. 생태적 지위가 완벽하게 겹치지 않는 한, 즉 기본 생태적 지위가 일부 실현되는 한 종은 군집에서 지속될 수 있다.

그렇다면 생태적 지위는 얼마나 달라야 할까? 반대로, 어느 정도까지 겹칠 수 있는 걸까?

완전히 동일한 자원을 놓고 경쟁하는 두 종을 상상해보자. 기본 생태적 지위가 동일한 두 종 가운데 한 종이 훨씬 나은 경쟁자라면 그 종은 경쟁에서 승리할 것이고, 다른 종은 멸종할 것이다. 실현된 생태적 지위가 전혀 없는 것이다. 경쟁에 취약한 종이 있다면, 경쟁자와는 판이한 생태적 지위가 필요하다. 그렇지 않으면 빠르게 경쟁에서 도태될 테니 말이다. 하지만 두 종의 경쟁력이 비슷한 수준일 경우에는 이 차이가 덜 중요해진다. 동등한 자원을 두고 경쟁할 때도 두 종 모두 자기 몫을 챙길 수 있다. 따라서 종은 어느 정도 다른 위치에 있거나(안정화), 경쟁력 수준이 어느 정도 비슷해짐으로써(**평등화**equalisation) 군집에서 공존할 수 있다. 종간경쟁력의 차이가 확연할수록 공존을 위해서는 생태적 지위의 차이가 커야 한다.

생태군집을 생태적 지위에 의한 구조로 바라보면 안정화가 해답

나방은 빛을 쫓지 않는다

인 듯 보인다. 종이 공존하기 위해서는 생태적 지위가 달라야 한다. 그러나 평등화가 해답일 수도 있다. **중립설**Neutral Theory의 관점에 따르면 모든 종은 동등하다. 즉 경쟁력이 동등하며, 기본 생태적 지위가 동일하다. 이설異說처럼 들리는 관점이다.[*]

중립설이 사실이라면, 군집은 생태학적으로 동등한 종 사이에서 무작위로 진행되는 과정의 결과로 나타난다. 종은 우연히 군집 안팎으로 드나들며, 견고한 구조는 환상에 지나지 않는다. 이는 조지아 마을 그림과 정반대인 생태적 혼란 상태로 보이지만, 나방 덫하나에 러스틱·바인스러스틱·아무르밤나방처럼 매우 유사한 세종이 등장하는 이유를 설명할 수 있다. 종은 공존하기 위해 다를필요가 없다. 단지 동등하게 훌륭한 생존자이기만 하면 된다.

중립설은 특정 크기의 지역에 공존할 수 있는 개체 수가 정해져있다고 가정한다. 이를 **메타군집**metacommunity이라고 한다. 영국의모든 나방을 예로 들면, 캠던 옥상 테라스 주변의 나방처럼 우리가개체군이라고 여기는 것은 이 군집의 일부다. 캠던에서 나방이 죽으면 이 군집에 공석이 생기며, 그 공석은 캠던의 나방이나 더 넓은 군집, 즉 더 넓은 메타군집의 나방으로 채워질 수 있다.

어떤 종이 우연히 그 공석을 메울지는 종의 풍부도에 달렸다. 흔

---

[*] 열대우림의 초목을 연구하던 미국의 식물생태학자 스티븐 허벨Stephen Hubbell이 새천년을 맞이하며 처음 제안했을 때, 이는 당시 확립되었던 정통적인 가설과 상충하는 것이었다.

한 종은 그 공석을 자기 자손으로 채울 가능성이 더 커진다. 메타군집의 흔한 종에서 새로운 개체가 이입될 가능성이 더 높은 것이다. 시간이 흐르면서 군집은 출생, 사망, 이입으로 구성된다. 즉 군집의 크기(군집에 개체가 얼마나 많은지) 그리고 그것이 메타군집과 얼마나 연결되어 있는지(사망한 개체가 지역 내 개체로 대체되는지, 이입된 개체로 대체되는지)에 따라 무작위로 구성되는 것이다.

새로운 개체가 메타군집에서 이입된다면, 메타군집의 구성은 분명 이 모든 과정에 중요할 것이다. 그리고 이는 메타군집의 규모와 종분화로 새로운 종이 나타나는 빈도에 따라 달라진다. 중립설의 무작위 과정은 종을 멸종위기로 이끌기 때문에 종분화는 중요하다. 흔한 종의 장점은 우연히 군집의 공간을 채울 가능성이 더 커서 더욱 흔해질 수 있다는 것이다. 반대로 희귀종은 이러한 공석을 채울 기회를 계속 잃게 되고, 따라서 서서히 소멸할 수도 있다. 여기에 종분화는 새로운 종을 추가한다. 만약 종이 분화해 새로운 종이 탄생하지 않는다면, 결국 메타군집은 한 종의 거대한 군집이 될 것이기 때문이다. 생태학에서 늘 그렇듯, 크기는 중요하다. 더 많은 개체가 있는 메타군집일수록 더 많은 종이 공존할 수 있기 때문이다.

중립설이 생태적 지위 구조화보다 더 높은 점수를 받는 이유는 실제 군집의 모습이 **어떠해야** 하는지 예측할 수 있기 때문이다. 얼마나 많은 종이 공존해야 하는지 그리고 종 풍부도 분포, 즉 군집 생태학의 근본적인 양상에 관해서 말이다. 군집이 정확히 어떤 모습을 보일지에 관한 예측은 방금 기술한 특징에 따라 달라진다. 메타군집과 군집은 크기가 다를 수 있고, 이입과의 연관성과 종분화의 속도가 다를 수 있다. 이러한 모든 차이가 중요하다.

예를 하나 들어보겠다. 중립설의 예측에 따르면, 공동체의 종 풍부도 분포 형태는 더 넓은 메타군집으로부터의 이입 비율에 따라 달라진다. 군집이 고립되면 내부적 우연의 작용으로 흔한 종이 우세해지고 희귀종이 도태된다. 죽음은 새로 태어나는 개체로 대체되며, 이는 해당 지역에 서식하는 더 흔한 종의 개체일 가능성이 높다.

그러나 이입이 증가하면 다른 곳에서 유입되는 개체 덕분에 희귀종은 군집에서 지속될 수 있다. 이입이 증가해 군집의 공석이 대부분 이입된 종으로 채워지면 희귀종이 가장 흔한 종이 되고, 종 풍부도 분포는 피셔가 예측한 로그 급수 분포 형태를 보인다. 이입의 비율이 이 두 사례의 중간 정도일 때, 군집은 실제로 우리가 일반적으로 보는 모습을 보인다. 일부 종은 흔하고, 일부 종은 희귀하며, 대부분 종은 그 사이 어딘가에 있는 모습 말이다(중립설은 이 '일부'와 '대부분'의 수를 예측할 수 있다).

그렇지만 모든 종이 동일하지 않으므로 중립설에도 균열이 생긴다. 종은 **다르다.** 그들 생태의 중요한 점에서 말이다. 굴벌레큰나방과 코들링나방은 똑같이 만들어지지 않았다.

캠던 옥상 테라스 주변에 있는 나방 군집의 크기가 실제로 고정되어 있다고 상상해보자. 어젯밤 내 테라스에서 실수로 거미줄에 날아들어 죽음을 맞이한 참나무밤나방의 자리를 **정말로** 무작위의 다른 종이 채우게 될까? 그럴 가능성은 높지 않아 보인다. 나방에게 먹이 식물은 매우 중요하다. 이미 살펴본 것처럼 애벌레는 다양한 식물을 섭취하지만, 모든 식물을 먹을 수 있는 것은 아니다. 또한 모든 나방이 동일하게 훌륭한 경쟁자인 것도 아니다. 우리는 앞서 식엽성 애벌레와의 경쟁으로 여름에 먹이 활동을 하게 된 잠엽성 나방을 살펴보았다. 정체성은 이처럼 중요하다.

캠던 옥상 테라스 주변의 나방 군집의 크기가 정말로 고정되어 있다고 믿는가? 그럴 가능성 또한 높지 않다.

이미 우리는 나방 종이 좋은 해와 힘겨운 해를 겪는다는 것을 안다. 매미나방을 떠올려보라. 군집의 경우도 마찬가지다. 맨체스터 대학교 학부생을 가르치는 강사들은 해마다 글로스터셔의 우드체스터 공원에서 야외 수업을 진행하며 24년간 나방 덫을 운용했다(이는 내가 나방 덫을 처음으로 알게 된 계기였을 것이다. 슬프게도 전혀 기억나지 않지만 말이다). 1969~1976년에 그들은 밤에 나방을 1000마리 이상 자주 포획하기도 했다. 그러나 1977~1981년에는 최대 100마리 정도가 고작이다가 1982년에 포획량이 다시 증가했다. 그리고 악천후를 겪은 뒤에 다시 감소했다. 이들은 포획량의 변화가 악천후 때문이라고 추정했는데, 우리는 악천후가 직접적으로 또는 포식자에 대한 연쇄 효과로 나방 개체 수를 감소시킬 수 있음을 이미 살펴보았다. 그 이유가 무엇이든, 해마다 나방 덫을 통해 수집한 자료에는 중립설로 설명할 수 없는 변화가 나타났다.

나방은 빛을 쫓지 않는다

운의 역할

군집의 구조를 둘러싼 논쟁은 생태학과 오랜 시간 함께해왔다.

20세기 초에는 두 명의 미국 식물생태학자 프레더릭 클레먼츠 Frederic Clements와 헨리 글리슨Henry Gleason의 상반되는 주장을 중심으로 논쟁이 벌어졌다. 클레먼츠는 군집이 상호 의존적인 종의 집합으로 구성된, 예측과 반복이 가능한 단위라고 주장했다. 한편 글리슨은 군집이 고정된 것이 아니며, 개별 종이 환경을 사용하는 방식에 따라 발생하는 가변적·확률적 종의 연합이라고 주장했다. 일부 종의 개별 필요조건이 일치하기 때문에 우리는 반복 가능한 연합을 상상하게 된다.

21세기에 들어서도 이러한 주장이 계속되지만, 지금은 생태적 지위와 중립설 사이에 틀이 잡혀 있다. 중립설은 열대우림의 나무 연구에 기인한 이론이다. 이렇게 생각하면 한 개체의 죽음이 공백을 만든다는 말이 이해가 된다. 나무는 실제로 그렇다. 그리고 그 공백은 다른 어떤 나무 종으로도 채워질 수 있다. 하지만 대부분의 군집은 이런 식으로 작동하지 않는다.

진실은 이 양극단 사이 어딘가에 있을 가능성이 높다. 생태군집은 무질서한 우연으로 모인 평등한 집단도, 지정된 역할을 훌륭히 수행하는 조지아 마을 그림도 아니다. 모든 종은 기본 생태적 지위가 다르지만, 종이 공존하는 방식과 생태적 지위를 실현하는 방식에는 운의 역할도 중요하다.•

관심종이 하나도 존재하지 않는 가상의 공간을 만들어보자. 누가 캠던 전체에 살충제를 뿌리고 나방을 모두 제거했다고 말이다. 시간이 지나면서 나방은 캠던을 다시 점유하기 시작하고 군집이 형성된다. 그 군집은 어떻게 생겼을까?

새로운 지역으로 유입된 첫 번째 종은 사용할 수 있는 자원을 먼저 선택할 수 있다. 초기 개체군 크기는 작겠지만, 이 개체군은 자유롭게 생장할 수 있다. 종내경쟁이 시작되고 생장 속도에 제동이 걸릴 때까지 말이다. 그 결과 로지스트형 생장이 나타나고, 종은 해당 지역에서 실현할 수 있는 실제 생태적 지위의 환경수용력에 도달하게 된다.

두 번째로 유입된 종도 이용 가능한 자원이 있다면 첫 번째 종과 동일한 과정을 밟는다. 세 번째, 네 번째, 그 이후에 유입된 종도 마찬가지다. 유입된 각각의 종은 4장에서 만나본 크기가 작은 개체군을 완전히 소멸할 수 있는 우연의 효과 그리고 인구통계학적 임의 변동의 위험에서 벗어날 수 있을 정도로 성장해야 한다. 그 위험에서 벗어날 수 있다면 마침내 군집에 발판을 마련하고 그 일부가 될

• 미국의 식물생태학자 데이브 틸먼Dave Tilman이 제시한 확률적인 생태적 지위 이론 stochastic niche theory이라는 또 다른 모델은 이러한 상호작용의 본질을 깔끔하게 추출한다. 이 모델이 옳다는 것은 아니지만 분명 유용하다고 생각한다. 군집 구조를 결정하는 메커니즘에 대한 논쟁은 식물생태학자들이 주도하는 듯 보인다. 식물 군집이 동물보다 연구하기가 더 쉬워서 그럴 것이다. 식물 군집의 구성원은 도망치거나 날아가거나 밤에만 모습을 드러내거나 하지 않기 때문이다.

수 있다.

그러나 종이 유입되었을 때 다른 종이 이미 자원을 이용하는 중이라면, 즉 생태적 지위를 이미 점유하고 있다면 문제가 발생한다. 새로 유입된 개체는 그 수가 드물 수밖에 없는데, 임의 변동에 취약한 소수에서 벗어나 빠르게 개체 수를 늘려야 한다. 그런데 유사한 종이 이미 존재해 필요한 자원을 독점하고 있다면 그러기가 쉽지 않다. 이 생태학적 법칙의 9할을 차지하는 것이 바로 소유possession다(과학적 의미의 법칙은 아니다). 흔한 종은 그 수의 무게로 드문 종을 밀어낸다. 유입된 종은 발판을 마련하지 못하고 군집에 합류하지 못한다.

새로운 종은 개체군이 생장할 수 있을 만큼 기존의 종과 필요조건이 달라야 군집에 합류할 수 있다. 이것은 더 나은 경쟁자가 될 수 있는 삶의 방식이다. 종내경쟁은 그 종을 안정화해 다른 종을 밀어내지 않도록 방지하는 동시에, 개체군 크기가 크게 감소했을 때 반등할 수 있게 한다. 참나무솔나방의 포식자인 에니코스필루스 인플렉수스처럼 먹이 특이성을 지닌 포식자는, 경쟁자를 몰아낼 수 있는 종의 개체 수를 소비해 공존을 촉진할 수도 있다.

군집에 많은 종이 공존할수록 새로운 종이 끼어들기 더 어려워지는 것은 당연한 결과다. 어떤 종이 어떤 시점에 유입되어 군집에 합류할지는 우연에 따른다. 그리고 이전처럼 더 먼저 도착한 종이 더 자유롭게 자원을 활용할 수 있다. 생태학적 용어로는 **선점 효과**priority effect(우선권 효과)라고 한다. 러스틱과 아무르밤나방의 경우를 다시 한번 살펴보자. 장소에 따라 러스틱이 주로 발견되는 곳과, 반대로 아무르밤나방이 주로 발견되는 곳이 있다. 이는 선점 효과에 따른 현상일 수 있다. 나방 덫에서 어떤 나방이 발견될지는 어떤 나방이 먼저 이웃으로 유입되었는지에 따라 달라진다.

그렇다고 완전히 기회가 닫혀버린 것은 아니다. 때로는 잘 확립된 군집조차 새로운 종에 의해 점유될 수 있다. 캠던에 유입된 바인스러스틱이 그 예다. 왜일까?

선점 효과가 일부 원인이 되었을 수 있다. 혹독한 해에는 나방(또는 생쥐처럼 나방에 중요한 다른 개체군)의 개체 수가 급감할 수 있지만, 이런 해가 모든 종에게 반드시 나쁜 것만은 아니다. 갑작스럽게 급감한 기존 종의 개체 수는 경쟁자에게 뜻밖의 발판을 마련해줄 수도 있다. 특히 주변 지역에 서식하는 종이라면 이런 기회를 얻을 가능성이 더 높다. 똑같이 경쟁력을 갖춘 새로운 종이 군집에 이입되면, 평등화 과정을 통해 개체 수를 유지하며 공존할 수 있다. 이제 군집에 새로운 종이 하나 늘었다.

환경이 장기적으로 변화하면 그곳에 서식하는 군집의 구성원에게도 영향을 미칠 것이다. 대기오염 방지법은 하인나방과 그 밖의 지의류 종이 도시를 다시 점유하고 군집에 합류할 수 있도록 영향을 주었다. 이처럼 인간이 기후에 미치는 영향은 우리가 군집의 구성원에 영향을 미칠 수 있는 또 다른 방법이다. 우리의 활동이 배출하는 온실가스는 지구 온난화를 야기하고 폭염의 빈도를 증가시키는데, 폭염은 지역의 개체군 크기를 감소시키는 환경적 임의 변동의 중요한 요소다.

평균기온이 높아지면 더 따뜻한 조건에 적합한 기본 생태적 지위를 가진 종에게 유리할 수 있다. 나는 이것이 영국 남부에서 바인스러스틱이 발견되는(최근 수십 년간 영국 전역의 군집에서 특정 나방 종이 북쪽으로 확산되는 현상이 나타난다. 다음 장에서 살펴보겠다) 원인의 일부라고 생각한다. 유럽에서 바인스러스틱은 역사적으로 아무르밤나방보다 좀 더 남쪽에 분포하는 경향이 있었기 때문이다. 이러한 변화에 맞닥뜨린 아무르밤나방의 미래는 그 영문명의 뜻처럼 불확실할지도 모른다.

자원이 있는 경우에만 종이 군집에 유입될 수 있다면, 우리는 필요한 자원의 양을 바탕으로 그 종이 얼마나 흔해질지 예측할 수 있다. 해당 지역에 풍부하게 자라는 식물을 먹는 나방은 그만큼 흔하게 발견될 것이다. 희귀한 종은 희귀한 자원에 한해 좋은 경쟁자가 될 수 있다. 군집이 나타내는 풍부도의 범위는 가용 자원의 풍부도를 대변한다. 그 범위를 살펴보면 우리는 어떤 종이 흔하고, 어떤 종은 희귀하며, 대부분 종은 그 사이 어디쯤에 있다는 것을 알게 된다. 이것은 자원에도 해당한다(그러나 이러한 예측은 자원이 어떻게 분배되는지 알아야 정확할 수 있다. 우리는 이런 자세한 내용은 보통 알지 못한다).

조각난 서식지

군집의 구조에 관한 이론은 그것만으로도 책을 쓸 수 있을 만큼 다양하고 방대하다. 실제로 그런 책도 존재한다. 나는 그들의 연구에 세 가지 핵심 메시지가 있다고 생각한다.

우선, 어떤 종도 모든 면에서 완벽할 수는 없다. 모든 종은 선택과 집중을 해야 한다. 따라서 각각 고유의 기본 생태적 지위를 형성한다. 이는 종의 개체군이 지속**될 수 있는** 조건을 정의한다.

둘째, 경쟁은 불가피하지만 다른 경쟁자보다 더 나은(또는 다른 경쟁자만큼 좋은) 삶의 방식, 즉 생태적 지위를 지닌 한 종은 존속**되어야** 한다. 종의 개체 수를 제한하는 데서 종내경쟁이 종간경쟁보다 더 중요한 경우 말이다. 그러한 삶의 방식이 무엇인지, 즉 기본 생태적 지위를 얼마나 실현하는지에 따라 종의 풍부도가 결정된다.

셋째, 그렇지만 기회나 운의 작용도 결코 무시할 수 없다. 어떤 종이 공존하게 되는지에는 운의 요소가 작용하며, 이는 기본 생태적 지위를 실현하는 방식에도 영향을 미칠 수 있다.

이 세 가지 원리가 상호작용해 종이 공동체에서 공존하는 방식이 결정된다. 이것이 그들의 이론이다. 그런데 이는 실제로 무엇을 의미할까?

우선, 종의 생존을 위해서 생태적 지위가 중요하기 때문에 이용할 수 있는 자원의 종류가 많을수록 더 많은 종이 공존할 수 있다.

그렇지만 가용 자원이 반드시 일정한 것은 아니며, 시간과 공간에 따라 달라질 수 있다. 이러한 변화는 가용 자원의 유형과 다양성, 풍부도에 영향을 미치고, 결국 소비자의 풍부도와 개체군에 작용하는 우연적 요소에 영향을 미친다. 그리고 이 모든 것은 궁극적으로 소비자 군집의 특성에 영향을 준다. 이런 과정을 이해하기 위해 캠던의 옥상 테라스로 돌아가보자.

캠던의 환경은 계절에 따라 변한다. 해마다 풍요로운 봄과 여름, 혹독한 겨울과 그 사이를 건너는 가을이 나타난다. 그러나 이러한 변화는 대략 예측할 수 있기 때문에, 사과를 벗어나 땅속을 파고들어 휴면하는 코들링나방 애벌레처럼, 캠던에 서식하는 종은 다가오는 겨울을 견디는 방법을 진화시켰을 것이다.

캠던의 자원은 불균등patchy하게 분포되어 있다. 식물이 풍부하게 자라는 정원과 (토지 개발자를 기다리는) 황무지가 있으며, 조금만 걸어가면 햄프스테드히스 공원에 닿을 수 있다. 하지만 그 사이에는 열악한 환경인 도로, 포장된 콘크리트 테라스, 주택이 들어서 있다.

공간과 시간 변화의 상호작용은 패치화patchiness(서식지가 조각나 연속성이 단절되어 불균등해지는 것으로 '단편화' 또는 '파편화fragmentation'라고도 한다—옮긴이)를 더 악화한다. 내 테라스에서는 성숙한 배나무와 체리나무의 수관을 눈높이에서 바라볼 수 있다. 이곳에서는 빅토리아시대 주택만큼 변함없는 풍경이다. 그 아래로는 삐죽삐죽하게 깎인 낮은 잔디밭이 내려다보인다. 그곳은 잔디와 이끼, 민들레 정도를 제외한 다른 식물이 뿌리를 내리기가 쉽지 않다. 정원사는 그 약간의 다양성마저도 제거하기 위해 최선을 다한다. 저 너머 햄프스테드히스 공원에서 런던시 소속 관리인들은 엉겅퀴, 이질풀, 살갈퀴와 다른 초본식물이 비옥한 풀밭에서 자라나 꽃을 피우도록 놔두지만, 가을이 되면 어김없이 잔디를 깎는다.

이러한 주기적 교란은 관목처럼 큰 식물이 자랄 수 없게 한다. 하지만 햄프스테드히스 공원의 초원 곳곳에는 여전히 성숙한 나무로 이루어진 생울타리와 수풀이 자란다. 잦은 교란과 장기적인 안정성이 이루는 조각보는 자원의 다양성과 풍부도에 영향을 끼침으로써 소비자, 나아가 내 나방 덫에 날아드는 나방에까지 영향을 준다.

이 패치화가 이로운 경우도 있다. 정원에는 다양한 나방이 서식한다. 정원에 잔디와 통나무 더미, 연못, 나무, 생울타리, 애벌레나 성충이 먹이로 선호하는 다양한 식물 종의 미소 서식 환경 microhabitats이 있다면 더 많은 나방 종이 서식할 것이다. 그렇지만 정원 자체의 구성은 더 넓은 지역보다 덜 중요할 수 있다. 정원의 주변 환경이 다채롭다면 조금은 심심할 수 있는 나방 덫의 내용물이 더 다채로워질 수 있다.

앞서 살펴본 것처럼 대부분의 나방 애벌레는 초식성이며, 캠던 옥상 테라스에서 흔히 만날 수 있는 종은 정원이나 공원에서 자라는 친숙한 식물을 먹이로 삼는다. 내 테라스에서 마로니에나무가 내려다보이지 않더라도, 나방 덫에 날아드는 잠엽성 나방을 보고 근처에 마로니에나무가 있음을 알 수 있었을 것이다. 다양한 자원은 다양한 소비자를 만든다. 하지만 나방 덫에서 더 많고 다채로운 나방을 만나보고 싶다면 혼자 정원을 가꾸는 데 그치지 말고 이웃을 적극적으로 끌어들여라. 공원 관리인과 이야기를 나눠보는 것도 좋은 방법일 것이다.

서식지 패치화는 시간이 흐를수록 다양성을 증가시킬 수도 있다. 계절에 따른 기회의 변화로 다양한 종이 계절에 따라 생태적 지위를 나눈다. 봄에 막 피어난 어린잎을 먹는 겨울물결자나방 애벌레와 여름에 이들 애벌레에게서 살아남은 잎 사이에 굴을 파는 애벌레를 떠올려보라. 나방 덫으로 봄에 날아드는 나방과 가을에 날아드는 나방은 매우 다르다.

아무르밤나방 동정에 어려움을 겪은 일을 설명할 때 언급하지 않은 종이 있다. 각시밤나방속의 퀘이커나방Common Quaker이다. 도감에 적힌 설명은 바인스러스틱 나방에 관한 설명과 거의 같지만, 일반적으로 바인스러스틱(또는 러스틱이나 아무르밤나방)과 혼동되지 않는다. 이 종은 전형적으로 봄에 활동하며, 다른 세 종보다 더 이른 연초에 덫에 모습을 드러내기 때문이다(하지만 퀘이커나방이 연중 어떤 시기에 잘못 나타나기도 한다. 따라서 동정은 항상 시기가 아닌 생김새를 바탕으로 정확히 이루어져야 한다). 이들의 애벌레도 더 이른 시기부터 먹이 활동을 시작한다. 나방 덫을 운용하는 사람들은 덫에 포획된 종과 밤의 길이를 통해 계절의 변화를 따라간다.

그러나 패치화에는 단점도 있다.

그중 하나는 좋은 서식지가 열악한 환경에 자리 잡을 수 있다는 것이다. 예를 들어 살충제가 뿌려진 농지나 주택가 한가운데 위치한 수풀이 있다. 정원에 인공적인 표면, 이를테면 인공잔디 또는 포장도로가 많거나 둘러싸여 있을수록 해당 지역에 나타나는 나방 군집의 풍부도가 낮아진다. 도시 정원에서 운용하는 나방 덫에는 일반적으로 더 적은 종의 나방이 더 적은 수로 포획된다. 콘크리트와 벽돌에서는 나방이 자라지 않는다. 내 나방 덫과 나는 도시를 벗어나 데번의 시골 같은 곳으로 여행을 떠날 때 비로소 생기를 되찾는다. 정원에서 더 많은 나방을 만나고 싶다면(누구라도 원하지 않겠는가?) 바닥을 포장하기 위해 깔아놓은 판석을 치우고 그곳에 식물이 자라게 하라.

패치화의 또 다른 단점은 서식지의 크기가 중요하다는 데 있다. 더 큰 정원에는 더 다양한 나방이 더 많이 서식할 수 있다. 종이 얻을 수 있는 기회가 얼마나 **다양한지**만 중요한 게 아니다. 각각의 기회가 얼마나 **많은지**도 중요하다. 서식지가 많으면 나방의 수도 많아진다. 이는 우연이 역할을 다하는 하나의 방법이다. 작게 조각난 서식지에는 개체 수가 더 적고, 이처럼 개체군 크기가 작을 때 종은 환경적 또는 인구통계학적 임의 변동에 희생될 가능성이 높다. 이런 작은 패치에서는 우연히 종이 사라질 수도, 다시는 돌아오지 않을 수도 있다. 그 결과 나방 군집의 풍부도는 더욱 낮아질 것이다.

런던 캠던의 서식지 패치화도 그곳에서 발견되는 나방의 유형에 영향을 미친다. 우리는 종의 수와 풍부함의 측면에서 군집의 구성을 설명하는 다양한 모델을 살펴보았지만, 그 군집에서 어떤 종이 발견되는지는 깊이 생각해보지 않았다. 하지만 여기서도 동일한 과정을 고려해야 한다. 생태적 지위와 경쟁, 기회 그리고 종이 자원과 상호작용하는 방법 말이다.

그물처럼 엮인 콘크리트의 열악한 환경은 **범식성** 동물에게 더 유리하다. 도시에 서식하는 나방은 시골 지역에 서식하는 사촌 나방보다 더 폭넓은 식단과 서식지에 대해 선호성을 띤다. 이를테면 아무르밤나방 애벌레처럼 '다양한 초본식물'을 먹는 종 말이다. 먹이 **특이성**을 지닌 포식자가 도시에 서식하지 않는 것은 아니지만, 그 수가 더 적다. 먹이 유무와 위치가 불확실하고 서식지에 자원이 풍족하지 않을 때, 먹이를 가리지 않는다면 굶을 가능성이 줄어든다.

이처럼 다양한 식물을 먹이로 이용할 수 있는 능력은 또한 잠재적으로 개체군의 크기를 키워, 다양한 임의 변동의 위험에서 개체군 크기를 안전한 수준으로 유지할 수 있다. 자원의 불확실성은 우리가 이전 장에서 만난 굴벌레큰나방처럼 생활 방식이 여유로운 종에게 더 불리하게 작용한다. 도시에 서식하는 나방은 불균등하게 흩어진 먹이를 활용하기 위해 서둘러야 한다. 너무 늦으면 기회를 놓쳐버릴 수도 있기 때문이다.

나무라는 기질

내가 지금까지 경험한 최고의 나방 포획 장소는 다트무어 외곽의 재커비언Jacobean식 회색 화강암 저택인 류트렌처드 매너

Lewtrenchard Manor다. 이곳과 캠던을 비교해보겠다. "앞으로! 기독교 군병들이여Onward Christian Soldiers"라는 노랫말을 남긴 서빈 베링굴드Sabine Baring-Gould의 집이었던 이곳은 현재 아름다운 컨트리하우스 호텔이 되었다(광고를 부탁받아 추천한 것이 아니며, 돈이 오간 사실도 없다). 이곳은 우리 부부가 결혼식 피로연을 열었던 장소인 만큼, 특별한 날을 맞아 가족끼리 정기적으로(가끔) 방문하곤 한다.

호텔 주인은 매우 친절했고, 호텔 부지의 숲에서 나방 덫을 운용할 수 있도록 흔쾌히 허락해주었다. 2020년 8월 어느 따뜻한 밤도 그랬다. 류트렌처드 호텔은 나방이 많이 발견되기로 유명한 곳은 아니지만 그 밤은 매우 특별했다. 다음 날 아침, 내 작은 덫은 58종 275마리에 달하는 나방으로 가득 차 있었다. 그중에는 물결날개갈고리나방Scalloped Hook-tips, 빗장날개갈고리나방Barred Hook-tips, 신녀나방Vestal, 파밤나방Small Mottled Willow, 고딕나방Gothic 등 이전에 한 번도 잡아본 적이 없는 14종이 포함되어 있었다. 그리고 러스틱나방과 아무르밤나방이 **함께** 있었다.

류트렌처드가 나방 군집의 풍부도를 높이는 방법은 여러 면에서 캠던과 다르다.

우선, 류트렌처드 매너는 광대한 삼림지대에 마치 자연 암석 노두처럼 자리 잡았다. 성숙한 너도밤나무와 참나무가 나방 덫 위로 우뚝 솟아 있었고, 그 아래에는 초본식물이 빽빽하게 자라났다. 크기는 중요하다. 나방 군집은 더 넓은 삼림 패치나 더 많은 식물이 자라는 삼림지대에 더 풍부하다. 수직면의 크기, 즉 높이도 중요하

나방은 빛을 쫓지 않는다 ▼

다. 삼림은 더 높이 자라 풍경에 구조적 복잡성을 더하고, 이렇게 높이 자라난 나무는 낮게 자랄 때보다 더 많은 태양에너지를 수확할 수 있게 한다. 식물의 양이 많아지면 나방의 먹이가 많아지고, 나방도 더 많아지게 된다.

나무는 식량을 생산할 뿐만 아니라 기질substrate이기도 하다. 류트렌처드 매너의 식물은 푸르른 이끼와 지의류로 뒤덮여 있으며, 그 안에는 나무줄기와 가지를 뜯어 먹는 애벌레의 서식 기회가 살아 숨 쉰다. 그 8월의 아침, 내가 나방 덫에서 세 종류의 하인나방 15마리를 마주한 것은 결코 놀라운 일이 아니다. 식물이 다양한 자원을 제공하면 종은 생태적 지위를 일부 실현할 더 많은 기회가 생기므로, 서식 가능한 나방의 범위가 더 넓어진다. 한편 더 많은 서식지는 더 많은 개체를 포용할 수 있으며, 나방 개체 수가 증가할수록 우연한 환경 급변에 덜 민감해진다. 따라서 종은 더 잘 존속할 수 있고, 더 많은 종이 공존할 수 있다.

류트렌처드 매너 주변에는 광범위한 삼림이 자리 잡고 있지만, 풍경이 균등하게 이어지진 않는다. 목초지와 긴 풀이 패치를 형성하고, 그 가장자리에는 생울타리와 검은딸기나무 그리고 다른 관목이 자라고 있다. 내가 나방 덫을 놓은 곳은 나중에 호기심 많은 소 세 마리가 모인 가운데 나방을 풀어주었던 들판과 꽤 가까웠다. 이런 서식지는 모두 지역 생산자의 다양성과 구조적 복잡성을 증가시킨다. 이들은 빛에 이끌려 삼림으로 유입되는 나방에게 먹이를 제공한다. 나무로 이루어진 작은 패치부터 목초지까지, 나방은 이러한 서식지에서 전형적인 산림지대에서와는 다른 종들로 군집을 이룬다. 캠던의 경우는 이런 현상이 더욱 뚜렷하다. 그러나 삼림지대의 가장자리에서 발생하는 종은 목초지에서 포획되는 나방 군집에 다양성을 더할 뿐이다. 그리고 캠던과 달리 류트렌처드 매너 주변에는 나방이 자랄 수 없도록 포장된 곳이 많지 않다.

대규모 서식지 패치는 **어떤** 종이 발견되는지에도 영향을 준다. 특히 그 서식지가 성숙한 삼림지대처럼 장기간 존재하는 경우에는 더욱 큰 영향을 미칠 수 있다. 이런 서식지에는 먹이 특이성을 지닌 소비자가 서식할 수 있기 때문이다.

갈고리나방Hook-tip이 좋은 예다. 빗장날개갈고리나방은 황갈색 나방으로, 날개 가운데를 어두운 색의 막대무늬가 가로지른다. 앉아서 쉴 때는 앞날개를 편평하게 펴는데 날개 끝이 갈고리 모양이라 갈고리나방이라는 공통명이 붙었다. 너도밤나무 숲에 서식하는 종으로, 너도밤나무 잎을 먹고 그 이파리 사이에서 번데기가 된다. 이 너도밤나무는 류트렌처드 매너 주변의 우세종이다. 특히 마담스 워크Madam's Walk라고 알려진 저택에서 동쪽으로 향하는 보도에 너도밤나무가 풍부하게 자란다. 빗장날개갈고리나방의 서식지로는 이상적인 지점이다.

빗장날개갈고리나방의 친척인 물결날개갈고리나방은 생김새가 비슷하지만 갈고리 모양 날개의 뒷부분이 물결무늬처럼 울퉁불퉁하고, 앉아서 쉴 때 몸을 천막처럼 덮는다. 물결날개갈고리나방도 먹이 특수성이 있지만, 자작나무를 먹이로 삼는다. 자작나무는 류

나방은 빛을 쫓지 않는다

트렌처드 주변의 배수가 잘되지 않는 초원 가장자리에서 흔하게 자란다. 캠던에 있는 내 아파트 수백 미터 내에도 너도밤나무와 자작나무가 자라지만 수가 많지는 않다. 이들 나무에도 갈고리나방이 서식한다면, 내가 그들을 발견하지 못한 것은 아직 덫에서 마주할 행운을 거머쥐지 못했기 때문일 것이다. 노력이 부족해서는 아니다.

군집에 먹이 특이성을 지닌 종이 있다고 해서 범식성 종이 제외되는 것은 아니다. 류트렌처드 나방 군집에는 예컨대 러스틱과 아무르밤나방 같은 많은 범식성 종이 서식한다. 생태적 지위가 유사한 종이 공통 자원을 활용하는 능력이 비슷할 때, 이 경우에는 연중 같은 시기에 비슷한 범위의 식물을 활용하는 능력이 어느 정도 비슷할 때 공존할 수 있다는 점을 기억하라.

류트렌처드의 삼림지대는 빽빽하게 자란 하층식물이 두텁게 덮고 있어, 잠재적으로 유사한 경쟁자라도 크고 지속적인 개체군이 공존할 수 있다. 광범위한 먹이·서식지 선호도 그리고 일시적으로 존재하는 먹이 식물을 이용하기 위해 빠르게 움직일 수 있는 능력은 더 크고 안정적인 서식지에 있는 군집의 구성원이 되는 데 전혀 방해되지 않는다. 오히려 전망이 좋지 않은 지역도 이러한 종들이 서식지로 삼을 수 있도록 도움이 될 뿐이다. 전망이 좋지 않은 도시의 나방 군집에 들어가는 개체는 그 너머의 더 나은 서식지에 있는 군집의 작은 한 부분이다.

아름답고 좌절된 이론

생태군집은 복잡한 독립체다. 어느 한곳에 공존하는 잠재적인 종들의 조합은, 영국의 나방처럼 상대적으로 종의 수가 부족한 경우에도 그 수가 우주의 원자보다 훨씬 많다. 그러므로 이들의 작동 방법을 이해하는 게 쉽지 않다는 사실은 놀라운 일이 아니다. 그래도 이제는 그 일반적인 과정을 이해하고 있다고 생각한다.

군집은 결정론과 우연의 상호작용으로 구성된다. 한편에는 종이 차지하는 적소, 즉 각자의 적합한 위치를 가리키는 생태적 지위라는 개념이 있다. 다른 한편에서는 일부 개체(그리고 종)가 다른 개체를 대신해 적절한 시기에 적절한 장소에 유입되는 데는 운이 작용하기도 한다. 이런 질서와 우연의 연속체에서 군집이 어느 쪽에 가까이 위치할지, 즉 질서와 운 중 어느 쪽이 더 중요할지는 군집마다 다를 것이다. 군집에 어떤 종이 관련되는지, 그들이 속한 환경의 변화에 얼마나 취약한지에 따라 달라지기 때문이다.

언제 어떻게 종들이 상호작용하는지도 중요하다. 종간경쟁보다 종내경쟁이 더 중요할 때, 경쟁자는 공존할 수 있다. 종은 종내경쟁으로 종의 풍부도를 조절할 수 있어야 개체 수가 극도로 낮아졌을 때 회복할 수 있는 한편, 다른 종을 압도할 정도로 개체 수가 급증하지 않을 수 있다. 우리는 1장에서 이런 밀도 의존적 조절을 만나 보았다. 포식자 역시 이렇게 행동할 수 있다. 그러나 비슷한 종이라도 같은 일을 똑같이 잘한다면 그들은 공존할 수 있다.

소비자와 먹이의 상호작용은 소비자 군집에 중요하다. 자원이 많을수록 더 많은 종이 공존할 수 있으며, 자원의 다양성이 클수록 더 많은 생태적 지위가 제공될 수 있다. 자원이 많으면 소비자는 개체군 규모가 작아지는 위험을 피할 수 있고, 먹이 특이성이 있는 소비자와 범식성 소비자 모두를 부양하는 데 도움이 된다. 풍부한 자원은 풍부한 소비자를 지원할 수 있으며, 개체가 군집에 속하는 종 사이에 어떻게 분포되어 있는지 설명할 수 있다.

이 생태과학 분야는 구체적으로 들여다보면 만족도가 떨어진다고 생각한다.

아무르밤나방과 러스틱, 바인스러스틱을 생각해보자. 그들이 공존할 수 있는 것은 선호하는 먹이 식물이 서로 다르다는 점 등 차이가 있기 때문일 수 있다. 또는 그들이 자원을 이용하는 데 동등한 경쟁자이기 때문에 공존할 수 있을 것이다. 안정화 또는 평등화다. 한편 한 덫에서 주로 아무르밤나방이 포획되거나 러스틱이 포획되는 경향은 아마 운에 따른 현상일 것이다. 먼저 도착한 종에게 더 유리할 테니 말이다. 이처럼 정확히 알 수 없다는 점은 불만족스럽다.

물론 이는 생태학에서 광범위하게 예상되는 일이다. 예를 들어 우리는 진홍나방Cinnabar Moth과 금방망이씨앗파리Ragwort Seed-head Fly처럼 경쟁이 중요한 종을 알고 있지만, 경쟁의 효과를 입증하려면 막대한 양의 작업이 필요하다. 그런 탓에 결국은 대부분 종이 어떻게 상호작용하는지, 심지어 그들이 상호작용을 하는지조차 알 수 없다. 포식자 개체군이 먹이 종 개체 수에 변화를 불러올 수 있다는 사실은 알더라도 포식자, 환경, 피식자의 상호작용은 너무 복잡하다. 그래서 우리는 대부분 종에 대해 하향식 효과와 상향식 효과의 상대적 영향을 추측하는 데 그친다. 상황이 이러하니 아무르밤나방, 러스틱, 바인스러스틱이 어떻게 공존할 수 있는지 구체적인 방법을 추측할 수밖에 없는 것도 당연하다. 그 일반적인 과정을 알고 있다는 것만으로도 기뻐해야 할지 모른다.

그 점에서는 충분히 기쁘게 생각한다. 그렇지만 더 알고 싶다. 캠던의 나방 군집이 왜 약 350종인지, 데번의 나방 군집은 왜 약 400종인지 알고 싶다. 물론 일반적인 개념은 파악하고 있지만, 데번에서 더 많은 종을 만날 수 있다고 예상하는 것을 넘어 그 이유를 알고 싶다. 마찬가지로 어떤 종은 흔하고 어떤(더 많은) 종은 희귀한데, 대부분은 그 사이 어딘가에 있다. 나는 이것을 아는 데 그치지 않고 데번에서 가장 흔한 두 종이 세 번째로 흔한 종보다 대략 두 배 더 흔한 이유 그리고 네 번째로 흔한 종보다 네 배나 더 흔한 이유를 알고 싶다.

중립설이 매력적으로 다가오는 이유는 이 때문이다. 중립설을 통해 우리는 공동체 종의 풍부도에 숫자를 붙일 수 있으며, 풍부도의 양상을 설명할 수 있다. 따라서 그게 틀렸다고 말할 수밖에 없다는 것은 불행한 일이다. 추악한 사실에 좌절된 아름다운 이론이 아닐 수 없다. 생태학자들의 근본적인 수수께끼는 여전히 풀리지 않은 채 남아 있다.

나방은 빛을 쫓지 않는다

세부적으로는 틀릴 수 있지만, 중립설에서 정확히 맞는 것이 한 가지 있다. 군집을 주어진 기간 동안 주어진 지역에 서식하는 유기체의 집단으로 정의하는 것은, 그보다 더 넓은 지역과 더 긴 기간이 있다는 사실에 암묵적으로 동의하는 것과 같다. 우리는 이처럼 편의를 위해 더 넓은 맥락을 무시하지만, 사실 이것은 결코 간과할 수 없다.

지역군집은 나방 덫으로 추출한 표본과 마찬가지로 더 넓은 전체의 단편이다. 다른 군집과 격리될 수는 있지만, 완전히 분리되지는 않는다. 개체는 편의를 위해 정의한 군집에서 탄생할 수도 있고, 외부에서 군집으로 이입될 수도 있다. 이입은 중요한 과정이다. 개체군 크기의 변화를 일으키는 중요한 생명력 비율vital rates 중 하나이지만, 좀 더 간결히 살펴보기 위해 지금까지는 고려하지 않았다. 이입도 생태군집의 구조화에 중요할 수 있다.

이입의 영향을 너무 오랫동안 무시했다. 이입이 자연계에서 얼마나 중요한지 살펴봐야 할 때다.

T H E   J E W E L   B O X

살아 있는 모든 것은 이동한다

이주의 힘

오라, 벗들이여. 더 새로운 세상을 찾기엔 아직 늦지 않았다!
… 분투하고, 추구하고, 찾기에 그리고 굴복하지 않기에.

앨프리드 테니슨 경 Alfred, Lord Tennyson

호날두 눈썹에 앉은 나방

2016년 7월 10일, 파리의 스타드 드 프랑스에서 생중계된 UEFA 유럽축구선수권대회 결승전. 약 2년에 걸친 유럽 국가 간 경쟁 끝에 프랑스와 포르투갈이 맞붙은 경기는 매우 기억에 남을 것이다. 포르투갈이 유일한 골을 성공시키는 데 추가시간과 109분을 소요했다는 경기 내용 때문이 아니다. 경기장을 침범한 아주 특이한 손님들 때문이다. 그날 경기장은 나방으로 뒤덮였다.

길 잃은 나방 몇 마리가 날아든 것이 아니라, 말 그대로 나방 떼였다. 사방에 나방이 있었다. 나방이 앉은 코너플래그는 점박이 무늬처럼 보였고, 선수들과 관계자들 주변에서 나방이 펄럭이며 날아다녔다. 현대 축구의 거장 중 한 명이자 경기 결과에 큰 영향을 미칠 것으로 예상되었던 크리스티아누 호날두Cristiano Ronaldo는 경기 25분 만에 부상으로 쓰러졌다. 의료진의 처치를 받기 위해 정신없이 기다리는 호날두에게 나방 한 마리가 그의 눈물을 마시려는 듯 눈썹 위에 내려앉았다(실제로 이러는 나방이 있긴 하다. 이 나방은 몇 분 만에 자신의 트위터 계정이 생겼다). 그렇지만 나방은 편파적이지 않기 때문에, 프랑스 선수들도 똑같이 난데없는 나방 떼에 괴로워했다. 언론에서는 게임에 관한 내용만큼 나방에 관해서도 많이 보도했다. 이날의 사태는 1880년대에 매미나방에게 점령당한 메드퍼드의 모습이 어땠을지 상상해볼 수 있게 해주었다.

이날 스타드 드 프랑스에서 찍힌 사진과 영상에 따르면, 7월의 따뜻한 밤을 밝히던 경기장의 침입자 대다수는 비녀은무늬밤나방 Silver Y이었다. 비녀은무늬밤나방은 무척 놀라운 나방이다. 성체는 분홍색과 갈색이 미묘하게 섞인 색을 띠는데, 런던에서 포획되는 개체는 대부분 초췌한 회색빛이다. 그러나 이런 개체도 앞날개에 독특한 은빛 문양이 남아 있는데, 이 y자 문양에서 '실버 와이Silver Y'라는 영문명과 *Autographa gamma*라는 학명이 유래되었다. 초라한 모습을 한 개체여도 눈에 띄는 특유의 겉모습은 그대로다. 두툼한 털 깃이 가슴에서 위쪽으로 거칠게 솟아올라 있다. 가만히 앉아 있을 때면 중후한 모피를 입은 멋쟁이처럼 보이기도 한다.

하지만 비녀은무늬밤나방이 실로 놀라운 이유는 외모에 있지 않다. 은무늬밤나방아과에 속하는 다른 나방들도 생김새가 이러하며, 그들 또한 이런 외모적 특징으로 서술된다. 비녀은무늬밤나방의 놀라움은 바로 비행 능력에 있다. 주둥이에서 꼬리까지 겨우 2센티미터에 무게는 0.2그램에 불과하지만, 대륙을 횡단할 수 있다.

비녀은무늬밤나방은 성체가 되면 지중해 분지 주변이나 남부 유

2016년 프랑스 파리에서 열린 UEFA 결승전 때 경기장을 뒤덮은 비녀은무늬밤나방. 길이 2센티미터에 무게는 0.2그램에 불과하지만 대륙을 횡단할 수 있다.

럽과 북아프리카에서 겨울을 난다. 그리고 봄이 찾아오면 일부는 자원이 풍부하게 꽃을 피우는 북쪽으로 향한다. 가장 먼저 떠난 무리는 보통 5월 초에서 말쯤에 영국에 도착하지만, 큰 무리는 주로 그보다 몇 주 뒤에 도착한다. 때로는 수백만 마리나 되는 이 무리가 들판에 날개를 윙윙거리며 나타나 켄트부터 셰틀랜드까지 뒤덮기도 한다. 이 배고픈 무리들이 작은 벌새처럼 꿀을 마시는 광경은 영국인들에게 그리 낯설지 않다. 비녀은무늬밤나방은 영국인들에게 비교적 친숙한 나방이다.

비녀은무늬밤나방은 번식을 위해 영국에 온 만큼 신속히 번식한다. 애벌레는 클로버와 갈퀴덩굴, 쐐기풀 같은 다양한 초본식물을 먹이로 삼는다. 완두콩 같은 작물도 섭취하기 때문에 농업 해충으로 간주되기도 한다. 그들은 가을이 올 때까지 북유럽의 여름을 즐기며, 봄에 이입된 개체 수의 4배까지 불어난다.

그러나 비녀은무늬밤나방은 영국의 겨울을 좋아하지 않는다. 밤이 일찍 찾아오기 시작하면 이들은 남쪽으로 날아갈 것이다. 무려 7억여 마리의 나방이 영국해협을 건너 대륙으로 돌아간다. 아주 작은 생물이기 때문에 그저 바람에 휩쓸려간다고 생각할 수도 있지만, 그렇지 않다. 이들은 보통 지상에서 100미터 이상의 고도까지 날아올라 공기의 흐름이 남쪽으로 향하는 것을 느끼면 이동을 시작한다. 물론 순풍이 도움이 될 수 있지만, 나방은 활발하게 이동한다. 바람이 정확히 남쪽으로 불지는 않으므로 표류하지 않기 위해서 그들은 내재된 나침반을 이용해 비행경로를 조정한다. 바람을 등지고 날면 시속 40~50킬로미터로 날아갈 수 있다. 조건이 잘 맞아떨어지는 밤에는 600킬로미터 이상을 이동할 수 있으며, 3일 밤만에 지중해에 도착할 수 있다. 무게가 고작 빗방울 정도인 곤충이 말이다.

현대의 곤충학자들은 비행하는 곤충을 수직관찰레이더vertical-looking radar, VLR, 즉 짧은 파장의 전파를 하늘로 보내 움직이는 생물을 탐지하는 레이더로 탐지하고 추적할 수 있다. 이들이 잉글랜드 남부와 웨일스 지역에서 기록한 숫자는 매우 놀랍다. 이들 지역 7만 제곱킬로미터에서 수집한 기록에 따르면, 매년 3조 3700억 마리의 곤충이 이 지역으로 이동한다. 무게로 환산하면 3200톤에 달

나방은 빛을 쫓지 않는다

한다. 이들 중 대다수는 진딧물 같은 작은 곤충이지만, 비녀은무늬밤나방처럼 '큰' 곤충의 개체 수도 약 15억 마리, 무게로 환산하면 225톤에 이른다. 비교를 위해 예로 들자면, 매년 겨울 영국에서 남쪽으로 이동하는 조류의 수는 제비, 휘파람새, 나이팅게일과 다른 명금류를 포함해 약 3000만 마리로, 무게로 환산하면 약 415톤이다. 곤충은 여름엔 주로 공중에서 맴돌지만, 봄에는 주로 북쪽으로, 가을에는 주로 남쪽으로 이동한다. 이동하는 것은 비녀은무늬밤나방만이 아니다.

떼로 이동하는 새의 모습은 자연이 선사하는 가장 멋진 광경이지만, 곤충의 이동도 못지않게 장관이다. 곤충의 이동은 거의 눈에 띄지 않는다. 그러나 우리 머리 위에서는 언제나 수많은 곤충이 움직이고 있다. 2016년 7월 10일처럼 이 사실을 직접 목격하는 날은 아주 드물다.

나방이 빛에 이끌리는 이유는 여전히 논쟁의 대상이다. 나방이 이동 중에 달빛이나 별빛으로 방향을 잡기 때문일 수 있다. 우리가 켜는 조명은 이런 천문학적 신호를 흐리게 한다. 달은 아주 멀리 떨어져 있어서 '달을 오른쪽에 놓고'처럼 경험에 바탕을 둔 법칙은 어느 정도 직선으로 경로를 유지하는 데 도움이 될 수 있다. 그렇지만 이 규칙을 가로등에 적용하면 대상은 나선형으로 비행하게 될 것이다. 스타드 드 프랑스의 관계자들은 큰 경기를 앞두고 경기장에 밤새 불을 켜두었다. 의도치 않게 세계에서 가장 큰 나방 덫을 만든 셈이다.

비녀은무늬밤나방은 다가올 경기로 이미 떠들썩한 밤에 빛을 더했다. 아직도 그런 곤충 떼가 존재한다는 것은 정말 놀라운 일이다!

온건한 야망

비녀은무늬밤나방처럼 **장거리를 이동**하는 동물은 생명체의 기본적 특징인 이동 능력을 극단적으로 보여주는 예다. 우리가 보통 생각하는 것처럼, 이들은 철을 따라 이동한다. 어느 한 지역에서 번식하고, 번식지의 환경이 좋지 않은 계절을 피해 다른 지역으로 이동(이주)한 뒤 환경 조건이 좋아질 때까지 기다린다. 북반구에 서식하는 동물은 남쪽으로 이동해 겨울을 보낸 뒤 이듬해 봄에 되돌아간다. 매년 북극과 남극을 오가는 동물도 있다. 이들의 등장은 오랫동안 기다려온 여름이 다가온다는 반가운 신호다. 다른 동물들은 여름에 남쪽으로 이동하거나, 습한 지역과 건조한 지역 사이를 오가기도 하고, 산을 오르내리기도 한다.

그러나 어떤 경우에도 동물은 척박한 시기를 피하고자 이동하며, 계절 변화에 따라 이들 개체군의 이동을 예측할 수 있다. 정확히는 대부분의 식물과 동물이 열대지방에서 발생했기 때문에(이는 다음 장에서 더 자세히 살펴보겠다) 풍요로운 환경을 이용하려고 이동하는 것일 수도 있다.

나방은 빛을 쫓지 않는다

그렇지만 생태학자에게 이주하는 동물은 훨씬 온건한 야망을 품은 개체일 수 있다. 이주는 동물과 식물의 일상적인 행동을 설명할 수 있다. 예를 들어 요각류(작은 원양 갑각류) 같은 부유 생물은 물기둥을 따라 위아래로 움직인다. 이들은 아마 주행성 포식자나 해로운 태양 광선을 피하기 위해 낮에는 더 깊은 심해로 가라앉았다가 밤에 해수면으로 떠오른다. 더 큰 동물은 조수를 따라 해변 위아래로 이동한다.

개체군 안팎으로 이동하는 개체를 지칭하기 위해 **이주**라는 용어를 사용하기도 한다. 이동의 방향을 명확히 하고자 이출 또는 이입으로 다르게 부른다. 대부분의 종은 개체군이 서로 다르며, 이런 개체군은 이동으로 연결된다. 개체들은 다른 개체와 유전자를 교환해야 한다. 그러지 않는 개체군은 생식적으로 고립되며, 별도의 종으로 간주되거나* 분리되는 중일 수 있다. 이처럼 개체군 간의 이동은 생태학과 진화 모두에 중요하다.

개체군 내의 이동, 즉 **분산**도 중요하다. 개체가 출생지에서 번식을 위해 새로운 장소로, 또는 한 번식 장소에서 다른 번식 장소로 이동하는 것도 이러한 유형의 이동에 속한다. 분산 역시 유전자가

---

* 그렇지만 이는 우리가 종을 어떻게 정의하느냐에 달려 있다(다음 장 참고). 이 책에서는 서로 다른 개체군이 유전자를 교환할 수 있거나, 실제로 교환하는 경우에만 동일한 종으로 정의한다. 한편 종의 진화는 연속적인 과정이므로, 다른 개체군이 다른 종으로 분화하는 과정에 있는지 아니면 그 과정을 이미 완료했는지는 정의하기 어려울 수 있다.

섞이는 데 도움이 된다. 분산은 때때로 개체를 한 개체군에서 다른 개체군으로 이동시킨다.

움직일 수 있는 능력은 모든 생명이 지속되는 데 필수적이다. 움직일 수 없다면 개체는 새로운 자원을 이용할 수 없을 것이며, 개체군은 성장할 수 없고, 군집은 다양화할 수 없다. 땅은 불모지가 될 것이다. 따개비, 산호, 지의류처럼 보통은 움직이지 않는다고 여겨지는 유기체조차 이동할 수단이 있다. 식물은 한곳에 뿌리를 내리고 움직이지 않는다고 생각할 수 있지만, 어느 시점에는 움직일 수 있고 또 움직여야만 한다. 생애주기 중 이동이 필수적인 단계가 있으니 말이다. 모체의 나무 그늘에 떨어진 씨앗은 빛과 물, 영양분에 굶주릴 수밖에 없으며, 부모 식물이 유인하는 초식동물과 질병의 먹이가 될 것이다. 따라서 씨앗은 태어난 지역을 벗어나 번식체를 생산할 수 있도록 설계되어 있다. 이들에게 여행은 사치가 아니다. 필수다.

이동은 개인의 일상적 이동부터 대륙이나 해양 사이를 오가는 개체군의 밀물과 썰물에 이르기까지 모든 것을 아우르는 연속적인 과정이다. 이동은 모든 수준에서 생태학적 복잡성에 작용하는 과정에 영향을 미치며, 우리는 편의를 위해 이를 무시하곤 한다. 하지만 생물체의 이동이 없다면 내 나방 덫은 그저 조명 달린 빈 상자에 불과할 것이다. 이동이 개체군과 군집에 미치는 영향도 마찬가지다. 우선 개체군에 미치는 영향부터 살펴보도록 하자.

나방은 빛을 쫓지 않는다

빛에 갇히다

개체군의 크기가 어떻게 변화하는지 기억해보라. 개체군의 크기는 탄생으로 성장하고 죽음으로 축소된다. 개체군을 이루는 모든 개체는 출생과 사망을 겪으며, 전자가 후자보다 많은 한 개체군의 크기는 증가한다. 개체의 이입이나 이출이 없는 **폐쇄** 개체군인 경우에는 그렇다.

그러나 대부분의 개체군은 폐쇄 개체군이 아니다. 따라서 개체가 새로운 목초지를 찾아 떠나거나 새로운 장소에 도착하면 개체군의 크기가 변화할 수 있다. 1장에서 제시한 개체군 크기 변화 모형(지수 생장 모형과 로지스트형 생장 모형)에 이주의 영향을 반영하지 않은 이유는, 더 간결하게 살펴보기 위해서였다. 하지만 현실 세계에서 이주의 영향은 중요하다. 오직 출생, 사망, 이입, 이출만이 개체군 크기를 변화시킬 수 있는 네 가지 요인이다. 1장에서 살펴본 내용을 떠올려보자.

$$N_{t+1} = N_t + B - D + I - E$$

이 식은 이입이 있다면 사망률이 출생률보다 높아도 시간이 지남에 따라 개체군 크기가 증가할 수 있음을 보여준다. 이처럼 이입은 출생률을 보완할 수 있다. 이출의 경우는 반대 효과를 보이지만, 순이입($I-E$)이 초과사망률($D-B$)을 넘으면 개체군 크기는 증가한다. 한편 이입은 적합하지 않은 서식지, 즉 출생률이 사망률보다 낮은 지역에서도 개체군 크기가 증가할 수 있음을 뜻한다.

그러나 한 개체군에 이입된 개체는 다른 개체군에서 이출한 개체다. 즉 이주로 인한 전반적인 영향을 이해하려면 하나 이상의 개체군을 고려할 필요가 있다. 우선 두 개의 개체군으로 시작해보자. 해당 개체군의 크기가 통제를 벗어나 증가하는 게 아니라, 각각의 환경수용력이 제한되어 있다고 가정해보겠다. 이 경우, 개체군 크기의 증가 속도는 밀도에 따라 달라진다. 즉 환경수용력에 도달하면 개체군 증가 속도가 느려지는 것이다. 다른 말로 이들은 로지스트형 생장 곡선을 보인다(잘 기억나지 않는다면 1장을 다시 살펴보자).

두 개체군의 환경수용력도, 특정 개체가 이주할 확률도 동일하다면 개체군 크기에 큰 변화는 나타나지 않는다. 개체군이 환경수용력에 도달하면 출생률과 사망률이 균형을 이루고, 이입과 이출 또한 균형을 이룬다. 개체군 사이에서 개체의 교환은 이루어지지만, 두 개체군의 크기는 동일하게 유지된다.

이주하는 개체가 다른 개체군에 도달하기 전에 사망한다면 상황은 달라진다. 예컨대 개체가 방향을 잃어 개체의 교환이 이루어지지 않는다면 말이다. 이처럼 이주하는 개체가 사라지는 경우에는 실질적으로 사망률이 증가한다. 그러므로 환경수용력에서 개체군 크기를 감소시키는 결과가 나오며, 이는 낮은 수준에서 출생률과의 균형을 유지한다. 이제 각 개체군에서 이입률은 이출률보다 낮아진다. 두 개체군은 계속 개체를 교환하지만, 각각의 크기는 두 개

나방은 빛을 쫓지 않는다

체군이 모두 폐쇄 개체군이었을 때보다 작아진다.

이런 상황은 이동 중 개체가 사망하지 않은 경우에도 발생할 수 있다. 개체군의 환경수용력이 다르다면 말이다. 이러면 규모가 더 큰 개체군에서 더 많은 개체가 이출하지만(한 개체가 이출할 확률은 똑같지만, 개체 수가 더 많기 때문이다), 이들은 환경수용력이 더 낮은 서식지로 이입된다. 상대 개체군에서 이입되는 수가 상대적으로 적기 때문에, 이들의 손실은 개체의 교환으로 보상되지 않는다. 이때 이주는 종의 상황이 전반적으로 더 악화한다는 뜻이다.

이게 끝이라면 이주는 좋지 않은 전략일 것이다. 그러나 개체군 간의 개체 이동 때문에 종의 전반적 상황이 더 좋아질 수도 있다. 개체군의 크기가 크면 많은 수의 개체를 더 작은 개체군에 공급할 수 있다. 개체군의 크기가 작을수록 밀도 의존성이 약할 경우, 이입은 서식지가 지원 가능한 규모 이상으로 개체군의 크기를 늘릴 수 있다. 이입되는 개체는 밀도 의존성의 부정적 효과가 개체 수를 줄이는 것보다 더 빨리 개체군 크기를 증가시키며, 개체군의 크기는 환경수용력을 초과하지만 초과한 상태로 유지된다. 그 결과, 이주하지 않는 경우보다 두 개체군이 연결되는 경우에 양쪽 모두에서 더 많은 개체가 생존할 수 있다!

이러한 영향은 또 다른 예상치 못한 결과를 불러온다. 대규모 개체군에서 개체가 이출할 때, 상대적으로 작은 개체군에서 이입되는 개체 수로는 손실이 보상되지 않으므로 대규모 개체군의 크기는 줄어든다. 그렇지만 상대적으로 작은 개체군은 환경수용력을 초과해 크기가 증가하게 된다. 이때 두 개체군의 실제 크기는 두 지역의 환경수용력을 토대로 예측하는 것보다 훨씬 더 비슷하게 나타난다.

이떤 상황에서는 두 개체군의 크기가 동일하게 나타날 수도 있다. 이주의 영향이 없었더라면 한 지역이 다른 지역보다 더 많은 개체 수를 수용할 수 있는 경우에도 말이다. 무심코 관찰한다면, 두 지역에 서식하는 개체군 크기에만 기반해 실제로는 좋은 지역(환경수용력이 더 높음)과 열악한 지역(환경수용력이 더 낮음)이 있는데도 두 서식지가 동등하다고 판단할 수도 있다.

개발자가 두 지역 중 한 곳에 주택 단지를 짓는다고 가정해보자. 단순히 각각의 지역에 거주하는 인구 수만 본다면, 어느 곳에 짓든 큰 차이가 없다고 생각할 수 있다. 하지만 이주민을 공급하는 곳을 선택해 주택지를 짓는다면 다른 개체군의 크기는 빠르게 줄어들 것이다. 모든 자연은 연결되어 있지만, 흔히 우리의 직관과는 반대되는 방식으로 연결되어 있다.

상황은 더 나빠질 수도 있다. 앞서 언급했듯이 순이입률이 초과 사망률을 넘어선다면, 개체군 크기는 서식에 적합하지 않은 지역(사망률이 출생률보다 높은 지역)에서도 증가할 수 있다. 이때 두 개체군 중 하나는 이주 개체의 공급원이, 다른 하나는 이들을 빨아들이는 구멍 난 독이 된다. 이주의 영향이 없다면 공급원이 되는 개체군만 지속될 수 있겠지만, 이 경우처럼 잘못된 곳을 고른다면 두 개체군 **모두** 소실될 수도 있다.

나방은 빛을 쫓지 않는다

이러한 **공급원-수용처 역학**source-sink dynamics에서 동물이 열악한 지역에 이끌릴 때 문제가 될 수 있다. 보통은 개체가 자연스럽게 더 나은 서식지를 선호할 것으로 생각하지만, 항상 그렇지는 않다. 미국 애리조나주 투손에는 도시 주변보다 도시 안에 더 많은 쿠퍼매가 서식한다. 많은 쿠퍼매가 더 이른 시기에 둥지를 틀고 더 많은 알을 낳는다. 그러나 투손에서 쿠퍼매의 먹이 중 상당 부분을 차지하는 비둘기는 매에게 편모충을 감염시킨다. 이는 매의 새끼에게 그대로 전파되어 개체군이 지속될 수 없을 정도로 개체 수가 빠르게 감소된다. 그곳의 풍부한 비둘기에 이끌린 쿠퍼매가 꾸준히 이입되지 않는다면, 이 개체군은 아마 곧 사라질 것이다.

나방 또한 이런 '생태적 함정'에 취약하다. 지난 장에서 살펴본 것처럼, 도시는 일반적으로 나방이 서식하기에 적합한 환경이 아니다. 나방의 서식지는 풍부하지도 균등하지도 않다. 그렇지만 도시에 풍부한 것이 하나 **있다.** 바로 빛이다. 도시의 야간 인공조명 Artificial light at night, ALAN은 나방 애벌레의 풍부도와 발달에 상당히 부정적인 영향을 미친다. 그리고 도시의 빛 공해는 구름 때문에 증폭되어 우리가 생각하는 것보다 더 먼 곳까지 뻗어 나간다. 시골 지역에서 어두워진 뒤 밖에 나가본 적이 있다면, 가장 가까운 도시 주변으로 저 멀리 주황빛이 일렁이는 광경을 본 적이 있을지도 모른다.

나방은 좋은 서식지에서 이주의 흐름에 의해서만 개체 수가 유지될 수 있는 지역으로 유입될 수 있다. 런던 테라스의 나방 덫에 잡힌 매미나방과 아무르밤나방은 어쩌면 마을이나 도시 한가운데서 이들이 우리와 공존할 수 있다는 증거가 아닐 수 있다. 오히려 도시의 치명적인 빛에 이끌려 적절하지 못한 서식지에 갇혀버린 개체일 수도 있다.

섬이 된 서식지

두 개체군에 관해 생각해보면, 그들 사이의 이주가 중요하다는 것을 알 수 있다. 이주는 개체군의 크기뿐 아니라 지속 가능성에도 영향을 줄 수 있다. 이는 현대 사회에서 점점 더 중요해지고 있다. 서식지가 점점 더 패치화하기 때문이다.

서식지의 패치화는 늘 자연계의 특징이었다. 특정 종에 적합한 서식지는 척박한 다른 지역으로 둘러싸여 있을 수 있다. 연못이나 작은 습지에 사는 유기체에게 환경이 어떻게 보일지 생각해보라. 지구라는 바다에는 수많은 작은 오아시스가 존재한다. 하지만 정원에 연못을 만든다면(굉장히 추천하는 바다), 수생생물이 곧 모습을 드러낼 것이다. 7월의 어느 아침, 캠던의 나방 덫에서 만났던 물베니어Water Veneer가 그 예다.

물베니어 애벌레는 수생생물이다. 애벌레 시기에 이들은 연못 바닥에서 수초 같은 생물을 먹고, 물속에서 번데기가 된다. 많은 암컷 물베니어는 날지 못하고, 자신이 태어난 연못을 떠나지 않은 채 오로지 짝짓기를 위해 수면으로 올라온다. 일부 암컷은 수컷처럼 날 수 있어 새로운 물가로 이동해 서식지를 형성한다. 내 옥상 테라스에서는 연못이 하나밖에 보이지 않는다. 내가 덫에서 만난 물베니어는 그 연못에서 태어났을까? 그게 아니라면 얼마나 먼 길을 날아 내 덫까지 온 걸까?

유상생물에게 서식지의 풍경은, 살 수 없는 바다 위에 떠 있는 작은 섬처럼 보일 것이다. 검은산나방Black Mountain Moth과 넓은띠흰뒷날개나방Broad-bordered White Underwing 같은 종은 주로 스코틀랜드 고원의 수목한계선 위에서만 발견된다. 이들은 산꼭대기에 무성하게 자라는 키 작은 시로미와 월귤나무 관목을 먹는다. 숲의 바다에서 이 산꼭대기는 그들에게 오아시스와 같다. 얼룩옷나방 Brindled Clothes Moth(학명 *Niditinea striolella*가 이들의 습성을 잘 대변해준다)은 나무 구멍에 둥지를 트는 새가 있는 곳에서 주로 발견되며, 그곳에서 새의 깃털을 먹는다. 이들은 일단 적당한 서식지를 찾으면, 갈 곳 없는 작고 연약한 존재인 양 그 작은 서식지 패치를 떠나길 꺼리는 듯이 보인다.

이 서식지 패치화는 인간들의 손에 의해 더 가속화하고 있다. 유럽에서 수천 킬로미터에 걸쳐 뻗어 있던 큰 숲은 경작지나 목초지, 삼림, 잡목림 등으로 축소되었다. 자연 초지나 저지대의 황야도 마찬가지로 작은 조각으로 축소되었다. 이러한 서식지의 손실과 단편화는 유럽뿐 아니라 전 세계 환경에서 공통적으로 나타나는 모습이다. 우리 손으로 더 축소한 서식지는 더 적은 수의 동물 종을

내가 덫에서 만난 물베니어는 연못에서 태어났을까? 만약 아니라면 얼마나 먼 길을 날아 내 덫 까지 온 걸까?

수용할 것이다. 많은 자연 개체군이 점점 더 작고 더 흩어진 아개 체군subpopulation으로 변화하고 있다.

여기에는 우려되는 점이 있다. 개체 수가 적은 개체군이 소멸하 기 쉽다는 것은 이미 알고 있다. 작은 우연의 변덕으로 개체 수가 급감하면 적합한 서식지에서조차 쉽게 사라질 수 있다. 따라서 이 주의 중요성이 더 커질 수밖에 없다. 우리는 점점 더 전형적인 종 을 찾아볼 수 없는 서식지를 더 많이 발견하고 있다. 그들은 이미 인구통계학적·환경적 임의 변동에 의해 사라져버렸기 때문이다.

그렇지만 모두가 사라진 것은 아니다. 종이 새로운 살 곳으로 이 주했기 때문이다. 한 서식지에 종이 존재한다는 것은 다른 서식지 에 있는 종에게는 생명선이 될 수 있다. 이주는 중요하다.

모든 연못이 마르지 않는다면

개체군이 이렇듯 여러 작은 조각으로 쪼개지면, 그 개체군 중 하나가 일정 기간 내에 우연히 멸종될 가능성은 매우 높아진다. 그러나 개체군이 **모두** 우연히 멸종할 가능성은 훨씬 낮다. 몇 가지 간단한 계산으로도 이 점을 확인할 수 있다.

물베니어나방 개체군이 어느 한 해에 멸종할 확률이 0.5, 즉 50 대 50이라고 가정해보자. 물베니어나방은 연못에 서식하는데, 연못은 작고 불안정한 서식지다. 여름에 일시적으로 말라버릴 수도 있을 정도다. 연못이 마르면 물베니어나방 개체군은 멸종된다. 비가 오면 다시 차오를 수 있지만, 이미 나방은 사라진 다음이다(물론 이는 가설이며, 실제로는 불안정한 수역에 서식하는 많은 종이 건조한 환경에서 살아남고자 다양한 전략을 발전시켜왔다). 일 년 중 이런 일이 발생할 가능성은 동전 던지기에서 앞면이 나올 확률과 같다. 그런 확률에 목숨을 걸고 싶진 않을 것이다. 그만큼 이들은 위태로운 존재다.

물베니어나방 개체군이 생존하기 위해서는 연못의 수위가 해마다 어느 정도 유지되어야 한다. 동전 던지기에서 계속 뒷면이 나와야 하는 것이다. 확률로 계산해보자면, 연못이 2년 동안 마르지 않을 확률은 0.25(0.5×0.5 또는 0.5^2), 즉 4분의 1이다. 기간을 늘려 10년의 확률을 계산하면 이는 1000분의 1 미만으로 줄어든다(0.5^{10}). 이 연못에 서식하는 물베니어나방은 멸종을 **피할 수 없는**

것이다.

　그러나 연못 하나에서는 생존에 불리한 확률이, 여러 연못을 한 꺼번에 살펴봤을 때는 생존에 유리하게 작용한다. 연못이 두 개 인 경우, 두 연못이 일 년 안에 말라버릴 확률은 4분의 1이다. 반면 연못 중 최소한 하나가 마르지 않을 확률은 4분의 3에 이른다. 연 못이 10개일 경우, 그중 적어도 하나가 마르지 않을 확률은 최대 1000분의 999에 달한다. 따라서 **하나의** 연못에 서식하는 물베니어 나방은 위태로운 존재일 수 있지만, 이들이 **모든** 연못에서 사라지 거나 멸종될 가능성은 무척 낮다.

　이렇게 확률을 계산할 때, 특정 연못이 마를 확률은 다른 연못에 서 일어나는 일과는 무관하다고 가정한다. 이는 사실일 수도, 아닐 수도 있다. 어느 덥고 건조한 여름, 모든 연못이 동시에 말라버리 는 일도 가능하기 때문이다. 한편 앞의 계산에서는 이주가 각 개체 군에 미치는 영향까지 고려하진 않았지만, 우리는 이미 이주의 중 요성을 안다. 서로 다른 연못에 서식하는 물베니어나방 개체군처 럼 이주로 연결된 개체군을 **메타 개체군**(여러 아개체군의 집합)이라 고 한다. 학자들은 이 메타 개체군의 유동성을 이해하기 위한 모델 을 구축하고자 많은 시간을 할애했다. 이를 바탕으로 이주가 메타 개체군 내의 개체 수 그리고 메타 개체군 자체가 지속되는 데 도움 을 줄 수 있음을 알게 되었다.

멸종을 막는 이주

각 개체군이 하나의 연못에 서식하는 물베니어나방 메타 개체군을 상상해보자. 어느 연못에서든 나방이 멸종될 수 있다. 그리고 연못이 마를 가능성이 나방의 활동과는 관련이 없다고 가정해보자. 한편 빈 연못은 다시 다른 연못에서 이주한 물베니어나방의 서식지가 될 수 있으며, 나방은 이렇게 영향을 **미칠 수** 있다. 만약 연못 대부분에 물베니어나방이 서식한다면, 빈 연못에 이주 개체가 정착할 가능성은 일부 연못에만 나방이 서식할 때보다 분명 더 높을 것이다. 그리고 가능성이 얼마나 높은지는 물베니어나방이 연못에서 연못으로 이동할 가능성에 따라 달라진다. 정확히는 나방이 서식하는 각각의 연못이, 나방 없는 연못에 나방이 새로 집단 서식할 가능성을 얼마나 더하는지에 달렸다고 할 수 있다.

모든 것을 종합해보면, 나방이 서식하는 연못의 비율은 개체군이 멸종할 확률과 개체가 빈 연못에 새로 정착할 가능성의 비율에 따라 달라진다.

물베니어나방이 빈 연못에 새롭게 정착하는 것보다 연못에서 멸종될 가능성이 더 높으면, 메타 개체군은 결국 멸종될 것이다. 그 반대라면 메타 개체군은 지속되고, 일부 연못에는 항상 나방이 서식할 것이다. 그리고 서식지화colonization 가능성이 멸종 가능성을 넘어설수록 더 많은 연못을 나방이 차지하게 된다. 이는 개체군에서 출생률과 사망률이 균형을 이루며, 그 균형이 개체 수를 결정하는 것과 같다. 이 경우에서는 서식지화와 멸종률 사이의 균형을 통해 개체군의 수를 알 수 있다.

만약 멸종이 일어나지 않는다면 모든 연못에는 물베니어나방이 서식할 것이다. 한편 물베니어나방이 어느 한 연못에서 멸종될 가능성이 높더라도 다른 연못에서 이주하는 개체가 그 손실을 보상하는 한, 종은 보존될 수 있다. 개체군은 사라질 수 있지만, 메타 개체군은 존속된다.

종은 메타 개체군에 속한 개체군이 멸종할 가능성에 영향을 미칠 수도 있다.

연못이 마르지 않더라도 연못에 서식하는 물베니어나방 개체군의 크기는 작고, 우리는 크기가 작은 개체군이 우연한 사고로 쉽게 소실될 수 있다는 것을 이미 알고 있다. 인구통계학적 임의 변동 등의 요인으로 멸종위기에 놓인 개체군은 다른 개체군에서 이입되는 개체로 인해 이러한 위기에서 벗어날 수 있다. 그렇지만 멸종률이 이입률을 초과하면, 이러한 상황에서도 메타 개체군은 멸종될 것이다. 반면 물베니어나방이 멸종되는 것보다 더 빨리 서식지에 정착한다면 결국 모든 연못에 나방이 서식하게 될 것이다. 개체는 빈 연못뿐만 아니라 이미 다른 개체군이 서식하는 연못으로도 이동하는데, 이러한 **구조 효과**rescue effect는 멸종으로 물베니어나방이 서식지에서 완전히 사라지는 것을 방지한다.°

모든 모델에는 뒷받침하는 여러 가정, 즉 우리가 수학적 목적을 위해 참이라 받아들이는 것들이 있음을 기억하라. 물베니어나방을

나방은 빛을 쫓지 않는다 🦋

예로 들어 설명한 모델에도 현실에서는 사실이 아닐 수 있는 몇 가지 가정이 있다.

패치가 환경에 분포된 방식은 상관없다는 가정이 그러한 예 중하나다. 또한 개체가 이입될 확률은 해당 개체가 가까운 개체군에서 이출되었는지 먼 개체군에서 이출되었는지와 상관없이 모두 같으며, 이주한 개체는 메타 개체군의 다른 패치에서만 이출한다는 가정이 있다. 즉 서식지 조각 사이의 개체 교환은 이루어지지만, 해당 개체군에서 생산된 개체에 한정해 이러한 교환이 이루어진다는 것이다. 그리고 메타 개체군을 구성하는 모든 서식지 조각은 크기나 적합도 면에서 동등하다고 가정된다. 한 서식지 조각은 다른 서식지 조각보다 더 고립되지도 덜 고립되지도 않으며, 모든 연못은 동등하다.

그러나 현실에서는 특정 종에게 일부 서식지가 다른 서식지보다 더 적합하다. 이런 서식지는 보통 더 크다. 이전에 언급했듯이 크기는 중요하기 때문이다. 더 큰 서식지는 더 크고 건강한 개체군의 보금자리가 될 것이며, 이주하는 개체의 공급원이 될 가능성이 높다. 이렇게 이출한 개체는 구멍 난 독으로 빨려 들어가거나, 변두리 지역의 더 작고 불안정한 개체군으로 유입될 수도 있다. 개체군을

- 멸종과 서식지화의 속도가 시간이 지남에 따라 달라진다면 점유 수준은 양극단 (전부 또는 전무) 사이에서 달라질 수 있다. 환경의 변화를 고려하면 가능성 없는 얘기도 아니다.

멸종에서 구하거나, 이미 멸종이 발생한 지역을 다시 점유하는 것이다. 가까운 교외 정원에 물베니어나방의 공급원이 되는 호수가 있을 수도 있다. 내가 사는 곳 주변에서는 햄프스테드히스 공원의 큰 연못들이 그 역할을 할 수도 있다.

생태학자는 자신이 육상동물이기 때문에 보통 본토의 넓은 서식지에서 근처 연안의 작은 섬으로 개체가 이출하는 모습을 상상한다. 섬과 본토의 관계는 생태학 발전에서 기본이었고, 갈라파고스 제도에 들른 찰스 다윈에게 영감을 주며 진화론의 발전에도 중요한 토대가 되었다. 나도 지금 섬에서 이 글을 쓰며, 곧 이곳과 가까운 대륙 본토에서 날아들 비녀은무늬밤나방(그리고 이동하는 다른 종)을 기다리고 있다.

메타 개체군의 경우, 대규모 '본토' 개체군의 존재 덕분에 '실제' 섬이든 서식지로 이루어진 섬이든 개체가 다른 작은 서식지로 꾸준히 이입된다. 따라서 메타 개체군을 구성하는 개체군은 개체 수를 유지하기 위해 충분한 이주 개체를 생산하지 않아도 된다. 개체군이 멸종할 가능성이 높고 새로운 개체가 이입될 가능성이 매우 낮더라도, 메타 개체군의 생존을 보장할 수 있다. 본토에서는 항상 이출하는 개체가 생산되므로 섬 서식지의 일부는 언제나 그들에게 점유된다. 패치가 얼마나 **많이** 점유될지는 여전히 멸종률과 이입률의 균형에 따라 달라진다. 그러나 개체가 이주하는 한 서식지는 생겨날 것이기에 본토 개체군의 존속은 매우 중요하다.

나방은 빛을 쫓지 않는다

위험에서 구하다

이제 생태학자들이 개체군 규모의 변화를 살펴보는 과정에서 이주의 영향을 무시하는 이유를 조금 더 명확히 알 수 있을 것이다. 출생과 죽음만을 고려해도 상황은 이미 무척 복잡할 수 있기 때문이다. 이 복잡한 개체군에 이입과 이출의 영향이 추가되면 역학은 필연적으로 더 복잡해질 수밖에 없다. 따라서 생태학자들은 보통 그러듯 이 문제를 작은 부분으로 나누어 더 이해하기 쉽게 한 것이다. 메타 개체군, 공급과 소모, 섬과 본토는 모두 이입과 이출의 영향을 먼저 파악한 뒤, 식물과 동물 개체군이 땅(또는 물)에서 존재하고 지속되는 방법을 살펴보는 방식이다. 물론 현실에서 종은 이렇듯 깔끔한 분류에 들어맞진 않는다. 그럼에도 모형은 이해를 도모하는 데 유용한 장치다.

이름으로 짐작할 수 있듯 참나무 잎에 굴을 파고 사는 참나무얼룩어리굴나방Oak Carl을 예로 들어보겠다(이름에는 등장하지 않지만 밤나무를 먹이로 삼기도 한다. 얼룩옷나방처럼 이름이 꼭 나방에 관해서 정확한 정보를 제공하는 것은 아니다). 참나무얼룩어리굴나방에게 참나무란 험난한 바다에 떠 있는 섬과 같으며, 실제로 참나무는 바다 위의 섬처럼 무작위로 흩어져 있다. 참나무는 크기 또한 제각각이다. 큰 참나무일수록 더 많은 잎을 내고, 잎이 많을수록 나방이 먹이 활동을 할 기회가 많아진다.

과학자들은 간단히 애벌레가 잎에 굴을 팔 때 생기는 얼룩덜룩

한 반점을 찾아내 그 수를 계산한다(생태학 현장 연구가 으레 그러하듯, 물론 쉽지는 않다). 이를 통해 여러 참나무 섬에 걸쳐 서식하는 참나무얼룩어리굴나방 개체군의 흐름을 추적할 수 있다. 소피아 그리펜베르크Sofia Gripenberg와 동료들이 핀란드 남서부 해안의 작은 섬에서 실행한 연구가 바로 이것이다.

큰 참나무는 섬이라기보다는 본토에 더 가깝다. 이들 참나무는 잎도 많고 그만큼 서식하는 나방도 많다. 이 나무에 서식하는 큰 규모의 나방 개체군이 멸종되는 일은 거의 없다. 이 나무는 다른 개체군으로 이입하는 참나무얼룩어리굴나방의 공급원이다.

하지만 (최대 약 4미터 높이의) 작은 참나무는 다르다. 애벌레가 먹을 수 있는 잎이 상대적으로 적기 때문에 서식하는 참나무얼룩어리굴나방의 개체군 크기 역시 작고 불안정하다. 이런 개체군은 흔히 멸종되기도 한다. 큰 '본토' 참나무 출신 개체가 이주하지 않았다면 이들 나방은 이 작은 '섬'에서 발견되지 않았을 것이다. 이 개체군은 수용처다. 참나무얼룩어리굴나방이 특정 '섬'에 서식할지 여부는, 이주하는 개체가 운 좋게 그 참나무를 발견할지에 따라 해마다 달라진다. 반복되는 개체군 소멸에도 불구하고 이주와 정착으로 개체 수가 유지되는 현상은 메타 개체군 역학의 고전적 특징이다.

크기만 중요한 것은 아니다. 참나무가 서로 **어디에** 있는지도 중요하다. 큰 나무는 고립되어 있어도 많은 개체를 쏟아내지만, 쏟아져 나온 나방들은 주로 공허 속으로 사라진다. 이런 나무는 여전히 많

나방은 빛을 쫓지 않는다

은 나방의 공급원이지만, 소규모 개체군이 존속하는 데 큰 도움을 주지는 않는다. 패치, 즉 작은 서식지 조각이 어떻게 분포되든 상관없다는 메타 개체군의 가정을 기억하는가? 사실은 그렇지 않다.

나무의 고립도가 심하거나 밀도가 너무 높으면 메타 개체군 역학은 무너진다. 참나무가 높은 밀도로 함께 자라는 경우, 이들은 각각의 서식지가 아닌 하나의 큰 개체군이 될 것이다. 밀도 높게 자라는 참나무를 각각의 군도가 아닌 크고 불규칙한 섬으로 생각해보자. 이 군집에 있는 한 참나무에서 애벌레가 자랄 가능성은 근처 다른 나무에서 자랄 가능성과 다르지 않을 것이다.

단일 종의 나방이 하나의 섬에서 하나의 식물 종을 먹고 있다. 이 시스템은 단순하지만, 우리의 모델이 정의하려는 다양한 범주에 알맞은 부품으로 구성되어 있다. 참나무얼룩어리굴나방 개체군 중 일부는 본토에 서식하고, 일부는 섬에 서식한다. 일부는 공급원이고, 일부는 수용처다. 그들 중 일부는 메타 개체군을 형성하고, 일부는 고르지 못하게 분포한 큰 개체군이다.

그리고 이는 시간에 따른 단편에 불과하다. 작은 참나무가 자라나고, 큰 참나무가 결국 생명을 다하며, 또 도토리가 싹을 틔울 때, 참나무얼룩어리굴나방의 섬과 본토는 이 풍경 위에서 유동적으로 변화한다. 수용처는 공급원이 되고, 또 공급원은 사라지며, 참나무얼룩어리굴나방은 이 변화의 뒤를 따를 것이다. 탄생과 죽음, 이입과 이출이라는 네 가지 기본 과정을 거치면서 말이다.

한편 모든 종이 이처럼 자신이 의존하는 서식지의 변화를 따르는 것은 아니다. 일부 종은 이러한 변화를 주도하기도 한다. 이전에 만나본 진홍나방이 하나의 예다. 진홍나방은 그들의 먹이 식물인 금방망이와의 관계를 완전히 뒤집어놓는다.

진홍나방이 금방망이의 줄기까지 먹을 수 있다는 사실을 떠올려 보라. 이들의 강도 높은 먹이 활동은 실제로 금방망이 메타 개체군에서 금방망이의 소멸을 촉진할 수 있다. 이처럼 진홍나방은 말 그대로 자기 생명이 달린 섬을 먹어 치워 그 자신의 생존마저 위험에 빠뜨린다. 아마 금방망이 개체군 사이에 나방이 적절히 분산되어 있어, 진홍나방 개체군 역시 크고 불균등하게 분산된 개체군일 것이다. 그러나 금방망이가 없다면 균등하지 못한 개체군조차 오래 지속되지 못한다.

다행히도 메타 개체군의 상호작용이 이들을 이러한 위험에서 구해낸다.

휴면 상태로 토양에 잠든 씨앗과 멸종되지 않는 공급원에서 날아온 씨앗 덕분에 금방망이 개체군은 서식지에 다시 정착할 수 있다. 또한 진홍나방의 포식기생자인 골치고치벌속*Cotesia popularis*의 도움을 받기도 한다. 이 기생벌은 진홍나방 애벌레의 개체 수가 줄어들었을 때 더 많은 애벌레에 기생하며 이듬해 애벌레의 개체 수를 또 한 번 낮게 유지한다. 이렇게 진홍나방 개체 수의 증가를 늦춰 금방망이 개체군이 회복할 시간을 벌어준다. 나방은 패치를 서식지화하며 먹이 식물과 숨바꼭질하지만, 메타 개체군의 상호작용은 이들 나방의 영향에도 금방망이 개체군이 존속될 수 있게 한다.

금방망이 개체군이 없다면 살아남을 수 없는 진홍나방에게는 참으로 다행한 일이다.

크라카타우섬에서 생긴 일

이주는 개체군에 중요하다. 그러나 우리는 개체군이 홀로 동떨어져 있지 않다는 사실을 안다. 같은 지역에서도 서로 다른 종이 군집을 이루며 함께 산다. 그 이유만으로도 이주가 군집에도 중요할 것임을 알 수 있다.

우리는 이전 장에서 이 점을 살펴보았다. 군집은 더 넓은 환경과 연결되어 있다. 개체는 군집에서 탄생하거나, 다른 곳에서 이입될 수 있다. 이는 중립설의 기초이지만, 모든 종이 생태학적으로 동등하다는 것을 포함해 이 모델의 기본 가정이 사실이 아니라 해도 여전히 적용된다. 그것은 우리가 지난 장에서 살펴보지 못한 군집의 기능을 통해 가장 명확하게 입증될 수 있다.

생태군집이 어떻게 구성되어 있는지 이해하려 할 때 가장 큰 벽은 군집이 계속 변화한다는 사실이다. 우리는 '군집'이라는 것을 파악하려 끊임없이 애쓰지만, 그 순간에도 군집은 변화하고 있다. 해마다 다른 나방이 나방 덫으로 날아들고, 새로운 종이 기록된다. 이들은 방금 군집으로 이입된 종일까, 아니면 항상 존재하던 종이 이제야 나방 덫으로 날아든 걸까? 또 어떤 종은 더 이상 덫에서 찾아볼 수 없으며, 지역적 소멸의 길을 걷는 것으로 보인다. 시간에 따른 변화는 우리가 이해하려는 군집을 정의하기 어렵게 한다. 그러나 아무리 어렵다 해도 무시할 수는 없다. 군집의 구성원에 나타나는 변화(**전환**turnover) 역시 반드시 이해해야 할 부분이다. 바인스러스틱이나 다양한 종류의 하인나방은 군집 구성원의 역동적 변화를 보여준다. 종은 군집을 형성하고 멸종된다.

군집을 구성하는 종의 전환을 개체군에서 개체가 전환되는 과정과 비슷하게 생각해볼 수 있다. 군집화와 소멸 이 두 과정 사이의 균형은 단편화한 서식지 사이에서 개체 수 분포에 영향을 미친다. 환경수용력에 도달한 개체군이 평형 상태에 있을 때 출생률과 사망률은 균형을 이룬다. 개체군의 **크기**는 일정하지만, **정체성**은 시간이 지나면서 변화한다. 이는 서식지화와 멸종이 균형을 이루는 군집의 종에서도 마찬가지다. 물론 군집에서는 멸종된 종이 나중에 다시 나타날 수도 있다. 개체군에서 죽은 개체가 살아 돌아올 확률은 없지만 말이다.

서식지화와 멸종. 익숙하게 들리는가? 이 두 과정의 균형은 균등하지 못한 서식지에 분포되는 개체군에 영향을 준다. 종의 분포 그리고 군집의 동태에도 마찬가지다. 역사상 가장 영향력 있는 두 생태학자 로버트 맥아더Robert MacArthur와 E. O. 윌슨E. O. Wilson의 연구는 이러한 이해에 큰 힘을 보탰다.* 이 과정에 관한 그들의 고전적 모델은 **섬 생물지리설의 평형설**Equilibrium Theory of Island Biogeography, 줄여서 평형설이라고 한다. 섬의 생물 다양성에서 영감을 얻은 이 이론은, 이주와 멸종이 결합해 생태군집의 구성에 영향을 미치는 방법을 이해하는 데 좋은 시작이 될 것이다.

메타 개체군 역학에서 살펴보았듯 '섬'은 다양한 형태로 나타날 수 있지만, 문자 그대로의 섬부터 생각해보는 게 가장 쉬울 것이다.

섬이 생명체가 전혀 없는 백지상태라고 가정해보자. 실제로 많은 섬들이 이런 형태로 시작된다. 분출된 용암이 바닷속에서 부글부글 끓어오르는 아이슬란드에서 섬의 기원을 볼 수 있다. 하와이도 마찬가지다.

때때로 섬은 모든 생명체가 사라진 뒤 백지상태가 되기도 한다. 1883년 인도네시아 크라카타우산을 구성하는 산 중 가장 큰 화산이 엄청난 규모로 폭발하며 섬의 모든 생명체가 사라졌다. 약 3만 6000명의 사망자가 발생했고, 그곳에 살아남은 유기체는 단 하나도 없었다. 하지만 그때부터 1년 뒤, 최초의 육지동물인 거미가 발견되었다. 그리고 또 몇 달 후, 첫 번째 풀이 자라났다. 새롭게 이입되는 개체로 섬은 빠르게 예전의 생명을 되찾았다. 크라카타우산은 인도네시아 자바섬과 수마트라섬 사이의 순다해협에 위치한다.

- 윌슨은 〈들어가는 글〉에 나온 '바이오필리아'라는 용어를 만들었다. 맥아더는 밀도 의존과 밀도 비의존, 경쟁의 본질, 생활사 진화, 종의 다양성 양상의 원인, 종의 지리적 분포 구조에 관한 개념 개발에 크게 공헌했다. 사실 이 책에서 다루는 대부분의 주제에 영향을 주었다고 해도 과언이 아니다. 향년 42세라는 비극적으로 이른 나이에 사망한 것을 생각하면, 그가 생태학에 미친 지대한 영향이 더욱 놀랍게 느껴진다.

두 거대한 땅덩어리는 재서식지화 과정을 시작한 이주 개체의 풍부한 공급원이 되었을 것이다.

이주를 통해 섬에는 새로운 개체뿐 아니라 새로운 종이 이입된다. 새로운 종이 이입될 때마다 군집의 풍부도는 증가하며, 군집은 성장한다. 한편 이렇게 새로운 종이 이입될 때마다 미래에 이입될 종의 수는 감소한다. 이미 그곳에 존재하기 때문이다. 따라서 새로운 종이 이입되는 속도는 감소한다. 이론적으로는 공급원이 되는 대륙의 모든 종은 섬에 도착할 수 있다. 그리고 그때 새로운 종이 섬에 도착하는 비율은 물론 0이 된다. 그러나 이런 일은 일어나지 않는다. 바로 멸종이 균형을 제공하기 때문이다. 멸종은 섬에서 해당 종을 제거한다. 얼마나 많은 종이 섬을 공유하는지는 서식지화와 멸종이 어느 지점에서 균형을 이루는지에 따라 달라진다.

섬에 서식하는 종이 많아질수록 섬의 자원에 더 많은 압력이 가해진다. 자원은 어디에서나 유한하다. 계속 더 많은 종이 이입되면, 이 유한한 자원은 점점 더 적은 양으로 나뉠 것이다. 크기가 작은 개체군은 우연한 변화에도 멸종될 가능성이 더 높다. 종의 수가 증가하면서 각 종의 개체 수 크기(평균적으로)는 감소하며, 멸종 속도도 증가한다. 결국 종이 사라지는 속도와 종이 이입되는 속도는 같아진다. 멸종의 속도와 서식지화의 속도가 같아지는 것이다. 이때 섬 군집의 풍부도는 더 이상 증가하지 않는다. 섬은 맥아더와 윌슨의 이론이 그 이름을 따온 평형에 도달했다.

작은 섬에는 자원의 양이 더 적으므로, 더 적은 수의 종이 이입된 시점에 멸종과 서식지화의 비율이 균형을 이룬다. 한편 더 큰 섬은 자원이 더 많으므로 결국 더 많은 종이 이입될 것이다. 이처럼 평형설은 섬 크기에 따라 종 풍부도가 증가할 것으로 예측한다.

이는 사실이다. 실제로 작은 섬보다 큰 섬에 더 많은 종이 서식한다. **종-면적 관계**species-area relationship라고 불리는 이 양상은 아마 생태학을 통틀어 가장 탄탄한 양상일 것이다. 영국에는 약 2500종의 나방이 기록되어 있다. 그렇지만 아일랜드에 기록된 나방 종은 1400종에 불과하다. 콘월 서쪽 끝에 있는 실리제도에는 아마도 500여 종이 서식할 것이다. 이러한 양상은 거의 모든 섬의 대부분 종에서 관찰된다. 대략적인 법칙으로 표현하자면, 섬 면적이 10배 증가할 때마다 종의 수는 약 2배 증가한다. 이처럼 섬 또는 열악한 환경에 둘러싸인 서식지의 경우 크기는 중요하다.

서식지의 크기가 중요하다고 예상할 수 있지만, 그것만 중요한 것은 아니다. 고립 또한 중요하다.

다트 경기에서 제한선(다트판에서 2.37미터 바깥에 그어놓는다)에서서 다트를 던진다면 명중은 그리 어렵지 않다. 그러나 이 제한선이 10미터 밖에 그어진다면 표적을 맞히기가 몹시 힘들 것이다. 50미터 밖에 그어진다면, 맞히기란 불가능에 가까울 것이다. 이주하는 개체들은 다트이고, 섬은 다트판과 같다. 멀리 떨어져 있을수록 그 섬에 도달할 가능성이 줄어든다. 그리고 먼 섬으로의 이입률이 떨어진다는 것은, 더 낮은 풍부도 수준에서 이입과 멸종이 평형을 이룰 것이라는 의미다. 따라서 평형에 도달한 상태에서 멀리 떨어져 있는 섬의 풍부도는 본토와 가까운 섬에 비해 떨어질 것이다.

실제로 이러한 양상은 종-면적 관계보다는 덜 보편적이지만, 여전히 일반적으로 나타난다. 유럽 본토가 보이는 곳에 위치한 영국 지역의 나방군과 아이슬란드의 나방군을 비교해보자. 아이슬란드에 서식하는 종 가운데 유럽에서 유래한 종은 100종도 채 되지 않는다. 물론 아이슬란드의 크기는 영국의 절반 정도에 불과하지만, 종의 수는 면적 크기의 차이로 예상되는 것보다 훨씬 적다. 또한 아이슬란드에 서식하는 많은 종이 비녀은무늬밤나방처럼(아이슬란드에 서식하는 일부 종은 아마 인간의 영향으로 이입되었을 것이다. 애옷좀나방Common Clothes Moth이 그 예다) 장거리를 이동한다는 사실은, 멀리 있는 서식지일수록 도달하기가 더 어렵다는 것을 증명한다.

맥아더와 윌슨은 본래 종이 멸종하는 속도에 서식지 크기가 큰 영향을 끼치고, 종이 서식지화하는 속도에는 고립이 중요하다고 생각했다. 그러나 그 반대도 사실일 수 있다.

섬의 크기가 클수록 이입되는 개체에게는 표적이 더 커지는 것과 같다. 만약 제한선이 10미터 밖에 있을 때, 다트판의 지름이 10미터라면 다트를 맞히기 더욱 쉬워질 것이다. 영국해협을 건너 북쪽으로 향하는 비녀은무늬밤나방은, 실리제도에 있는 면적 3제곱킬로미터의 트레스코섬을 놓치기 쉽지만, 20만 9000제곱킬로미터인 영국을 놓치기는 쉽지 않을 것이다.

더 큰 섬에 더 많은 종이 이입된다면, 이 섬은 더 높은 수준에서 멸종과 이입의 평형을 이루며 더 풍부한 군집을 만들 수 있다. 한

나방은 빛을 쫓지 않는다

편 더 가까운 섬에 이입될 가능성이 높으므로, 개체가 이동하며 멸종위기에 놓인 개체군에 개체 수를 보충하면 멸종을 막을 수도 있다. 출생률만으로 사망률을 초과할 수 없을 때, 이입되는 개체가 있다면 이입률과 출생률의 합산은 사망률을 초과할 수 있을 것이다. 이전에 살펴봤던 구조 효과다. 이처럼 크기와 고립은 둘 다 서식지화와 멸종에 영향을 미칠 수 있다.

우리는 군집의 본질이 변화한다는 문제를 다시 직면하게 된다. 변화는 군집이 어떻게 구성되는지의 질문에 답하는 데 상당한 어려움을 초래하지만, 그 답의 일부이기도 하다. 한 섬(또는 다른 지역)에 서식하는 종의 수가 이입과 멸종 사이의 균형이라면, 군집이 유동적으로 변화할 것임을 **기대할** 수 있다. 즉 군집 내 종의 수가 평형을 이루더라도 종의 구성은 시간이 지나면서 **변화할** 것이며, 우리는 종의 전환을 기대할 수 있을 것이다.

섬 군집에서 종이 얼마나 빨리 전환되는지는 서식지화와 멸종이 어느 수준에서 균형을 맞추는지에 달려 있다. 이것은 각각의 비율 rate에 따라 달라질 것이다.

그것은 한 개체군의 출생률·사망률과 유사하다. 사망률이 낮을 때는 출생률도 낮아야 개체군 크기가 안정된다. 사망하는 개체가 거의 없을 때는 개체의 전환이 거의 일어나지 않는다. 개체가 높은 비율로 사망할 때는 전환율이 높아질 것이다. 런던의 인간과 쥐의 개체 수를 생각해보자. 쥐 개체군의 구성은 (더 높은 사망률과 더 높은 출생률로) 해마다 인간의 개체군 구성보다 빠르게 변한다. 개체군 크기는 같아도 전환율은 매우 다를 수 있다.

섬의 군집도 마찬가지다. 이주와 멸종이 낮은 비율에서 균형을 맞춰 나타나는 종의 수는 높은 비율에서 균형을 맞춰 나타나는 종의 수와 같을 수 있다. 이런 식으로 크고 먼 섬(이주율과 멸종률이 낮음)에는 본토에 더 가까운 작은 섬(이주율과 멸종률이 높음)과 같은 **수**의 나방 종이 서식할 수 있다. 그러나 후자의 경우에 종의 **구성**이 더 빠르게 변할 것으로 예상한다.

이주율을 설명하는 것은 맥아더와 윌슨이 모델을 개발할 때 중요한 동기였다. 군집은 불변하는 종의 집합이 아니며, 그 구성원은 변한다. 이런 이주율을 예상할 수 있는 것은 그들 모델의 장점이다. 하지만 동시에 약점이기도 하다.

서식지화와 멸종은 섬의 종 다양성에 영향을 미치지만, 이러한 군집의 발전을 제대로 이해하려면 이주하는 개체의 **정체성**도 고려해야 한다. 평형설은 모든 종을 동일한 것으로 취급한다(중립설처럼 말이다. 중립설은 평형설에서 영감을 얻었다). 그러나 모든 종은 동일하지 않다. 굴벌레큰나방과 코들링나방은 동일하게 창조되지 않았다. 비녀은무늬밤나방과 참나무얼룩어리굴나방도 마찬가지다. 군집은 **전환되지만**, 종을 동등하고 상호교환이 가능한 것으로 가정한다면 예상하는 것과는 **다른** 양상으로 전환된다. 그래서 종의 정체성은 중요하다.

크라카타우섬은 이런 과정을 잘 들여다볼 수 있게 해준다. 화산 분화 이후 최초로 정착한 식물은 양치류와 풀이었다. 이들 종의 포

나방은 빛을 쫓지 않는다

자와 씨앗은 매우 작아서 쉽게 바람에 휩쓸리며 새로운 기회를 맞이할 수 있다. 이들은 서식지의 훌륭한 개척자이지만, 뛰어난 능력에는 대가가 따르기 마련이다. 경쟁자로서의 능력을 희생해 얻은 것이기 때문이다. 어떤 종도 모든 것을 잘할 수는 없으므로 선택과 집중이 필요하다는 점을 기억하자.

크라카타우섬에 관목과 나무의 번식체가 이입되었고, 이 식물들은 다른 능력을 선택했다. 씨앗이 크면 장거리를 이동하기 더 어려워진다.* 그러나 일단 이동한 뒤에는 큰 씨앗에 담긴 많은 영양분으로 길고 강한 새싹과 뿌리를 생산할 수 있다. 이 식물들은 강한 경쟁자다. 초원은 곧 관목으로 뒤덮이고 크라카타우섬 전역에 숲이 펼쳐졌다. 이런 방식의 천이遷移는 버려진 정원을 자연이 점령하는 모습을 지켜본 이들에게는 익숙한 광경일 것이다. 종은 서식지를 점유하고, 또 멸종한다. 그러나 서식지화와 멸종은 무작위로 발생하지 않는다.

관목이 서식지를 점령하면서 초본식물의 멸종 속도가 증가한다. 이후 서식지에 숲이 들어서면 관목이 감소하게 된다. 비록 평형설이 예측하는 것처럼 느린 속도이긴 하지만, 새로운 종은 이입되고

---

* 씨앗은 흔히 동물에 의존해 먼 곳으로 옮겨지기도 한다. 마지막 빙하기 말, 빙하가 잦아들며 유라시아어치에 의해 참나무가 북유럽 전역으로 빠르게 퍼졌다. 이들이 나중에 먹으려고 묻어놓고 잊어버린(또는 이를 묻은 새가 죽어 땅에 그대로 묻힌) 도토리는 새로운 지평을 열 기회를 잡았다. 수백만 개의 열매와 견과류가 먹히지만, 먹히지 않고 남은 열매만으로도 광활한 숲에 싹을 틔우기에는 충분하다.

그들 중 대부분은 정착하지 못한다. 그리고 서식하는 종의 멸종률은 오르지 않고 오히려 떨어진다. 숲의 수관층canopy이 닫히면 기존에 서식하는 종을 쫓아내기가 매우 어려워진다. 이전 장에서 살펴본 선점 효과다. 점유가 법칙의 9할을 차지한다.

동물은 스스로 먹이를 생산할 수 없기 때문에 다른 유기체의 생산물에 의존한다. 따라서 동물 군집은 궁극적으로 섬에 서식하는 식물과 그 밖의 독립영양생물이 제공하는 기회에 의존할 수밖에 없다. 우리가 보통 나비라고 부르는 주행성 나방 그리고 아마 야행성 나방 또한 크라카타우섬의 식생 변화를 따랐을 것이다. 산림식물이 초원식물로 대체되면서 점점 더 많은 개체가 이입된다. 그러고는 이동도 멸종도 잦아들고, 전환율도 줄어든다.

정체성은 **어떤** 동물 종이 섬에서 그 기회를 얻을지 결정한다. 종이 어떤 서식지를 선호하는지는 이야기의 일부에 불과하다. 만약 기회를 활용할 가능성이 그 기회에 도달할 능력에 달려 있다면, 핵심은 이동 능력이 될 것이다. 이 능력은 종마다 크게 다르다.

여기서는 크기도 중요하다. 나방의 경우, 날개폭이 더 긴 종은 더 멀리 날 수 있으므로 섬에 도달할 가능성이 더 높다. 영국에 서식하는 나방은 10종 가운데 6종이 소형 나방이다. 아이슬란드에서는 10종 가운데 6종이 대형 나방이고, 소형 나방은 대부분 화물 등과 함께 비의도적으로 이입된 것이 분명하다. 비녀은무늬밤나방처럼 튼튼하고 빠르게 비행하는 야행성 종이 섬 서식지에서 발견될 확률은, 친척인 버드나무자나방Willow beauty이 발견될 확률보다 더 높

나방은 빛을 쫓지 않는다 🦋

을 것이다. 공급원 군집에 풍부하게 존재하는 종도 마찬가지인데, 이입된 개체가 군집에서 우연히 나올 가능성이 더 높기 때문이다.

새로운 장소에서 새로운 기회를 얻는 것과 그 기회를 실제로 활용하는 것은 다른 문제다. 이와 관련해서는 먹이에 까다롭지 않은 것이 도움이 된다. 새로운 곳에 도착했는데 자신 또는 자손의 먹이가 없다면 서식지화는 중단될 것이다. 다양한 초본식물을(그렇다!) 먹이로 삼는 나방 종은 입맛에 맞는 먹이를 찾을 가능성이 높다. 특히 섬이나 서식지가 천이 초기 단계에 있을 때도 그렇지만, 나무가 점유를 마친 후 하층식물층에 있는 경우에도 그렇다. 런던처럼 고립된 도시 서식지 패치의 나방 덫에서 이런 나방 종이 자주 발견되는 이유다.

이동성이 낮고 먹이 특수성을 지닌 종은 고립된 서식지에서 생존하기 어렵다. 서식지 패치에는 그들이 선호하는 먹이가 존재할 가능성이 적고, 이들은 먹이가 존재할 만한 서식지로 이동하기가 어렵기 때문이다. 한편 고립된 서식지에서 존속**할 수 있는** 종도 **있기** 때문에, 그러지 못하는 종은 멸종 양상에 영향을 미친다. 자원에 따라 이입할 수 있는 종이 결정되며, 종이 서식지에 일단 정착한 이후에는 제거하기 어렵다.

이전 장에서 살펴본 내용을 떠올려보자. 이후 이입되는 종은 그들이 경쟁해야 하는 개체군보다 수가 적으며, 인구통계학적 임의 변동의 위협에서 벗어날 수 있을 만큼 개체군 크기를 성장시키기가 어렵다. 한편 자원 상황이 변하면 새로운 종이 이입될 수 있다.

영국에 지의류가 부활하며 하인나방의 수가 다시 늘어난 것처럼 말이다. 이처럼 종이 전환되려면 새로운 기회가 필요하다. 그렇지 않으면 기존 세입자는 꿈쩍도 하지 않을 것이다.

작은 파괴?

생태학은 몇 가지 간단한 진실로 뒷받침된다. 그중 하나는 모든 생명체가 존속하려면 이동 능력이 필수적이라는 것이다. 이동 능력이 없다면 나방 덫에는 아무것도 잡히지 않을 것이다. 이동 능력이 단순히 덫에 날아들기 위한 능력도 아닐 테고 말이다.

이입과 이출은 탄생·죽음과 함께 모든 생태계의 생성과 유지를 뒷받침하는 기본적인 과정이다. 개체군 내 그리고 개체군 간의 상호작용은 개체군의 존속 여부를 결정한다. 비록 하나의 모형으로는 설명할 수 없을지라도, 모형은 이러한 역학과 움직임의 중요성을 이해하는 데 도움이 된다. 자연은 너무도 복잡해서 모든 모형이 틀린 듯 보일 것이다. 사실이다. 그러나 일부 모형은 유용하다. 메타 개체군 역학 모형은 엄청난 영향력을 발휘했다. 평형설도 마찬가지다. 이러한 모형이나 가설은 분명 유용하다고 할 수 있을 것이다. 어느 모형도 자연의 작용을 완벽하게 묘사하지는 못하지만, 핵심 요소는 포착한다. 그리고 이러한 핵심 요소 중 일부는 실제로 매우 중요한 것으로 밝혀졌다.

나방은 빛을 쫓지 않는다

첫 번째는 이입 개체의 중요성이다(이출 개체도 마찬가지다. 이입 개체는 어딘에선가 이출한 개체다). 이렇게 이동하는 개체가 없었다면 세상의 대부분 지역은 생명체가 전혀 살 수 없는 환경이었을 것이다. 하와이제도나 아이슬란드, 크라카타우섬 그리고 다윈에게 영감을 준 갈라파고스제도를 생각해보자. 다윈이 그곳에서 발견한 생명체는 그의 진화론에 영향을 미쳤지만, 다른 번식체가 이입되지 않았더라면 이 화산 노두는 그저 맨 바위에 지나지 않았을 것이다. 불과 1만 2000년 전에는 영국 대부분 지역이 얼음 속에 있었다. 우리와 이 섬을 공유하는 대부분의 종은 빙하가 사라지면서 서서히 이곳을 서식지화했다. 인간을 포함해서 말이다.

이동하는 개체들은 말 그대로의 섬뿐 아니라 척박한 환경에 둘러싸인 섬 같은 서식지에도 중요하다. 이를테면 콘크리트와 벽돌의 바다 사이에 자리 잡은 정원 같은 조각 말이다. 이런 정원은 주변의 개체군을 유지하는데, 그러지 않으면 다양성은 사라질 것이다. 런던 도시의 옥상 테라스에 놓인 나방 덫으로 물베니어나방과 비녀은무늬밤나방을 가져다주는 것이 바로 이런 정원이며, 덕분에 나는 덫에서 예상치 못한 즐거움을 얻을 수 있었다. 이들은 단지 울타리 너머의 이웃 정원이나 들판을 살펴보기만 해서는 덫의 내용물을 이해할 수 없음을 보여준다. 내 덫에 날아든 나방 중 일부는 프랑스에서 날아오른 나방이다. 어쩌면 크리스티아누 호날두의 얼굴에서 내 옥상 테라스까지 날아왔을지도 모른다. 이처럼 우리의 국지 생태계는 예상치도 못한 방식으로 더 넓은 세계와 연결되어 있다.

메타 개체군 역학 모델과 평형설은 또한 멸종을 다양성 양상을 주도하는 근본적 과정으로 정의한다. 이상하게 보일 수도 있지만, 죽음이 개체에게 그렇듯 멸종은 개체군에게 피할 수 없는 것이며, 결코 무시할 수 없는 것이다. 1883년에 발생한 화산 폭발은 매우 극단적인 예시로, 크라카타우섬의 모든 동물과 식물, 그 밖의 개체군이 갑자기 멸종되었다. 물론 대부분의 개체군은 이런 거대한 폭발음이 아닌 훌쩍이는 소리와 함께 끝을 맞이하지만 말이다.

크라카타우섬은 멸종이 손실을 의미하는 동시에 기회이기도 하다는 점을 강조한다. 다른 종은 이 빈자리를 이용할 수 있다. 새로운 개체가 이입될 기회가 생기고 전환이 발생한다. 군집은 변화한다. 변화만이 변함없이 계속된다. 멸종률 증가에는 대가가 따르지만, 이는 직접적인 개체군 손실 때문만이 아닌 이주의 중요성 덕분이다. 햄프스테드히스 공원을 콘크리트로 덮는다면 캠던의 옥상 테라스에 모여드는 나방의 다양성은 크게 줄어들 것이다. 그 광경이 테라스에서 직접적으로 보이지 않는다고 해도 말이다. 그보다 더 먼 곳의 서식지가 파괴된다면 어떨까? 소실된 작은 서식지 하나하나는 놀라울 정도로 멀게 느껴지는 곳에서부터 점진적인 효과를 가져올 수 있다.

우리의 모형은 종의 정체성 또한 중요하다는 것을 보여준다. 코들링나방은 굴벌레큰나방과 동일하지 않으며, 서로를 무턱대고 대체할 수도 없다. 스타드 드 프랑스는 하인나방이 아니라 비녀은무늬밤나방의 습격을 받았다.

군집을 구성할 때는 종을 단순히 서로 바꿔 끼울 수 있는 벽돌로 취급해선 안 된다. 각각의 특성에 따라 어떤 종이 서식지에 도달할 수 있을지, 어떤 종이 살아남을 수 있을지가 결정되기 때문이다. 특성은 이런 방식으로 메타군집 역학에 영향을 준다. 서식지를 점유하는 능력은 종마다 다르다. 멸종 가능성 또한 모든 종이 동일하지 않다. 이는 군집이 변화하는 방식에 영향을 미친다.

하지만 이주는 우리에게 중요한 자연의 요소가 하나 더 있다고 말한다. 비록 지금껏 무시해왔지만, 이는 매우 중요하다. 바로 평형설의 특징인 **공급원**이다.

섬이든 다른 곳이든, 서식지에 서식하는 각각의 종은 다른 공급원에서 이출한다는 점을 떠올려보라. 크라카타우섬의 경우, 이 공급원은 자바섬 또는 수마트라섬이었다(세베시섬Sebesi Island을 경유한 것으로 보인다). 영국의 경우는 유럽 대륙이다. 서식지의 각 개체는 미래에 서식지로 이입될 수 있는 종의 수를 줄이는데, 그 수는 풍부한 공급원에서 줄어든다. 공급원에 종이 풍부할수록 서식지화할 수 있는 종의 수가 더 많아진다.

이것은 매우 중요하다. 섬이나 군집에 있는 종은 더 넓은 환경에 존재하는 종의 하위 집합이다. 더 넓은 환경이 풍부할수록 그 환경을 대변하는 하위 집합도 더 풍부해질 것이다. 아이슬란드의 레이캬비크에 나방 덫을 놓으면 런던에서보다 더 적은 종이 잡힐 것이다. 아이슬란드에 서식하는 나방 종이 그리 많지 않기 때문이다. 반대로 1999년 보르네오의 포링온천Poring Hot Spring에 9개월 중 24일 동안 설치한 나방 덫에서 거대 나방 1169종이 포획되었을 때 과연 어떤 기분이었을지 단지 상상해볼 뿐이다.[9] 이는 영국 전체에 서식하는 거대 나방 종보다 더 많은 수다. 단 한 군데에서 말이다(나방 덫을 6개 운용했다는 사실이 크게 위로가 되진 않는다). 이처럼 서식지의 풍부도는 근본적으로 해당 서식지가 속한 지역의 풍부도에 달려 있다.

그렇다면 지역의 풍부도를 결정하는 것은 무엇일까? 짧게 말하면, 그 답은 진화다. 긴 답은 다음 장에 이어진다.

7

분화와 멸종 사이의 춤

다양성이 이끄는 곳

···너무도 단순한 시작에서 가장 아름답고도
가장 경이로운 형태가 끝없이 진화해왔고, 지금도 진화하고 있다.

찰스 다윈Charles Darwin

코끼리를 닮은 애벌레

　나방 덫을 갖고 싶다는 열망이 확고해진 지 3년이 되던 해였다. 나는 야외학습협회 한 센터가 실시한 2주간의 생태학 현장학습에서 학생들에게 생물 다양성을 정량화하는 방법을 가르치고 있었다. 하지만 그해 여행은 여느 해와는 달랐다. 우리는 스코틀랜드의 킨드로건이 아니라, 안타깝게도 지금은 야외 수업에 개방되지 않는 레이크디스트릭트Lake District의 블렌캐스라Blencathra에 있었다. 그때가 2021년이었으므로 코로나19에 대응하려고 만든 다양한 규약도 지켜야 했다. 그해는 채집한 표본도 달랐는데, 그해에 운용한 나방 덫은 단지 평소의 수업 방식에서 벗어날 수 있는 기분 전환이 아니었다. 나방을 잡는 게 무척 중요하다는 것을 나는 직감할 수 있었다.

　자연이 어떻게 작동하는지 이해하려면 무엇이 있는지 알아야 한다. 나는 수년간 현장학습에서 학생들과 함정트랩pitfall trapping을 사용해 곤충을 채집해왔다. 함정트랩은 아주 단순하지만 단일군집, 즉 지표성ground-dwelling 절지동물을 포획하는 데 매우 효과적인 도구다. 저녁때 함정을 땅에 파놓고 아침에 확인하면, 해당 서식지를 이용하는 곤충이 함정에 빠져 있는 것을 발견하게 된다.

단점이 없지는 않다. 교육적 관점에서 가장 도드라지는 단점은 이 함정에 빠져드는 다양한 곤충, 이를테면 딱정벌레, 여러 작은 곤충, 날벌레, 톡토기, 거미, 진드기, 응애 따위를 확실하게 동정하기 어렵다는 것이다. 넓은 범위의 분류군이 채집된다는 사실도 도움이 되지 않는다. 매우 다양한 계통의 동물을 능숙하게 동정하는 것은 어려운 일이기 때문이다. 이름은 중요하다. 채집한 동물에게 정확한 이름을 붙일 수 없다면, 채집한 종의 수 같은 기본적인 수치조차 계산할 수 없다.

나방 덫의 경우, 채집한 종을 동정할 때 마주하는 어려움이 훨씬 적다. 덫으로 채집한 나방은 대부분 높은 정확도로 동정할 수 있고, 대형 나방은 거의 동정이 가능하다. 그래서 2021년에는 학생들이 평소처럼 함정트랩을 설치하게 했지만, 이는 대비책이었다. 그해의 주요 계획은 소형 화학선 히스트랩compact actinic Heath trap을 몇 개 운용하는 것이었다. 3년 동안 영국의 나방에 푹 빠져들어 그 생물학과 동정법을 배웠으니, 이제 새로운 지식을 다음 세대에게 전달할 때가 된 것이다. 적어도 그게 내 계획이었다. 과연 나방도 이런 마음에 부응해줄까?

나는 낙관적이었다. 일기예보도 괜찮은 것 같았다. 밤 기온은 온

나방은 빛을 쫓지 않는다

화할 예정이었으며, 평소에는 밤낮 가리지 않고 비가 자주 오는 레이크디스트릭트의 강우 확률도 낮았다. 우리는 그렇게 블렌캐스라 곳곳에 빛을 밝혀놓고 잠자리에 들었다.

다음 날 오전 7시에 학생들을 만나 나방 덫을 열고 내용물을 비우는 방법을 보여주기로 했었다. 그 밤은 마치 크리스마스 아침을 기다리는 아이에게 그렇듯 더디게 지나갔다. 결국 약속 시간보다 한 시간이나 먼저 나방 덫으로 가서 덫을 하나 열어보았다. 그 안에서 기다리는 선물을 확인하기 위해서 말이다. 덫에 천천히 다가가다 보니, 몇 미터나 떨어진 곳에서도 수많은 선물을 만나게 될 것임을 직감할 수 있었다. 대비책으로 준비한 함정트랩은 필요 없을 것이다. 그 첫 번째 덫 밖에는 포플러톱날개박각시Poplar Hawk-moth가 앉아 있었다.

박각시는 곤충 중 거대 동물에 속한다. 그들의 크기를 생각하면 적절한 설명일 것이다. 모든 박각시가 거대하진 않지만, 영국에 서식하는 박각시 중 가장 큰 종인 줄홍색박각시의 경우 날개폭이 작은 새와 비슷하다. 그리고 그 크기보다 거대한 매력을 지녔다!

박각시는 비행 능력이 대단하다. 많은 박각시가 성충이 되면 꽃 사이를 빠르게 비행하면서 꽃 앞을 맴돌다가 긴 주둥이를 펼쳐 꿀을 마신다. 박각시의 영문명 뜻은 '매나방Hawk-moths'이다. 여기서 '매'는 아마 공중을 맴돌며 비행하는 전형적인 맷과의 새 황조롱이•와 비교해 붙인 이름으로 보인다.

꼬리박각시Hummingbird Hawk-moth의 영문명 뜻은 '벌새매나방'으로, 낮에 꽃꿀을 마시는 모습을 본 사람들이 자주 이들을 실제 벌새로 오인하곤 한다(나방은 구대륙종Old World species에 속하고, 벌새는 신대륙종New World species에 엄격히 제한되지만 말이다). 다른 주행성 박각시 종은 호박벌을 흉내 내며 호박벌처럼 날개가 투명하게 보일 정도까지 의태를 발전시켰다. 박각시 중에서 드물게 이주성이 있는 박각시Convolvulus Hawk-moth는 날개를 조금만 들어 올리면 가슴의 진홍빛 반점 한 쌍이 드러나는데, 노려보는 눈처럼 보여 포식자를 놀라게 한다. 애벌레가 코끼리 같은 모습을 하고 있어 영문명의 뜻이 '코끼리매나방'인 주홍박각시Elephant Hawk-moth와 작은주홍박각시Small Elephant Hawk-moth는 깜짝 놀랄 만큼 강렬해서 얼핏 부자연스러워 보일 정도로 밝은 분홍색과 금빛을 띤다.

　포플러톱날개박각시는 다른 박각시처럼 뚜렷한 매력이 있지는 않지만, 그 자체로 카리스마를 발산한다. 나방을 열정적으로 찬양하는 책《헛소동Much Ado About Mothing》의 저자 제임스 로언James Lowen에게 그랬듯, 누군가의 마음을 사로잡기에는 충분하다. 그는 포플러톱날개박각시를 자신의 최초 나방이자 "거대하고 영광스러우며 완전히 잘못된" 나방으로 묘사한다.[10]

● 엄밀히 말하면 황조롱이는 호크hawk(수리과Accipitridae에 속하는 새)가 아니라 팰컨falcon(매과Falconidae 매속Falco에 속하는 새)에 속하지만, 나방이 처음 명명되었을 때는 호크가 더욱 일반적으로 사용되었다('호크'와 '팰컨' 둘 다 '매'로 번역된다—옮긴이). 물론 호크와 팰컨은 밀접한 관련이 없다.

'벌새매나방'이라는 뜻의 영문명을 지닌 꼬리박각시. 낮에 꽃꿀을 마시는 모습을 보고 벌새로 오인하는 사람이 많다.

포플러톱날개박각시가 앉아서 쉬는 자세는 여느 나방과 달리 특이하다. 뒷날개 일부가 앞날개 앞으로 튀어나와 네모나고 울퉁불퉁한 윤곽을 만든다. 대체로 차분한 회색과 갈색을 띠지만, 종종 방해를 받으면 뒷날개를 펄럭여 놀랄 만큼 짙은 붉은 반점을 드러내 상대를 놀라게 한다. 그렇지만 이 나방은 쉽게 놀라지 않는다. 다른 박각시처럼 포플러톱날개박각시 역시 두꺼운 모피 코트를 차려입은 녀석치고는 매우 쿨한chilled 편이다. 호기심 넘치는 학생들의 손에서 손으로 옮겨지는 동안에도 그저 조금 불만스러운 모습을 보일 따름이다.

포플러톱날개박각시는 비교적 흔하다. 이렇게 멋진 나방이 흔하다니, 뭔가 잘못된 것 같다는 느낌이 들 정도다. 블렌캐스라에서 덫

앉은 자세가 특이한 포플러톱날개박각시. 방해를 받으면 뒷날개를 펄럭여 짙은 붉은 반점을 드러낸다.

을 놓는 동안 우리는 매일 이들을 만났다. 그리고 익숙함은 경멸이 아닌 애정을 낳았다. 포플러톱날개박각시를 채집하며 학생들은 나방의 즐거움을 배울 수 있었다. 학생들이 전형적인 나방 애호가처럼 코에 나방을 올려놓고 사진을 찍기까지는 시간이 오래 걸리지 않았다. 신나게 사진을 찍으며 학생들은 열정적으로 다른 나방을 동정하는 데 몰두했다.

이렇게 인상적인 박각시는 나방 동정을 소개하고 시작하기에 좋은 종이다. 크고, 눈에 잘 띄며, 독특하기 때문이다. 그러나 안타깝게도 이들은 카리스마를 얻은 대신 다양성을 희생했다. 영국에서 18종의 박각시가 기록되었다. 절반은 영국에 영주하며, 2종은 영국에서 일정 기간을 보내고, 나머지는 대륙 본토에서 드물게 영국을

나방은 빛을 쫓지 않는다

방문한다. 이처럼 비교적 동정하기 쉬운 박각시를 제외하면, 영국에는 850종 정도의 대형 나방이 남는다. 이들의 이름을 모두 알아내는 것이 그리 쉬운 일만은 아니다.

이들 중 많은 종이 밤나방과에 속한다. 우리는 이미 비녀은무늬밤나방과 아무르밤나방을 만나봤지만, 영국에는 350종이 넘는 밤나방과 나방이 서식한다. 또 다른 300여 종은 독특한 걸음걸이로 애벌레에 자벌레라는 이름이 붙은 자나방과에 속한다. 이 가운데 많은 종의 영어 이름은 '카펫Carpet' 또는 강아지의 늘어진 턱 모양에서 따온 '퍼그Pug'로 끝난다.

이렇듯 많은 종이 이들 과에 속한다는 사실만으로도 동정이 쉽지 않으리라는 것을 알 수 있는데, 단지 무늬의 작고 미묘한 차이에 기반해 이들을 구별하는 경우가 많다. 일부 종은 생식기의 구조만 다른 경우도 있다. 태극나방과(불나방과 하인나방을 포함해 영국에 약 90종 서식), 재주나방과(둥근무늬재주나방을 포함해 약 30종) 그리고 영국에 20종 이하로 서식하는 다른 대형 나방의 성체를 동정하는 것은 조금 더 쉽다.

학생들은 블렌캐스라에서 덫을 놓아 포획한 대형 나방 78종을 동정했다. 영국에 서식하는 대형 나방 종 전체의 10분의 1에 조금 덜 미치는 수다. 그중에는 무척이나 아름다운 녀석들도 있었다. 섬세한 분홍빛 반점을 지닌 무늬뾰족날개나방과 무지갯빛 금색의 각시금무늬밤나방 등이다. 이 두 나방은 나도 오랜 기다림 끝에 비로소 채집할 수 있었다. 하지만 첫 포플러톱날개박각시를 발견했을 때보다 더 흥분되는 순간은 없었다.

덫에 담긴 이야기

이름은 우리의 경험에 닻을 내려 우리 이야기의 지표가 된다. 또한 우리는 이름을 토대로 목록을 작성할 수 있으며, 이 목록을 토대로 생명의 다양성을 정량화할 수 있다(물론 우리가 무엇을 부르는 이름은 우리의 언어, 또는 우리가 언어를 배운 곳에 따라 달라진다. 그렇기 때문에 언어와 상관없이 정확하게 무엇을 말하는지 알 수 있게 하고자 모든 종에 단 하나의 학명을 부여하는 것이다). 덫에 포획된 나방들을 동정한 뒤, 이름이 얼마나 많은지 즉시 세어보지 않을 사람이 누가 있겠는가? 적어도 과학자 중에는 한 명도 없을 것이다! 이는 나방 덫의 내용물을 이해하는 데 가장 근본적인 질문으로 되돌아가게 한다. 우리의 나방 덫에 포획되는 종의 수는 어떻게 결정될까?

군집 생태를 살펴보며 이를 짚어보았다. 덫 주변 지역은 중요하다. 류트렌처드 매너 부지에는 내가 사는 런던의 아파트에서 내려다보이는 정원보다 더 많은 종의 나방이 서식한다. 이를 위해서는 서식지의 질과 양 모두 중요하다. 콘크리트와 벽돌에서는 나방이 자라지 않는다. 적합한 먹이가 있는 작은 서식지의 개체군은 변덕스러운 우연의 위협에 노출되어 있다. 크기가 작은 개체군은 악천후나 출생률 감소 등의 불운을 마주했을 때 보통 오래 버티지 못한

나방은 빛을 쫓지 않는다

다. 경쟁자와 포식자는 이러한 문제를 더욱 악화한다.

그러나 군집의 주변 환경은 이야기의 일부에 불과하다. 종 수를 생각하기 위해서는 더 넓은 환경을 고려해야 한다. 전 세계적 환경을 말이다.

어떤 지역도 완전히 고립되어 존재하지 않는다. 내가 사는 거리의 정원도, 류트렌처드 매너 부지도 모두 더 넓은 환경 안에 존재한다. 내가 사는 곳의 나방 군집은 메타군집(군집으로 이루어진 군집)의 일부이고, 그 군집의 구성은 나방 덫의 내용물에 매우 중요하다. 이전 장에서 살펴본 것처럼 이주는 탄생, 죽음과 함께 자연환경을 조직하는 근본적인 과정이다.

우연의 변덕에도 소실될 수 있는 작은 개체군은, 다른 메타군집에서 이입되는 개체 덕분에 존속될 수 있다. 작은 섬의 풍부함은 종의 풀pool에서 온다. 메타군집은 지역군집보다 더 많은 개체로 구성되므로 그 안에는 거의 확실히 더 많은 종이 있다. 그 풍부한 군집에서 이입되는 개체는 국지 종의 풍부도를 높이고, 또 유지할 수 있다. 이처럼 더 풍부한 메타군집은 우리에게 더 풍부한 국지 개체군을 제공해준다. 덕분에 우리는 나방 덫에서 더 많은 종을 만나볼 수 있다.

이것은 다음 질문으로 이어진다. 무엇이 메타군집의 풍부도를 결정할까? 이 질문의 답을 찾기 위해 우리는 환경 전반에 걸쳐 종 풍부도가 어떻게 달라지는지, 또 왜 달라지는지를 이해해야 한다. 즉 종이 생성되는 과정을 생각해봐야 한다.

북반구 온대지역의 바깥

박각시는 거대하지만, 이 점에서 다른 나방과는 여러모로 예외적이다. 나방은 대부분 작고 대수롭지 않게 여겨진다. 나방 덫을 운용하는 사람들이 아니고서야, 거의 사람들 눈에 띄지 않는다.

우리는 약 14만 종의 나방을, 나비를 포함하면 16만여 종의 이름을 안다. 그러나 대부분의 경우, 이름이 이들에 관해 우리가 아는 **전부**다. 나방은 비교적 많이 연구된 편에 속하는데도 말이다. 우리가 기생벌에 관해 얼마나 아는 것이 없는지 기억해보라. 대부분의 기생벌은 이름조차 없다. 이름이 없다는 것은 종 수의 광범위한 변화를 이해하는 데 큰 문제가 된다. 그런 변화를 이해하려면 이름뿐 아니라 **어디에** 서식하는지를 알아야 한다. 대부분의 곤충에 대해 우리는 이러한 정보가 없다. 곤충의 분포에 관한 세부 지도를 그리기에는 그들이 너무 작고 너무도 많다.

또한 우리가 **가진** 지식은 대부분의 분류학자나 과학자가 거주하는 지역에, 즉 북반구의 온대지역에 편향되어 있다. 열대지방 같은 일부 지역에 존재하는 대부분의 종을 알지 못한다면, 종 수의 광범위한 유형을 이해하기가 쉽지 않다. 이는 국지군집의 구조를 이해하려 할 때 직면하는 것과 똑같은 문제이지만, 그 규모가 더 크다.

이러한 이유로, 전 세계 동물 종 수의 변이 유형에 관한 연구는 대부분 잘 알려진 몇 가지 종을 연구한 데서 나온 결과다. 관점을 넓힐수록 우리는 그림의 작은 일부에 더욱 의존하게 된다. 이 경우

나방은 빛을 쫓지 않는다

그 작은 일부란 주로 카리스마 넘치는 거대 동물, 그중에서도 새와 포유류다.

일부 지역에 다른 지역보다 더 많은 종이 서식하는 이유를 이해하는 데서 조류와 포유류는 다른 모든 분류군보다 이점이 크다. 이들은 아마추어와 전문 동식물 연구가와 생태학자의 많은 관심을 받으므로, 우리는 적어도 이 세상에 존재하는 조류와 포유류만큼은 대부분의 종을 안다고 생각한다(여전히 매년 새로운 종이 보고되는데도 말이다). 개별 종의 생태에 관해 많은 것을 알고 있으며, 상대적으로 정확도가 높다고 알려진 1만 5000여 종의 지리적 분포 지도가 있다. 이는 종이 풍부한 지역과 그렇지 못한 지역을 식별할 수 있다는 뜻이다.

또한 우리는 그들의 **계통 발생**과 관련해 꽤 상세히 알고 있다. 지금까지 이름 붙인 조류와 포유류의 모든 목, 과, 속, 종의 진화적 관계를 설명할 수 있는 것이다. 이는 어떤 종이 어떤 종과 관련 있는지 알아내기 위해 종의 유전코드를 하나하나 비교하는 엄청난 양의 작업, 즉 대규모 친자 확인 테스트의 결과다. 팰컨falcon과 호크hawk는 둘 다 '매'라고 번역되지만, 사실 팰컨은 호크보다는 학처럼 다리가 긴 카리아마seriemas와 더 밀접하게 연관되어 있다. 한편 나방을 잡아먹는 '밤매'라고도 불리는 쏙독새는 매보다 벌새에 더 가깝다. 이러한 계통 발생을 안다면, 방대한 진화의 기간에 여러 종이 다양한 속도로 진화했음을 알 수 있다. 또한 이 속도의 차이를 통해 종의 다양화 원인을 찾아볼 수 있다.

우리는 새와 포유류에 관해 가장 많이 알지만, 곤충처럼 더 작은 종에 관해서 전혀 모르는 것은 아니다. 박각시는 거대 동물에 속하는 군으로, 우스갯소리로 '명예 새'라고 할 수 있을 정도다. 적어도 구대륙에 사는 1000여 종의 경우 우리는 그 서식지를 제법 정확하게 파악하고 있다. 이 정보를 바탕으로 지구 육지 면적의 상당 부분에 걸쳐 박각시가 풍부한 지역과 거의 서식하지 않는 지역을 지도로 그릴 수 있다.

이 지도는 전 세계적으로 종의 수가 불균등하게 분포되어 있다는 점을 보여준다. 종이 풍부한 지역과 그렇지 않은 지역의 차이는 극단적이다.

박각시는 습한 열대지방에서 가장 흔하게 발견된다. 특히 동남아시아에서 흔하게 볼 수 있다. 이 지역의 약 100×100킬로미터는 약 175종 이상을 수용할 수 있다. 이는 미국과 캐나다를 합친 북미 대륙 전체에서 발견되는 수를 능가하고 영국 전체에서 기록된 수치의 약 10배에 달하지만, 면적은 키프로스보다 조금 더 넓은 수준이다.

박각시는 동남아시아에서 북서쪽으로 히말라야산맥 남쪽 경사면을 따라 특히 풍부하게 서식한다. 인도네시아 군도를 거쳐 뉴기니에서도 풍부하게 발견된다. 그렇지만 토레스해협을 건너 호주로 건너가는 데는 어려움을 겪었거나, 호주로 건너간 종이 다양한 종으로 분화하지는 않은 것으로 보인다. 퀸즐랜드의 습한 열대지역을 제외하면 호주에는 박각시가 거의 서식하지 않는다.

박각시는 서아프리카와 중앙아프리카의 열대우림을 통과하는 사하라사막 이남의 아프리카 중앙벨트central belt에 많이 서식한다. 우간다, 르완다, 부룬디, 콩고 동부에 걸쳐 있는 알버틴열곡대 Albertine Rift 산맥 등 동아프리카 산간 지대에서는 풍부도가 절정에 달한다. 동부와 남동부 아프리카의 나무가 많이 자라는 사바나와 해안 숲 또한 박각시가 서식하기에 좋은 장소이며, 마다가스카르 북부도 마찬가지다.

습한 열대지방에서 멀어질수록 풍부도는 떨어지는 경향이 있다. 아프리카 남서부와 중앙아시아의 조금 더 건조한 지역 그리고 유럽과 러시아 타이가의 시원한 지역에는 훨씬 적은 종이 서식한다. 그렇지만 영국 레이크디스트릭트 현장학습에 참여한 학생들의 마음을 사로잡는 데는 이 **적은** 다양성만으로도 충분하다. 한편 호주 서부의 건조한 지역과 러시아 북부 툰드라 지역에는 거의 서식하지 않는다.

이는 박각시에 관한 이야기지만, 새나 포유류 종의 다양성에서도 웬만큼 비슷한 양상이 나타난다(우리가 나비라고 부르는 주행성 나방 군에도 적용된다). 박각시 풍부도는 서식지마다 차이를 보이지만, 일반적으로 동물은 뜨겁고 습한 곳을 선호한다. 산의 존재는 풍부도를 더욱 높여준다. 동남아시아와 히말라야 남부, 콩고분지와 알버틴열곡대는 모두 조류와 포유류의 서식지이기도 하다. 아메리카대륙에서도 같은 양상이 관찰된다. 종의 다양성은 아마존과 대서양 열대우림에서 매우 높고, 안데스산맥에서 가장 높이 나타난다. 콜

롬비아나 에콰도르, 페루의 산맥 100×100킬로미터 지역에는 유럽 전체에 서식하는 것보다 더 많은 종의 번식 조류가 서식할 수 있다.

거대 동물이 다른 모든 동물군을 대변할 수 있을지는 확신할 수 없지만, 적어도 넓은 의미에서는 합리적인 가정이다. 나방 덫에서 더 많은 종을 만나보고 싶다면 적도와 더 가까운 지역에 있어야 하고, 비를 맞을 각오를 해야 하니 말이다.

이러한 양상은 **왜** 습한 열대지방에서 더 많은 종을 만날 수 있는지 의문을 품게 한다. 19세기 초의 박식가 알렉산더 폰 훔볼트 Alexander von Humboldt가 이러한 양상을 처음 관찰한 이래로 우리는 그 질문에 대한 답을 찾아왔다. 그리고 답은 늘 그렇듯 복잡하다.

일반적으로 열대지방에서 극지방으로 갈수록 서식하는 종의 수가 줄어들지만, 이렇게 단순히 서식지를 분할하는 것은 다양한 변화를 간과하게 한다. 습윤 여부와 관계없이 서식지를 열대지역이나 온대지역으로 분할한다면, 이러한 위도 지역이 고유한 진화의 역사와 동식물군을 지닌 생물지리학적 서식지의 모자이크라는 사실을 간과하게 된다. 일부 열대지역은 다른 지역보다 종이 더 풍부하다. 대륙을 가로질러 동쪽에서 서쪽으로, 또 남쪽에서 북쪽으로 이동할 때마다 이러한 변화를 체감할 수 있다. 마찬가지로 특히 히말라야산맥과 안데스산맥 같은 산맥을 오를 때도 종의 풍부도가 변화하는 것을 볼 수 있다. 산 정상에서는 산기슭에서보다 발견되는 종의 수가 적지만, 보통 가장 많은 종은 산기슭과 정상 사이의 어딘가에서 발견된다. 우리는 이러한 변화도 설명할 수 있어야 한다.

공교롭게도 이는 좋은 일이다. 우리의 개념을 실험할 수 있는 더 크고 다양한 지역과 더 미묘한 변화 양상을 제공하기 때문이다. 수집할 수 있는 자료가 더 많을수록 과학의 발전에 더 많은 양분이 된다.

대부분의 사람은 극지방에 가까운 지역보다 열대지방에 더 많은 종이 서식하는 이유를 본능적으로 안다고 생각한다. 식물이나 동물을 키우며 그들을 살리려 노력해본 적이 있다면, 온기와 습도가 중요하다는 사실을 알 것이다. 생물은 일반적으로 차갑고 건조한 환경을 싫어한다. 맑고 건조한 겨울 아침의 아름다움에도 불구하고 인간 역시 온기와 습도의 부족함을 느낀다. 온기와 습도가 꼭 더 많은 **종**의 분화로 이어지지는 않더라도, 각각의 동물과 식물 **개체**에 좋을 수 있다.

열대지방에 더 많은 종이 서식하는 이유를 이해하려면 이 책의 시작 부분에서 소개한 탄생과 죽음, 이입과 이출이라는 기본 과정으로 돌아가야 한다. 이번에는 개체가 아닌 종에서 발생하는 과정을 고려할 차례다.

40억 년간의 춤

모든 생명체는 약 40억 년 전에 살았던 하나의 조상으로 이어진다. 초기 화석에 대한 연대 측정 그리고 모든 생명체가 동일한 유전암호를 공유한다는 점에서 이를 추론할 수 있다. 현존하는 수백만 종은 모두 종분화 과정, 즉 개체군을 고유한 특성의 여러 개체로 나누는 과정을 통해 이 공통 조상으로부터 발생했다. 이렇게 분화한 개체는 서로 번식해서 생식능력을 지닌 자손을 생산할 수 있지만, 특성이 다른 개체와는 번식할 수 없다.[*]

종분화는 새로운 종이 탄생하는 방식이다. '부모' 개체군은 두 개의(또는 그 이상의) '딸' 개체군(자매군)으로 분화한다. 이 과정의 초기에는 모든 개체가 서로 번식할 수 있다(생식 호환성sexual compatibility을 감안할 때). 하지만 분화의 마지막에서 개체는 각 딸 개체군의 다른 개체하고만 번식할 수 있다.

지구상에 나타난 모든 종이 오늘날에도 여전히 살아 있지는 않다. 종 또한 죽음을 맞이할 수 있기 때문이다. 사라져버린 종을 생각할 때 티라노사우루스 렉스*Tyrannosaurus rex*나 디플로도쿠스 카르

---

[*] 종의 다양한 정의를 설명하는 것만으로도 책 한 권을 채울 수 있으므로, 이 책에서는 이 정의에 집중하도록 하겠다. 이는 꽤 표준적인 정의로, 한 종의 구성원과 다른 종의 구성원이 함께 생식능력이 있는 자손을 생산할 수 없다는 것이다. 그러나 언제나 참은 아니다. 종분화는 일반적으로 오랜 시간이 걸리고, 우리는 분화 과정 중 다양한 시점에서 '종'을 만난다는 사실이 어느 정도 이유로 작용한다.

네기*Diplodocus carnegii* 같은 공룡의 이야기가 맨 먼저 떠오를 수 있지만, 사실 지금까지 살았던 대부분의 종은 멸종되었다. 종은 그것을 구성하는 개체와 마찬가지로 탄생과 죽음을 맞이한다. 우리와 마찬가지로 그들은 지구라는 이야기 속 불특정하고 불확실한 시간을 살아나간다.

탄생과 죽음 사이에 종은 서식지를 옮기기도 한다. 이주의 중요성을 다시 한번 느낄 수 있다. 새로운 기회를 찾기 위해 자기가 태어난 곳을 떠나는 개체는 필연적으로 자신의 종 정체성을 다른 위치로 옮기게 된다(적어도 처음에는 말이다. 이처럼 서식지를 옮겨가는 것은 지리적 종분화로 이어질 수 있다). 한 지역에서 탄생한 종은 다른 지역에서 살게 될 수 있다. 인간이 이러한 종의 예다.

서로 다른 지역에 서식하는 종의 수를 바라볼 때, 보통 이입과 이출만을 고려한다. 한 지역에 서식하는 한 종이 완전히 다른 지역으로 이동하는 경우는 드물기 때문이다. 고대 인류 중 일부는 아프리카를 떠났지만, 모두가 떠난 것은 아니다. 그러므로 지역에서 종을 제거하는 것이 아니라, 지역에 종을 추가하는 이입에 관해서만 생각하면 된다.

1장의 식을 떠올려보자. 한 지역에 서식하는 개체의 수는 출생률에서 사망률을 뺀 값과 이입에서 이출을 뺀 값에 따라 달라진다. 한 지역에 서식하는 **종**의 수도 마찬가지로 출생(종분화)과 사망(멸종), 이입과 이출(종의 경우 이입과 이출은 무시할 수 있을 만큼 드물다)의 차이에 따라 달라진다. 궁극적으로 종의 운명은 개체의 운명에 의해 결정된다. 40억 년 동안 반복된 생명체의 끊임없는 변화의 춤이 오늘날 우리가 보는 종의 풍부함을 제공했다. 지구의 일부 지역에는 종이 많고, 다른 지역에는 거의 없다. 이제 이들이 맞춰 춤추는 곡은 무엇이 결정하는지 질문해야 한다.•

오래될수록, 넓을수록

종의 수가 증가하려면 개체군은 우선 분리되어야 한다.

이는 물리적 장벽으로 발생할 수 있다. 산맥이 생겨나면 개체는 다양한 높이에 서식하게 된다. 해수면이 상승해 반도가 끊기고 언덕이 섬으로 변할 수 있다. 건조한 기후로 숲이 쇠퇴하고, 넓은 지역이 고립된 삼림지대로 조각난다. 시간이 지남에 따라 딸 개체군이 서식하는 환경의 차이로, 또는 우연의 영향으로 개체군이 서로 유전적으로 멀어지면서 이들은 다시 만났을 때 상호 생식이 불가능한 개체로 분화하게 된다. 이것이 '다른 장소'에서 발생하는 동종 이계의 종분화, 즉 **이소적** 종분화다. 종의 수가 증가했다.

• 이 질문에 대한 답은 서로 다른 지역의 종 수가 정체기('평형'으로, 로지스트형 생장 모델에서 볼 수 있는 환경수용력)에 도달했는지, 아니면 여전히 증가할 수 있는지('비평형'으로, 지수 생장 모델에서 볼 수 있다)에 일부 달려 있다. 나는 주로 비평형 상태가 사실일 것이라는 가정을 바탕으로 작업하지만, 미래가 어떤 모습일지 모르기 때문에 확신하기는 어렵다.

종분화는 물리적 장벽 없이도 발생할 수 있다. **동소적** 종분화, 즉 '같은 장소'에서의 종분화도 가능하다는 얘기다. 하나의 먹이 식물에서 자라는 나방은 두 번째 먹이 식물을 서식지화하고, 이런 식으로 멀어진 개체군은 다른 종이 될 만큼 멀어지게 된다. 조명나방 European Corn Borer은 이 과정을 실시간으로 보여준다. 조명나방의 영문명 뜻은 '유럽옥수수좀나방'인데, 이름을 보고 골치 아픈 해충이라고 생각할 수 있다. 그러나 이 나방은 본래 옥수수를 먹는 종이 아니었다. 인간이 옥수수를 유럽에 들여온 뒤 옥수수밭을 서식지로 삼은 것이다. 이제 옥수수밭에서 발생한 조명나방은 다른 먹이 식물에서 발생하는 나방과 성페로몬 그리고 발생 시기에서 차이를 보인다. 이들은 생식적으로 고립되고 있다. 이 여정의 끝에서 같은 종이었던 두 나방은 다른 종으로 갈라질 것이다.

종의 탄생은 한 지역에 서식하는 종의 수를 증가시킨다. 그렇다면 왜 어떤 지역에서는 다른 지역보다 종분화가 더 많이 일어날까? 그 답은 지난 두 단락에 드러나 있다. 바로 시간이다.

종분화는 느리게 발생하는 과정이다. 우리는 유럽에서 옥수수를 재배하기 시작한 이후 500여 년 동안 조명나방에서 종분화가 발생하는 과정을 지켜보고 있다. 그렇지만 이는 비교적 **빠르게** 발생하는 편이다. 인간과 네안데르탈인은 약 50만 년 전에 분화한 것으로 보이지만, 네안데르탈인은 약 4만 년 전에 멸종할 때까지 인간(호모사피엔스)과 생식했을 가능성이 높다.

검은다리솔새Common Chiffchaff와 이베리아검은다리솔새Iberian

조명나방의 영문명 뜻은 유럽옥수수좀나방이다. 본래는 옥수수를 먹지 않았지만 인간이 옥수수를 유럽에 들여오면서 옥수수밭을 서식지로 삼게 되었다.

Chiffchaff는 매우 비슷한 종으로, 불과 몇 년 전만 해도 동일한 종으로 여겨졌다. 이 두 종은 여전히 개체군이 겹치는 곳에서는 때때로 이종교배를 한다. 그러나 DNA를 비교하자 약 200만 년 전에 진화 경로에서 분화했음이 확인된다. 보통 종분화가 약 100만 년간 이루어지면 두 종은 완전히 다른 종이 된다. 그리고 영국이 완전한 섬으로 존재한 기간은 그중(100만 년) 단 1퍼센트의 기간뿐이다. 영국의 해안에 고유한 종이 거의 없다는 사실은 별로 놀라운 일이 아니다.

종분화에는 시간이 필요하므로 시간이 더 많이 주어질 수 있는 환경에서 더 많은 종을 볼 것으로 기대할 수 있다. 한편 종의 분포를 고려한다면, 열대지방이 온대지방보다 더 오래되었을 것이라는 점은 참이기도 하고 거짓이기도 하다. 이 가정이 틀린 이유는 해당 지역의 땅(그리고 바다)이 적도지역에 존재했던 것만큼 오랜 시간을 더 높은 위도에 존재했기 때문이다. 한편 지구 기온은 끊임없이 변동하며 위도에 따라 다른 영향을 미쳤다. 이러한 변동 때문에 열대지방에 더 많은 시간이 주어졌다.

우리의 지구는 250만 년 동안 빙하기와 간빙기를 순환하고 있다. 현재는 대략 10만 년 주기로, 지금같이 따뜻한 간빙기와, 지구 온도가 내려가 얼음이 적도 방향으로 퍼지는 '빙하기'가 발생한다. 불과 1만 2000여 년 전 영국의 대부분은 두꺼운 빙하층으로 덮여 있었다. 약 3400만 년 전에 시작된 빙하기의 영향이었을 것이다. 그 전에 지구는 약 2억 6000만 년 전 시작된 **온실**기후-Greenhouse period 의 영향으로 지금보다 더 따뜻한 기온을 경험했을 것이다. 이 시기 지구에는 빙하가 없고, 극지방에도 숲이 우거져 있었으며, 지구 전역에 걸쳐 열대기후가 나타났다[적도지역은 대부분의 (육상) 생물체가 견디기에는 너무 뜨거웠을 수 있다].

이 변화의 결과, 지구는 더 오랫동안 더운 열대성 환경을 경험했다. 지금의 온대지역은 생물 역사 중 대부분 기간에 열대지역이었으며, 나머지 대부분의 지역은 빙하에 의해 주기적으로 생물 다양성이 휩쓸려 나갔다. 열대지역과 달리 시간은 그들의 편이 아니었다. 종분화의 기회 측면에서 말이다. 이는 열대지역에 더 많은 종이 존재하는 일부 이유일 가능성이 높다.*

전 지구에 걸친 기후의 흐름을 통해 우리는 열대지방에 더 많은 종이 있을 것으로 예상되는 이유를 또 하나 알 수 있다. 생명이 발생한 역사 중 대부분의 기간 동안 지구는 대부분 열대지방이었다. 다시 한번 크기가 중요해진다. 그리고 이 경우에는 지역이다.

종분화에서 면적은 다양한 이유로 중요하다. 우선 면적이 클수록 더 크고 광범위한 개체군을 수용할 수 있다. 개체군이 클수록 이를 테면 산이 생성되거나 강이 넓어지면서 하위 개체군이 분리될 가능성이 더 높아진다. 우연히 발생하는 물리적 장벽을 경험할 가능성도 더 높다. 이러한 변화는 종에 다양한 고도와 같은 환경 조건을 더 넓은 범위로 제공할 것이다.

넓은 지역은 더 많은 기회를 제공하는 한편, 종이 그 기회를 이용할 가능성을 더 높인다. 더 넓은 지역에 더 많은 개체군이 있을수록 유전적 다양성도 커진다. 유전자가 변화하면 그 유전자가 프로그래밍하는 개체의 특징이 변하게 되고, 특징의 변화는 일부 개체가 새로운 환경을 접할 때 활용할 가능성을 더 높인다. 이 모든 것이 새로운 종의 탄생을 촉진한다.

지역은 종의 죽음에도 중요하다. 이미 살펴보았듯, 더 크고 더 광범위한 인구는 우연적 변화에 더욱 잘 버틸 수 있다. 광범위하고

• 종이 형성되는 데는 시간이 걸리기 때문에 종의 풍부도가 증가하기 위해서는 분명 시간이 중요한 듯 보인다. 하지만 그렇지 않다. 종 풍부도가 평형 상태에 도달했는지에 따라 달라질 수 있기 때문이다. 이처럼 시간이 많다고 반드시 더 많은 종이 발생하는 것은 아니므로, 시간보다는 다른 과정이 더 중요할 수 있다.

나방은 빛을 쫓지 않는다

풍부한 종은 화재나 홍수 또는 다양한 인구통계학적 임의 변동으로 멸종할 가능성이 작지만, 희귀하고 서식지가 제한된 종의 경우는 취약할 수 있다. 또한 작은 개체군은 환경 조건이 변할 때 적응할 수 있는 유전적 다양성이 부족한 경향이 있다.

따라서 종을 축적할 때 더 넓은 지역의 이점은 두 배가 된다. 종이 더 많이 탄생하고 더 적게 멸종하는 경향이 있기 때문이다. 열대지역은 이제 넓으며(열대지방이 작아 보이도록 왜곡된 지도를 조심하라. 열대지방은 그리 작지 않다!) 지구 역사 대부분에 걸쳐 지금보다도 더 넓었다. 더 넓은 지역이 더 오랜 시간을 지녔으니, 더 많은 종이 탄생할 수밖에 없었을 것이다.

이는 매우 그럴듯하게 들릴 것이다. 그러나 뒷받침하는 자료가 없는 가설은 단지 가설에 불과하다. 공교롭게도 우리가 지닌 최고의 자료가 이러한 가설을 뒷받침한다. 조류나 포유류 종이 풍부하게 발견되는 생물지리학적 지역은 오랜 시간과 넓은 면적을 모두 가진 지역이다. 오래된 넓은 지역은 종을 축적할 공간과 시간이 더 많았으며, 앞으로도 이러한 현상은 계속될 수 있다. 한 지역의 지질학적 역사는 그곳에 서식하는 새와 포유류 종의 다양성에 영향을 끼친다. 역사가 더 길고 클수록 더 많은 종을 얻는다.

에너지는 왜 중요할까

열대생물의 세 번째 이점은 바로 에너지 가용성이다.

모든 생물은 에너지를 사용해 살아간다. 대부분의 종에게 에너지의 궁극적 원천은 태양이다. 유기분자 생산에 연료를 공급하기 위해 직접적으로 태양에너지를 수확하는 식물과 그 밖의 독립영양생물, 또는 그 식물을 먹거나 식물을 먹은 동물에게서 에너지를 수확해 간접적으로 태양의 에너지를 공급받는 다른 모든 동물들에게 말이다.

태양 광선은 열대지방에서는 거의 수직으로 땅에 닿지만, 극지방에 가까워질수록 입사각이 커진다. 이것은 위도가 높아지면 동일한 양의 에너지가 더 넓은 면적으로 분산된다는 뜻이다. 온대지역에는 각 제곱미터당 열대지역보다 전반적으로 더 적은 양의 에너지가 도달하고, 극지방에 도달하는 에너지의 양은 가장 적다(태양을 기준으로 지구의 축이 기울어져 있으므로 정확한 분포는 각 반구에서 겨울과 여름 사이에 다르게 나타난다). 온대지역에서 살아온 사람들에게는 정오에 내리쬐는 열대지방의 뜨거운 태양이 불쾌하게 느껴질 수 있다. 그러나 이 풍부한 에너지는 생물의 필수 요소인 물이 있는 한 생명체에게는 무척이나 요긴하다. 습한 열대지방에서 나타나는 높은 풍부도는 이러한 필수 요소의 풍부함을 반영하는 것이다.

생명이 에너지에 의존한다는 점을 고려하면, 에너지가 더 많은 지역이 더 많은 생명을 수용할 수 있다는 생각은 합리적일 것이다.

나방은 빛을 쫓지 않는다

물론 더 많은 생명체가 서식한다는 사실이 반드시 더 많은 종의 분화로 이어지는 것은 아니지만, 큰 면적의 이점은 여기에도 적용된다. 더 많은 에너지가 있다면 더 많은 개체를 부양할 수 있다. 더 많은 개체는 더 많은 종분화의 기회로 이어지고, 멸종에 대한 저항력을 제공한다. 에너지, 면적, 시간은 더 많은 종을 의미한다. 이 공식에서 에너지가 빠질 때 어떻게 되는지 궁금하다면, 광대한 남극대륙을 보면 된다. 남극대륙은 면적이 넓지만, 태양에너지가 도달하는 곳은 거의 없다.

태양은 생명에도 에너지를 주지만 물리적 환경에도 에너지를 공급한다. 고체나 액체 또는 기체 분자에 에너지를 전달하면 온도가 높아진다. 이는 물질의 열에너지를 나타낸다. 높은 온도는 화학작용을 촉진하기도 한다. 생명을 지탱하는 생리학적 과정 또한 어느 정도까지는 온도 상승에 따라 촉진된다. 온도가 높을수록 대사율이 높아진다는 것은, 생명체가 높은 온도를 통해 생명의 순환을 더 빠르게 돌릴 수 있다는 의미다.

진화의 변화는 번식을 통해 발생하므로(이것이 닭보다 달걀이 우선임을 알 수 있는 이유다. 닭은 부화한 알과 유전적으로 같지만, 알은 그 알을 낳은 닭과 유전적으로 다르다) 세대 간 전환이 빠를수록 종분화는 더욱 빠르게 일어날 수 있다. 돌연변이 비율 또한 높은 온도에서 더 증가할 것이다. 돌연변이 비율은 개체군이 분화하면서 진화에 필요한 새로운 유전적 변이를 제공한다. 따라서 열대기후에서 더 많은 종이 생길 수 있는 또 다른 이유는, 다양성을 촉진하는 이러한 과정이 더 빠르게 진행되기 때문일 것이다. 적어도 곤충처럼 체온을 외부 온도에 의존하는 종의 경우에는 말이다. 인간 같은 온혈 척추동물은 외부 온도와 상관없이 일정한 체온을 유지한다. 따라서 이 메커니즘은 우리에게 적용되어선 안 될 것이다.

이번에도 이러한 가설은 그럴싸하게 들린다. 그러나 이번에도 자료가 무엇을 말하는지 살펴볼 필요가 있다. 그리고 이번에도 우리가 지닌 최고의 자료에 따르면, 에너지는 중요하다.

에너지는 조류와 포유류의 종 수에 지역과 시간 다음으로 중요하다. 다른 모든 조건이 똑같을 때, 종은 따뜻한 지역일수록 더 풍부해진다. 따뜻한 지역에서 다양화diversification가 더 빨리 진행되기 때문은 아니다. 조류와 포유류의 계통수에서는 다양화 속도가 서식지 지역의 풍부도와 관련되었다는 어떤 증거도 찾아볼 수 없다. 하지만 앞서 온도가 온혈동물의 다양화 속도를 가속화할 것으로 기대하지 않았으므로 우리에게 나쁜 소식은 아니다. 한편 이는 따뜻한 지역에 먹이가 더 많기 때문도 아니다.

그렇다면 새와 포유류에게는 온도가 왜 중요할까? 그 답은 아주 평범하다. 생명체에게는 액체 상태의 물이 필요하며, 물이 얼어붙는 지역에서는 환경에 대처하기가 더 어려워진다. 이것이 그런 지역에서 더 적은 수의 종이 발견되는 이유다.

에너지는 박각시 같은 변온동물에게도 중요하다. 대부분의 박각시는 따뜻한 환경을 선호한다. 그러나 새와 포유류에서 나타나는 상황과는 전혀 다른 양상이 나타난다. 박각시의 풍부도를 설명하는 데는 주변 온도보다 식물 생산성이 더 좋은 지표가 되는 것이다. 물론 에너지는 중요하다. 그러나 변온동물의 경우에는 체온을 유지하기 위해 에너지를 소비할 필요가 없으므로 먹이 가용성의 관점에서(또는 그들의 진화 속도를 촉진할) 에너지가 중요하다. 쉽게 말해 먹이가 많을수록 더 많은 나방이 있고, 종분화에 더 많은 기회가 주어지며, 멸종에 저항할 수 있다.

하루 만에 사계절을 겪는다면

자원의 양뿐만 아니라 자원의 안정성 또한 종 수에 영향을 미칠수 있다. 과연 호황 뒤에 불황이 뒤따르는지 여부가 말이다.

환경이 안정적이고 변화가 많지 않을 때, 종은 서식지나 서식지 내 식량원 같은 특정 자원을 이용하는 데 여유롭게 적응할 수 있으며 먹이 특이성도 발달시킬 수 있다. 또한 온화한 기후를 예상할 수 있다면 광범위한 환경 조건을 견딜 능력을 개발할 필요가 없다. 먹이가 항상 풍족할 경우에는 광범위한 먹이 선호도로 선택의 폭을 넓힐 필요도 없다. 먹이 특이성은 유럽의 조명나방처럼 종분화를 촉진할 수 있다. 한편 안정적인 환경에서는 멸종이 발생할 가능성도 작다. 이런 환경에서는 개체군의 크기가 작고 서식지 범위가 국한된 경우에도 우연한 변화로 위험에 빠질 가능성이 작다.

가변적이고 예측 불가능한 환경에 서식하는 종이 직면한 상황과 대조해보자. 이들은 계절에 따른 급격한 환경 변화로 인해 더 넓은 범위의 조건에 대처할 수 있어야 한다. 온대지방과 아한대지방에서는 여름과 겨울에 열대지방과는 무척이나 다른 어려움을 겪는다(열대지방도 계절의 변화를 겪지만 극단적이지 않다. 특히 온도 변화는 크지 않은데, 우리는 온도의 중요성을 살펴보았다). 하루 만에 사계절을 모두 겪을 수도 있다는 점은 말할 것도 없다. 먹이로 삼은 자원이 갑자기 사라져버릴 수도 있다면 먹이 특이성을 갖기가 그리 쉽지 않다.

따라서 이런 환경에서는 다양한 먹이를 선호하는 경우 더 많은 기회를 얻을 가능성이 높고, 먹이 특이성이 있는 소수의 개체군은 더 큰 어려움에 직면할 가능성이 높다. 먹이가 없을 때 대체할 수 있는 선택지가 없기 때문이다. 그래서 이들은 쉽게 멸종하고, 먹이가 다양한 종이 주로 군집에 남는다. 환경이 불안정한 지역에서 나타나는 낮은 종분화 속도와 빠른 멸종 속도는 종의 수를 감소시킨다.

이러한 차이점은 주로 열대지역과 온대지역의 동식물이 서로 다른 종으로 구성되는 이유 또한 설명할 수 있다. 어떤 종도 두 환경을 모두 완벽하게 똑같이 선호할 수가 없다. 여기에는 인간도 포함된다(그렇지만 인간은 옷과 난방부터 에어컨에 이르기까지 어떤 환경에서도 편안히 지낼 방법을 훌륭하게 찾아냈다).

안정적인 열대기후 조건에서 자란 동물은 보통 혹독한 계절 환경의 벽을 넘을 만큼 대비되어 있지 않다. 반대로 혹독한 환경을 견디는 동물은 생존을 위해, 번식이나 성장에 소비될 수 있는 귀중한 에너지를 소비해 지방층이나 두꺼운 털, 부동단백질 등 특별한 적응을 발달시켜야 한다. 이들이 열대지역으로 이입된다면, 비용이 많이 드는 이러한 적응은 경쟁에서 지지 않기 위해 빠르게 포기해야 한다. 종이 모든 것에 능숙할 수 없으므로 또다시 선택과 집중이 발생하는 것이다. 따라서 종이 이러한 지역 경계를 넘어가는 경우는 거의 없다. 이는 종의 탄생과 죽음이 이주보다 종 수의 변화에 더 중요하다는 것을 의미한다.

실제로 많은 유기체가 한 지역에서 발생해 다른 지역으로 이동했다. 주로 열대지방에서 발생해 다른 지역으로 이동하는 양상이다. 화초와 양서류, 새가 그런 예다. 지역 경계를 넘는 것이 이주 개체를 다양화하고 종이 분화할 새로운 기회를 열어준다면, 이런 일이 꼭 빈도에만 좌우되는 것은 아니다. 그들이 얻는 기회가 얼마나 큰지는 다시 시간, 면적, 에너지, 온도, 서식지화한 지역의 안정성에 달려 있을 것이다. 열대지방이 이주 개체의 공급원으로 선호되는 환경적 특징은 종이 태어나고 죽을 가능성에도 영향을 주어, 그 결과로 산출되는 종 수의 무게를 결정한다.

이러한 효과는 열대 산맥에 박각시 같은 종이 눈에 띄게 풍부한 이유를 설명할 수 있다. 종이 위도의 경계를 넘어가는 경우는 많지 않지만, 열대지역의 산을 수백 미터 오르듯이 다른 고도로 이동할 때는 그들이 직면하는 문제가 줄어든다. 종이 직접 움직이지 않아도 되는 경우도 있다. 서식지에 산이 형성되면서 그 융기를 타고 다양화하는 것이다. 저지대 열대우림에서 고지대 초원과 툰드라에 이르기까지 고도에 따라 평균 기후는 달라지지만, 이러한 기후도 안정적이다. 위도에 따른 극단적인 계절적 기후변화가 나타나지 않기 때문이다. 따라서 열대지방의 산비탈은 다양성이 높고 안정적인 환경을 제공하여, 종에 새로운 기회뿐 아니라 그 환경에 적응할 시간도 제공한다. 환경의 안정성은 중요하다(박각시가 가장 많이 서식하는 열대 산맥은 공교롭게도 대지 면적도 가장 넓다. 산맥에서도 면적은 중요하다).

상호작용의 압력

지금까지 종의 풍부도 증가를 촉진할 수 있는 물리적 환경의 특징을 살펴보았다. 그렇다면 책의 초반에 살펴본 종간 상호작용은 어떨까? 종간 상호작용 또한 종 풍부도에 영향을 줄 수 있을까? 아마 그럴 것이다.

물리적 환경의 변화가 덜 중요한 열대지역에서는 종간 상호작용이 더욱 중요할 수 있다. 만약 피해나 죽음이 주로 다른 종에 의해 발생한다면, 패자는 경쟁을 피하기 위해 진화할 것이다. 상대방의 경쟁력이 비교적 약한 위치를 찾아내 살아갈 방법을 찾는다. 즉 생태적 지위를 다르게 한다는 의미다. 나방이 잡아먹히는 것을 피하기 위해 개발한 수많은 방어수단을 떠올려보라.

이러한 적응은 모두 상호작용의 진화 압력을 보여준다. 적응에 대처할 필요성은 소비자의 진화를 주도한다. 그 결과, 상호작용하는 종의 급속한 진화가 발생할 수 있으며, 서로 다른 개체군이 서로 다른 방향을 향해 나아가면 더 많은 종이 탄생할 수 있다. 한편 수분 매개자와 꽃, 또는 균류 간 상리공생체인 지의류처럼 다른 종과 협력해 살아가는 상호작용 또한 동일한 효과를 나타낼 수 있다. 이처럼 종간 상호작용은 종분화의 속도를 가속화할 수 있다.

종은 상호작용을 통해 멸종 가능성을 줄일 수도 있다. 부모 식물의 그늘에서 싹을 틔운 새싹은 초식동물이나 병원균에게 더 큰 피해를 받을 가능성이 높다. 이들 소비자가 이미 부모 식물에 이끌려 근처에 있을 가능성이 높기 때문이다. 이러한 사실은 이들에게 먼 곳으로 이동할 동기를 제공하고, 더 멀리 퍼지는 자손뿐만 아니라 희귀종에게도 이점을 제공한다. 희귀종의 싹은 분산되어 다른 동종의 근처에 정착할 가능성이 작다. 희귀종의 이점은 군집을 지배해 경쟁자를 멸종시키지 않는다는 것이다.

안정화 과정을 떠올려보자. 종간 상호작용보다 종 내 상호작용이 더 중요할 때 종은 공존할 수 있다. 이 경우 상호작용은 소비자를 통해 통제된다. 초식동물(그리고 그 소비자)에 대한 연쇄 효과 또는 소비자에 대한 희귀종의 효과는 이러한 효과를 먹이사슬로 전파할 수 있다. 그 결과 더 많은 종이 생성된다.

상호작용은 확실히 중요하다. 경쟁과 포식은 개체군 크기 증가에 제동을 걸고, 개체군의 적응을 유도해 경쟁이나 포식의 영향을 피하게 만든다. 그러나 모든 종은 다른 종과 상호작용을 한다. 생물의 상호작용은 열대지방에서 더 강렬한데, 그 강력한 상호작용은 더 많은 종이 발생한 **원인**일까, 아니면 더 많은 종이 존재한 **결과**로 더 강렬한 상호작용이 일어나는 걸까? 아마 상호작용은 무엇보다도 물리적 환경이 먼저 제공하는 이점을 토대로 구축될 것이다.

우리는 거대 동물군을 통해 이것이 사실임을 알 수 있다. 종의 풍부도가 높은 지역에서 새나 포유류의 생태적 지위 또는 형태학적 특징이 더 멀리 떨어져 있다는(혹은 더 가깝다는) 증거는 거의 없다. 그렇지만 만약 상호작용이 다양화를 주도한다면 그런 차이가 발생할 것으로 예상할 수 있다. 상호작용은 의심할 여지 없이 지역군집 내 종의 공존에 영향을 미치며, 경쟁은 관련 종을 분리한다. 그러나 광범위한 생물지리학적 영역에 얼마나 **많은** 종이 공존하는지와 관련해서는 물리적 환경이 가장 중요하다.

앞으로 살펴보겠지만, 물론 상호작용이 무관한 것은 아니다.

후손의 격차

다양화를 촉진하는 과정의 변화는 공간에 따른 다양한 수준의 종 풍부도뿐만 아니라 시간에 따른 종 풍부도 증가 방식의 변화로도 이어진다. 우리는 나방 덫이라는 창문을 통해, 다양화가 나방의 종 수에 미치는 영향을 토대로 이를 들여다볼 수 있다.

블렌캐스라에서 학생들이 나방을 동정하며 마주한 어려움을 떠

나방은 빛을 쫓지 않는다

올려보라. 첫 번째 덫 바깥에 앉아 있던 포플러톱날개박각시는 학생들을 나방의 즐거움 속으로 끌어들이는 데 확실히 도움이 되었지만, 일반적으로 잡히는 종은 아니다. 아무리 좀 더 동정이 쉬운 대형 나방에게만 집중하려 해도, 나방 덫에 날아드는 나방 대부분은 이들과 다르다. 일반적으로 포획되는 대부분의 나방은 밤나방과나 자나방과에 속한다. 실제로 학생들이 잡은 종의 4분의 3(개체수로는 71퍼센트)은 모두 이 두 대형 나방과에 속했다. 나머지 13종은 영국에서 흔히 발견되는 종이었다. 한편 모든 과의 종 수가 비슷하지는 않다. 종의 수에서도 빈부격차가 현저히 드러나는 것이다.

모든 생명체는 공통 조상을 공유한다. 나방도 예외가 아니다. 약 2억 년 전으로 거슬러 올라가는 날개 비늘 몇 개가 우리가 지닌 화석기록에서 나방의 최초 증거이지만, 가장 오래된 화석이 종의 최초를 대변하는 것은 아니다. 다른 분류군 사이의 유전적 거리는 나비목이 3억 년 전, 석탄기 후기 또는 페름기 초기에 나타났을 수 있음을 보여준다. 이때 이들은 가장 가까운 곤충 친척인 날도래목(캐디스플라이caddis filies)에서 나뉜 것으로 보인다. 한편 당시 지구의 기후는 서늘한 단계에 있었으므로, 아직 알려지지 않은 최초의 나방은 열대생물 또는 온대생물이었을 수 있다. 어느 쪽이든 오늘날 살아 있는 약 16만 종의 나방(그리고 관습적으로 나비라고 불리는 종)은 이 하나의 조상에서 내려온 후손이다.

지금 이렇게 많은 종류의 나방을 볼 수 있는 것은 아마 나방에게 큰 행운이 따른 덕분일 테다. 나방이 진화적 확장을 시작한 것과 거의 동시에 꽃을 피우는 속씨식물(현화식물)의 진화와 다양화가 함께 이루어진 것으로 보인다. 초기 나방의 유충은 다양한 찌꺼기나 이끼를 먹었을 가능성이 가장 높으며, 성체가 되어서도 먹이를 씹을 수 있는 구강 구조를 지녔던 것으로 생각된다. 이후 잠엽성 종처럼 식물 구조 내부에서 발달한 종에 의해 속씨식물을 먹이로 삼기 시작한 것으로 보인다. 그러고는 나방은 식물의 성공에 편승했다.

그러나 이게 전부는 아닐 것이다. 나방은 식물의 교배에 기여해 식물의 성공을 도왔을 수 있다. 나방이 다음으로 맞이한 큰 진화적 변화는 긴 주둥이의 발달이었다. 처음에는 물이나 수액을 마시기 위해 발달했을 수도 있지만, 이 주둥이를 이용해 꿀을 에너지로 이용할 수 있게 되었다. 그리고 식물은 나방에 꽃가루를 묻혀 이들을 이용해 수분했다.

유충은 식물 구조 내부가 아닌 식물 **위**에서 발달하게 되며, 크기의 제약에서도 벗어날 수 있었다. 밤나방과, 자나방과, 박각시, 그들의 친척(갈고리나방과, 솔나방과, 산누에나방과, 누에나방과)으로 구성된 '진정한' 대형 나방●은 약 9000만 년 전에 공통 조상을 공유한 것으로 보인다. 밤나방과 나방은 그 뒤로 약 1500만 년 후 공룡

● 우리가 관례적으로 대형 나방에 포함하는 나방과 중 일부는 크기가 큰 소형 나방이므로, 엄밀히 말하면 '진정한' 대형 나방이 아니다. 그 예로는 굴벌레큰나방이 있다. 그렇다. 굴벌레큰나방은 사실 소형 나방이다!

나방은 빛을 쫓지 않는다

이 멸종되기 전에 다양화를 시작했을 수 있지만(조류를 제외한 공룡이라고 해야 옳을지도 모르겠다. 조류는 수각아목 공룡theropod dinosaur에서 진화했으므로 엄밀히 말하면 공룡이다), 급속히 확산한 것은 약 6600만 년 전 공룡에게는 죽음의 종소리였던 소행성 충돌 이후인 것으로 보인다. 박각시는 비교적 최근에 생겨난 종으로, 불과 약 4500만 년 전에 나타났다.

나방의 계통수에는 많은 가지가 있지만, 그들이 생산한 후손 수에 따라 가지별 성공의 정도가 매우 다르다.

나방의 계통수는 아마 처음으로 분지해 잔날개나방상과 Micropterigoidea로 이어졌고, 다른 모든 나방 종은 다른 가지를 따라 아래로 이어졌을 것이다. 잔날개나방상과에는 약 160종이 알려져 있는데, 다른 나비목 종의 수는 대략 1000배에 달한다. 계통수에서 나뉜 이후 정확히 똑같은 시간 동안 진화해왔는데도 말이다.

종의 탄생과 죽음에서 대칭적이지 못한 결과는 흔하다. 약 9000만 년 전 모든 진정한 대형 나방의 공통 조상은 두 종으로 나뉘었다. 하나는 류트렌처드에 놓은 나방 덫을 장식한 물결날개갈고리나방과 빗장날개갈고리나방 같은 현존하는 갈고리나방 700여 종으로 다양해졌다. 다른 하나는 약 4만 2000종이 알려진 밤나방, 2만 3500여 종이 알려진 자나방, 2000여 종이 알려진 솔나방, 1450여 종이 알려진 박각시로 분지했다. 전 세계 다른 지역과 마찬가지로 현저한 빈부격차를 엿볼 수 있다. 박각시보다 밤나방이나 자나방이 더 많은 이유를 이해하는 것은 나방 덫의 내용물을 이해하는 하나의 방법이다. 나방의 군마다 생산한 후손 종의 수가 이토록 큰 차이를 보이는 이유는 무엇일까?

밤나방 성공기

넓은 의미에서 그 답은 지역에 나타나는 풍부도 차이와 유사하다. 기회가 그 핵심이다. 이 기회의 한 요소는 다시 한번 시간이 제공한다.

더 오래 존재한 분류군이 더 많은 종을 보유할 가능성이 높다는 것은 분명 사실일 테다. 대부분의 경우 그 이유는 단순히 딸 개체군이 부모 개체군보다 더 어리기 때문이다. 밤나방과에는 은무늬밤나방아과(비녀은무늬밤나방과 그 친척이 속한다)보다 종이 더 많다. 은무늬밤나방아과는 밤나방과에서 더 나중에 분지한 하위군이기 때문이다. 물론 시간의 영향이 항상 이렇게 사소하지는 않다. 밤나방과는 박각시보다 더 오래되었고 종이 더 풍부하다. 이러한 차이가 발생하는 유일한 이유가 시간이 아닐 수도 있지만, 다양화에는 분명 시간이 걸리므로 시간이 많다는 사실은 도움이 된다.

다시 말해, 시간만이 종의 다양성을 결정하는 요인은 아닐 것이라는 얘기다. 나비목과 날도래목은 가장 가까운 친척으로 나이도 같다. 그렇지만 나방은 날도래보다 종의 수가 10배가량 많다. 갈고리나방과 밤나방을 떠올려보자. 우리에게는 분명 다른 설명이 필

나방은 빛을 쫓지 않는다

요하다.

이러한 요인 중 하나는 또다시 지역이다. 작은 지역에 국한된 군은 큰 지역에 서식하는 군만큼 높은 다양성을 얻을 수 없다. 종이 분화할 기회는 더욱 적을 것이다. 발생하는 새로운 종도 지리적 범위가 더 국한되어 있어 멸종에 더 취약할 수밖에 없다. 작은 지역에서는 종의 출생률이 낮아지고 사망률이 높아지는 경향이 있다. 결과적으로 축적되는 종의 수가 더 적을 것이다.

나방의 다양화 과정을 보여주는 전형적인 예로 창날개뿔나방과에 속하는 히포스모코마*Hyposmocoma*속을 통해 이를 설명할 수 있다. 이 속에는 600여 종의 나방이 알려져 있는데(더 많은 종이 발견될 가능성이 있다), 여기에 속하는 나방은 모두 하와이제도의 자생종이다. 이 수는 전 세계 창날개뿔나방과 나방 종의 3분의 1에 달하며, 하와이제도 전체에 서식하는 모든 나방 종과 비교해도 비슷한 비율이다. 그에 반해 하와이제도에 자생종 나비는 단 두 종이 서식한다.

하와이는 다양성을 연구하기에 매력적인 곳이다. 하와이제도를 구성하는 섬은 태평양 지각판이 화산 활동이 활발한 곳 위로 이동하면서 용암이 해표면 위로 솟아올라 형성되었다. 빅아일랜드Big Island로 알려진 가장 크고 가장 어린 섬에서는 오늘날에도 이 과정이 진행 중이다. 제도에 속한 각각의 섬은 (지질 연대의 관점에서) 짧은 시간 성장하다가, 판이 용암 근원지에서 멀어지며 성장을 멈추었다. 섬은 형성된 이후 태평양 바다에 침식되며 조금씩 면적을 잃었다. 가장 오래된 섬이 가장 작다(가장 오래된 섬들은 침식이 너무 진행되어 이제 해수면 위로 드러나지 않지만, 여전히 해저산으로 존재한다). 섬을 형성한 용암 근원지는 아마 8000만 년 동안 활동해온 것으로 보인다.

오늘날의 히포스모코마속 나방은 현재의 가장 큰 섬이 태어나기도 전인 약 1500만 년 전에 북부 아한대에서 기원한 것으로 보인다. 여기서 다시 이주의 중요성이 대두된다. 하와이의 모든 (육상)생물 다양성은 궁극적으로는 이주에 기인했다. 다양한 생물이 당시에는 서식 가능했던 섬에서 분화했지만, 그들은 곧 재앙을 맞이했다. 서식지가 조금씩 침식되어 사라지고 있었던 것이다.

다행스럽게도 용암 근원지에서는 꾸준히 새로운 섬이 생성되었고, 잠재적 서식지도 형성되고 있었다. 나방은 또다시 서식지를 이동했다. 그러나 이번엔 제도를 따라 이동했으며, 이 과정에서 점점 새로운 형태로 진화했다. 이러한 진화 과정에서 나방 애벌레 중 유일하게 달팽이를 포식하는 나방 종도 태어났다(달팽이 또한 제도에 이입된 뒤 다양성이 극적으로 증가했다).

오늘날 하와이제도에서 가장 큰 4개의 섬에 각각 서식하는 것으로 알려진 히포스모코마속 종의 수는 모두 비슷하다. 한편 지금도 여전히 성장하고 있는 빅아일랜드는 나이가 약 40만 년에 불과하다. 제도의 다른 섬인 오아후섬Oahu의 나이가 300만 년 정도인 것을 고려하면, 나방이 다양화할 시간은 적었다. 히포스모코마속 나방이 빅아일랜드에 이입한 시기는 더 최근이고, 여러 종으로 분화할 시간이 부족했을 것이다. 다만 빅아일랜드는 1만 432제곱킬로미터 면적의 큰 섬으로, 오아후섬의 7배나 된다. 나방 종의 분화에서 면적은 시간을 보상할 수 있다. 그러나 나이**와** 면적은 모두 다양성에 중요하다. 공간보다 **그리고** 시간보다 말이다.

종 풍부도의 비대칭성은 자원이 제공하는 기회의 차이에서도 비롯된다. 더 많은 자원은 더 많은 종이 탄생하는 양분이 될 수 있음을 기억하라. 에너지가 풍부한 열대지방에는 더 많은 서식지가 있으므로, 그곳에서 분화한 계통군은 일반적으로 온대지역에 기반을 둔 계통군보다 종이 더 풍부하다. 이를테면 박각시과에 속하는 황나꼬리박각시족*Tribe Dilophonotini*은 아시아의 온대지역에 기반하고 있으며, 오직 25종만 알려져 있다. 한편 열대지역에 서식하는 자매인 꼬리박각시족*Tribe Macroglossini*은 황나꼬리박각시족과 동시에 분지했지만, 총 502종이 알려져 있다. 자원의 풍부함이 이러한 차이의 원인일 수 있다. 우리는 자원이 공간을 넘어 박각시의 다양성 증가를 촉진한다는 사실을 이미 안다.

나방(그리고 다른 많은 동물군)의 자원과 기회에서 핵심은 식물이다. 나방과 식물의 계통수를 분석한 결과는 이 두 종의 다양한 주요 분지 시기가 일치했음을 시사한다. 이는 식물과 나방의 진화에 한 방향 또는 양방향의 인과관계가 있을 수 있다는 뜻이다. 나방의 다양성이 급격하게 증가한 것은 약 1억 5000만 년 전이며, 이때 현존하는 거의 모든 현화식물 종을 포함하는 계통군인 메스속씨식물군*Mesangiospermae*의 첫 번째 분지가 발생했다.

식물의 다양성이 증가한 뒤 나방은 식물의 화학적 방어기제와 그 밖의 방어기제를 회피하는 방법을 진화시켜 새로운 먹이 종을 이용할 기회를 얻었을 것이다. 또한 똑같은 식물에서 먹이 위치를 전환하는 것, 이를테면 잎을 먹이로 삼는 것과 꽃을 먹이로 삼는 것은 나방 종의 다양화에 도움이 되었다. 새로운 삶의 방식을 찾고, 다른 종보다 그 일을 더 잘하면서 이들은 생존했다.

한편 나방의 다양성이 가장 폭발적으로 증가한 때는 공룡이 멸종할 무렵인 백악기-제3기 경계 시기였다. 이 무렵 밤나방상과 나방과 그 친척들이 분화했다. 이들 군에서 발생한 다양화의 속도는 나비목에서 발생하는 배경 수준보다 7배 이상 빨랐다. 새로운 종이 출현하는 속도가 엄청나게 빨라진 것이다. 이들 종은 명백히 무언가 특별한 기회를 이용했는데, 아마 많은 영국 나방이 즐겨 먹는 '다양한' 초본식물의 활동이 동시에 폭발적으로 발생했기 때문일 것이다.

오늘날 밤나방상과 나방의 특성을 고려해볼 때, 이들의 조상은 목본식물에서 발달한 것으로 보인다. 예를 들어 재주나방과 Notodontidae는 밤나방상과에서 오래된 종에 속한다. 영국에 서식하는 대표적인 재주나방과 나방으로는 애벌레 시기에 다양한 낙엽수 잎을 먹으며 멋진 의태 능력을 자랑하는 둥근무늬재주나방, 주로 포플러와 버드나무를 먹는 애벌레 시기를 거쳐 두툼한 흰색 모피를 두르는(그리고 가짜 얼굴을 내밀어 포식자를 놀라게 하는) 나무결재주나방이 있다.

이들은 온대지역에 서식하지만, 이들의 조상에 속하는 계통군은 압도적으로 열대지방에 널리 분포했다. 이 계통군의 초기 분화 시기는 약 5500만 년 전, 대기 중 탄소 수준과 지구의 온도가 잠시 급등했던 팔레오세-에오세 극열기Paleocene-Eocene thermal maximum 그리고 지구 전반적으로 온도가 높았던 기간과 일치했다. 드넓은 열대림이 펼쳐지고, 심지어 극지방에도 숲이 존재했던 시대에는 나무를 먹이로 삼는 종에게 행운이 따랐다.

그러나 에오세를 거치면서 지구의 기온은 점차 낮아졌고, 극지방에는 만년설이 형성되기 시작했다. 기후도 더욱 건조해졌다. 이 기간에 숲은 쇠퇴해 작은 조각으로 나뉘었다. 그 틈새를 채운 것은 초본식물이었다. 온대기후가 확대되며 열대기후 지역이 줄어들었다. 이미 살펴보았듯 종은 열대지역과 온대지역 같은 지역의 경계를 넘기 어렵다. 그렇지만 지역의 벽을 넘는 데 성공한다면, 이들은 새롭고 풍부한 기회를 거머쥘 수 있다.

밤나방은 이 기회를 여섯 개의 다리로 힘껏 움켜쥐었다. 이 계통군에서 더 최근에 분화한 분지군에 속하는 종에서는 온대성 종과 열대성 종이 거의 동등하게 나타난다. 온대성 종은 대부분의 온대지역에서 잘 자라는 다양한 초본식물을 먹이로 삼았다. 온대지역으로 이동한 종은 달라진 환경에 대처하기 위해 생활사를 수정해야 했다. 그래서 수명주기 중 자원을 다르게 할당해 휴면기(환경이 좋지 않을 때 개체가 일시적으로 활동성을 낮추고 버틸 수 있게 하는 기간)를 보내고, 추위에 대응하는 메커니즘을 개발했다.

또한 온대지역에서는 다양한 먹이원이 공간과 시간에 따라 불안정하게 제공되므로, 범식성은 이런 지역에서 유리한 특성일 수 있다. 자원을 찾아 이동하는 능력도 중요하다. 범식성이자 높은 이동능력을 갖춘 밤나방의 대표적인 예가 바로 이전 장에서 만난 비녀은무늬밤나방이다. 비녀은무늬밤나방은 널리 방사한 하위군의 구성원으로, 이 하위군에 속하는 거의 모든 종은 온대지역에 서식한다.

온대지역은 밤나방이 움켜잡을 수 있도록 기회를 제공했다. 이것이 내가 온대지역에 놓는 덫에서 밤나방상과에 속한 종을 가장 많이 만나는 이유다. 하지만 이들은 온대지역에서보다 열대지역에서 더 빠르게 분화했다. 지금까지 살펴본 다양한 요인으로 열대지방은 여전히 종의 수에서 강점이 있다. 그러나 열대지방과 온대지방 모두에서 성공적으로 적응한 밤나방상과는 나비목의 다양한 상과 중 가장 풍부한 종이 되었다. 현재까지 알려진 전 세계의 밤나방상과 종은 알려진 나비 종의 두 배에 달한다. 화려한 나비는 많은 관심을 끄는 대상이지만, 눈에 띄지 않는 밤나방 또한 마찬가지로 흥미로우며 관심을 쏟을 만한 가치가 있다.

승자 또는 운의 기록

생명의 많은 부분은 운에 달려 있다.

내가 나방을 채집하는 데 영감을 준 나방 덫이 킨드로건에 있었

나방은 빛을 쫓지 않는다

던 것은 행운이었다. 성공적인 학업 경력을 쌓고 현장학습을 맡게 된 것도 행운이었다. 교육과 선택에서 나를 지지해준 부모님이 있다는 것은 행운이었다. 우리가 삶의 이야기를 써내려갈 때, 성공은 타고난 재능이나 노력에 달려 있다고 생각하기 쉽다. 그러나 운의 역할을 잊어서는 안 된다. 우리가 살아 있는 것조차 운에 따른 것이다.

운은 자연에도 똑같이 적용된다. 나방 덫을 열고 그 안을 들여다볼 때, 우리는 결정론과 확률론을 함께 엮는 과정의 결과를 본다. 그리고 그 안에는 규칙과 행운이 함께하고 있다. 우리가 잡는 종의 수는 이러한 결과를 대변한다.

영국제도에는 약 2500종의 나방이 서식하는데, 세계적 수치에 견주면 나방 종 풍부도는 몹시 낮은 편에 속한다. 영국에 나방이 왜 1500종이나 3500종이 아닌 2500종이 서식하는지, 그 이유는 명확하게 말할 수 없다. 다만 우리가 말**할 수 있는** 것은, 나방 덫에서 더 많은 나방을 만나고 싶다면 적도에 더 가까운 지역으로 가야 한다는 점이다.

그렇지만 열대지방에 더 많은 종이 서식하는 게 필연적인 일은 아니다.

진화가 새로운 종을 탄생시키려면 자원이 필요하고, 그 과정에는 시간이 필요하다. 더 넓은 지역은 더 많은 개체군을 수용할 수 있으며, 시간이 지나면서 종으로 분화할 수 있는 자원을 제공한다. 하지만 열대지방이 더 큰 것은 필연적이지 않다. 시간이 그들 편이라는 것 또한 필연적이지 않다. 지각판의 움직임과 지구 표면을 가로지르는 육지의 행렬, 수백만 년 동안 발생한 대기 중 이산화탄소 수준의 증가와 감소, 축을 중심으로 한 행성의 흔들림wobble 모두 저위도 지역의 육상생명체에게 유리한 환경을 조성했다.

생명은 덥고 습한 곳을 좋아하지만, 한계는 존재한다. 바로 골딜록스존Goldilocks zone이다. 온도가 **너무** 높아지면 식물과 동물은 대처할 수 없다(육상생물의 경우 너무 축축해서도 안 된다. 물론 수생생물에게 '너무' 축축하다는 기준은 없겠지만 말이다). 지구의 역사에서 온실기후가 나타난 시기에도 마찬가지였을 것이다. 온도가 너무 높으면 생명을 구성하는 분자가 변성되어 치명적인 결과를 초래할 수 있다. 그렇지만 현재 열대지방의 온도는 생명에 적절한 수준으로, 종분화를 위한 원료가 풍부히 제공될 수 있게 한다. 울창하게 자라는 식물은 소비자와 그 포식자에게 풍부한 기회를 제공한다. 이는 열대지방에서 일반적으로 그러하듯, 식물이 안정적으로 존재하는 경우에 더욱 그렇다.

종분화와 멸종 사이의 춤 그리고 종이 탄생과 죽음 사이에 분포한 양상의 결과는 세계의 다른 지역에서 극적으로 다르게 나타난다. 다양한 행운과 인구동태demography의 결과로 열대지방에는 많은 종이 나타났다. 그러나 모든 집단이 같은 수준의 성공을 거둔 건 아니다. 또다시 운이 작용한 것이다.

아마도 약 3억 년 전, 곤충 개체군 하나가 둘로 나뉘었다. 그중 한 자매군은 날도래목의 조상이 되었고, 다른 하나는 생명의 계통수에서 성공적 가지로 손꼽히는 나방의 시대를 탄생시켰다. 알려진 모든 종에서 9종 가운데 1종은 나방이다. 그러나 우리는 우연한 변화로 개체군이 얼마나 쉽게 소실될 수 있는지 안다. 그렇다면 최초의 나방은 얼마나 운이 좋았던 걸까? 운이 따르지 않아 영영 사라져버린 종에는 어떤 것이 있을까?

나방은 큰 성공을 거두었지만, 그 안에서도 성공의 정도는 갈린다. 초기에 속씨식물을 활용하기 위해 움직인 개체들은 그 선택이 엄청난 성공을 가져다줄 것임을 몰랐지만, 결국 크게 번성할 수 있었다. 열대지방의 시간·면적·에너지·안정성의 영향으로 이익을 얻은 군도 더 나은 성과를 거두었지만, 지역의 경계를 넘어 온대 위도에서 새로운 기회를 잡은 일부 군도 이 도박으로 큰 이익을 얻었다. 이들은 서식지에 처음 이입된 개체군이었기에 더 큰 성공을 거두었을 가능성이 높다. 지역군집의 구성에 영향을 미치는 선점 효과가 다양성에서 나타나는 차이까지 강화할 수 있는 것이다. 물론 성공하지 못한 다른 도박도 많았을 것이다. 그러나 역사는 승자의 기록이다. 그리고 생태학은 그들이 승리한 이유를 설명하기 위해 쓰였다.

6월의 그 주, 블렌캐스라의 나방 덫에 날아든 대형 나방 종의 대부분이 밤나방과나 자나방과였다는 것은 불가피한 결과였다. 영국에 서식하는 대부분의 종은 이 두 그룹에 속한다. 그래서 첫 번째 덫에 다양성 낮은 나방 종이 모습을 드러낸 것은 운 좋은 일이었다. 위풍당당한 포플러톱날개박각시 말이다. 그 나방은 학생들이 나방에 더욱 관심을 쏟게끔 영감을 불어넣어주었다. 그 나방이 또한 우리가 이 세상을 나방 같은 존재들에게 더 나은 곳으로 만들 수 있도록 영감을 주길 바란다. 앞으로 살펴보겠지만, 그들에게는 우리의 도움이 필요하기 때문이다.

8

종을 잃다

인류는 어떻게 생태계를 대변하게 되었나

인간은 자기 손으로 만든 악마를 알아보지도 못한다.

알베르트 슈바이처Albert Schweitzer

도감에 없는 나방

런던의 옥상 테라스는 자연의 풍요로움이 주는 영감을 얻을 가망이 없는 고립된 곳처럼 보인다. 그러나 모든 삶은 연결되어 있다. 테라스에서 내려다보이는 성숙한 나무와 누가 정성껏 가꾼 정원은 런던의 모든 정원과 공원에 그리고 도시를 둘러싼 그 너머의 숲에, 초원에, 목초지에, 황야에, 또 그 너머의 나라와 대륙에 그리고 그 너머의 다른 대륙과 내 테라스에 생명을 가져다주는 모든 과정의 근간인 자연의 법칙에 연결되어 있다. 이 연결은 내 테라스에 생명을 불어넣는다.

나방 덫을 열 때마다 나는 그곳에서 40억 년간 이 지구에 이어진 긴 이야기를 들여다본다. 그 안의 모든 곤충은 이 지구에 나타난 최초의 유기체로부터 부모와 자손이라는 끊이지 않는 연결을 이어간다. 그곳에서 만나는 한 마리 한 마리는 모두 세상에서 가장 위대한 생명의 이야기에서 각자의 역할을 맡고 있다. 우주에서 생명의 이야기를 꽃피운 유일한 행성으로 알려진 이 지구에서 말이다.

그러나 이 이야기는 최근 우려스러운 반전을 맞는다. 어느 날 아침, 런던의 옥상 테라스에서 가장 먼저 동정하려 했던 나방 한 마리는 이 반전을 설명하는 아주 적절한 소재가 될 것이다.

나방 덫 초심자로서 나는 물론 동정이 가장 쉬워 보이는 나방을 골라잡으려 했다. 그리고 척 보기에도 손쉽게 동정할 수 있을 듯한 녀석이 눈에 띄었다. 그날 덫에 날아든 나방 중에서도 큰 축에 속했고 독특한 무늬가 있었다.

보통 갈색이나 회색빛을 띠는 여느 나방과 달리 녀석은 진줏빛 날개였고, 날개 가장자리에는 두꺼운 검은 테두리가 있었다. 이 테두리는 독특한 윤곽선을 그리는데, 앞날개 가장자리를 향해 둥글게 휘며 미묘하게 뾰족한 끝부분을 만든다. 다리는 마치 하얀 '양말'을 신은 듯 보이고, 긴 더듬이는 새하얀 복부 끝까지 닿을 만큼 뒤로 길게 젖혀져 있다. 이 나방을 본 순간, 이름은 기억나지 않지만 분명 어디서 본 적 있는 종이라는 느낌이 강하게 들었다. 물론 크게 걱정하진 않았다. 내게는 이 문제를 금방 해결해줄 휴대용 도감이 있었기 때문이다.

그리고 20분 뒤, 눈물이 나올 것 같았다. 도감을 두 번이나 읽었지만, 눈앞의 나방과 들어맞는 그림은 없었다. 그나마 가장 비슷한 종은 가장자리가 검은 흰색 날개를 지닌 고운애기자나방이었다. 하지만 잘 봐줘야 조금 비슷한 정도였다. 게다가 리처드 르윙턴 Richard Lewington의 훌륭한 도감에는 (몇 가지 경우를 제외하면) 실물 크기의 나방 그림이 실려 있는데, 나방을 그림 옆에 놓고 비교했더니 한눈에 봐도 나방이 그림보다 컸다. 모양과, 흑백의 대비되는 무늬도 달랐다. 어떻게 아무것도 일치하지 않는 게 있을 수 있을까? 아직 동정할 나방이 한참 남았는데, 첫 번째 나방부터 난관에 부딪힌 것이다. 새로운 동물의 세계에 너무도 안일한 마음으로 발을 들인 깃일까. 나방 채집을 포기하고 싶은 마음마저 들었다.

이 시점에서 과학자 도구모음의 핵심 도구를 손에 들었다. 잘못된 사람의 손에 들어가면 위험할 수 있지만 사용법을 제대로 알면 놀라울 정도로 유용한 도구, 바로 구글이다(물론 다른 검색 엔진을 이용할 수도 있다). 나는 검색창에 '영국 흑백 나방black white moth UK'이라고 입력한 뒤 검색을 눌렀다. 잠시 후, 내가 찾는 나방의 사진이 눈에 띄었고, 드디어 정체를 알아낼 수 있었다. 회양목명나방Box-tree Moth이었다.

나방에 관한 설명을 읽어보고는 도감에서 왜 나방을 찾을 수 없었는지 깨달았다. 내가 사용하는 도감은 대형 나방만 다루고 있었다. 회양목명나방은 그 크기에도 불구하고 소형 나방으로 분류된다. 그렇지만 소형 나방을 소개하는 도감이 있었더라도 쓸모는 없었을 것이다. 그 안에는 회양목명나방이 실려 있지 않았을 테니 말이다. 회양목명나방은 도감이 작성되었을 당시 영국에 서식하지 않았다. 이것이 회양목명나방에 관한 내 기억이 막연했던 이유다. 이들은 외래종이다.

회양목명나방은 중국과 한국의 자생종으로, 2006년 독일 서부

바덴뷔르템베르크에서 몇몇 성충이 발견되었을 때는 자생지에서 꽤 먼 거리를 떠나온 상태였다. 우리는 어떤 나방은 인상적인 장거리 이동이 가능하다는 것을 이미 살펴보았다. 그러나 이 정도 거리는 비녀은무늬밤나방도 이동할 수 없다. 아무런 도움이 없다면 말이다. 회양목명나방은 스스로 날아 먼 거리를 이동한 것이 아니다. 무언가를 '타고' 이동했다.

이름으로 예상할 수 있듯, 회양목명나방 애벌레는 회양목(회양목속Buxus에 속하는 종)의 잎과 새싹에서 발생한다. 회양목은 원예 무역에서 흔히 다루는 품목이다. 광택 나는 작은 잎이 자라는 이 상록수는 조밀한 성장 형태 덕분에 울타리로 널리 쓰인다. 회양목은 수요가 많아 정기적으로 동아시아에서 서유럽으로 수출되는데, 하나하나 검수해 해충이 딸려오지 않았나 확인하는 사람은 없다. 열심히 살펴본다 해도 한 마리도 남김없이 찾아내는 것은 불가능하고 말이다. 따라서 회양목명나방(알이나 애벌레 또는 번데기)이 회양목과 함께 다른 지역으로 이입되는 것은 시간문제였다. 그들이 독일에 이입되고 나서 이듬해에 영국 남동부 켄트의 상업용 비닐터널(비닐하우스)에서 모습을 드러낸 것은 그리 놀라운 일이 아니었다.

영국의 회양목명나방은 매사추세츠의 매미나방처럼 초기에는 아주 천천히 퍼졌다. 2010년까지 영국에서 회양목명나방이 발견된 기록은 10건에 불과했고, 2015년에도 연간 겨우 100건을 넘어서는 정도였다. 하지만 뉴잉글랜드의 사례처럼, 이는 폭풍 전의 고요

회양목명나방은 중국과 한국의 자생종이지만, 원예 무역에서 회양목이 널리 다뤄지면서 다른 지역에 이입되었다.

에 불과했다. 내가 처음으로 회양목명나방을 잡은 해인 2018년, 개체 수가 급증했다. 그해 영국에서는 9000건 이상의 회양목명나방이 기록되었으며, 이미 웨일스와 스코틀랜드로 퍼진 상태였다. 수많은 애벌레가 새로운 세상 밖으로 튀어나왔다.

　외래종은 인간이 지구 생명의 양상에 변화를 미치는 주된 방법 가운데 하나다. 생태학적 맥락에서 외래종이란 인간의 활동 때문에 그들의 일반적인 분포 범위를 벗어난 새로운 환경, 즉 자연적으로는 발생하지 않는 환경에 유입된 종을 말한다. 나 역시 외래종을 주제로 다양한 연구를 진행했으며, 그래서 처음 회양목명나방을 발견했을 때 익숙한 느낌이 들었던 것이다. 물론 외래종을 전부 기억하는 건 불가능하겠지만 말이다. 전 세계적으로 외래종은 2005년에 이미 1만 6000종을 넘어섰고, 그 수는 계속 빠르게 증가하고 있다. 나방 덫을 운용한 기간이 늘어나면서 점점 더 많은 외래종을 만날 수 있었다.

호주의 자생종인 연갈색사과잎말이나방Light Brown Apple Moth은 이름과 달리 거의 모든 녹색 식물을 먹는다. 붉은줄무늬원뿔나방 Ruddy Streak 또한 호주의 자생종으로 낙엽을 먹는다. 유럽 중부와 남부에 서식하는 참나무열재주나방Oak Processionary Moth의 애벌레는 심각한 피부 자극뿐 아니라 흡입할 경우 호흡기 문제를 일으킬 수 있는 털이 있다. 이들은 모두 본래 서식지에서 영국으로 수입된 식물을 통해 이곳으로 유입되었다. 이제는 내 옥상 테라스에서 만나볼 수 있다.

외래종에 과학자들이 우려를 표하는 이유는 환경에 상당한 영향을 미칠 수 있기 때문이다. 우리는 이미 메드퍼드의 매미나방이 환경에 어떤 영향을 미쳤는지 살펴보았다. 비록 매미나방처럼 그 수가 극적으로 늘지는 않았지만, 회양목명나방의 유입에는 우려할 만한 이유가 있다. 회양목명나방 애벌레는 식물의 줄기까지 썹어 먹을 수 있기 때문에 회양목으로 정원을 가꾸는 사람들에게는 골치 아픈 문제가 될 수 있다.

더 우려스러운 점은 이 나방이 영국의 희소한 야생 회양목 삼림을 파괴할 수도 있다는 것이다. 2009~2010년에 회양목명나방은 독일 최대 규모의 회양목 숲에서 잎을 90퍼센트 먹어 치웠으며, 잎을 완전히 먹힌 나무는 몇 년 만에 고사했다. 이 수가 전체 4분의 1에 달한다. 회양목명나방은 이 서식지의 본질 자체를 변화시키고 있다. 그리고 2018년, 영국 서리Surrey의 유명한 회양목 서식지인 회양목언덕(박스 힐Box Hill)에서 이 애벌레가 발견되었다. 이 언덕의 앞날은 밝아 보이지 않는다.

많을수록 좋을까?

외래종의 증가는 개체, 개체군, 종이 전 세계 동식물군에 추가되고 있다는 뜻이다. 하지만 그 수는 동시에 줄어들고 있다. 이 또한 나방 덫에 등장하는 종과 등장하지 않는 종을 통해 들여다볼 수 있다.[11]

구슬밤나무밤나방Beaded Chestnut은 가을에 흔히 만나볼 수 있는 나방이다. 10월 중간방학half-term 중 비가 그치면 나는 주로 데번으로 여행을 떠나는데, 그때 몇 마리가 덫에 등장하곤 한다. 이 시기에 등장하는 다른 종처럼 구슬밤나무밤나방도 낙엽과 비슷한 색을 띤다. 다양한 갈색빛 십자선과 타원형 무늬 또는 점무늬가 생강색 배경에 흩뿌려져 있어 이런 이름을 얻었다. 애벌레는 다양한 서식지에서 '다양한 초본식물'을 먹는다. 영국은 구슬밤나무밤나방에게 적합한 서식 환경이지만, 지금은 예전의 번영을 누리지 못한다. 1970~2016년에 구슬밤나무밤나방의 수는 92퍼센트 감소했다. 여전히 런던에 서식하는 것으로 알려져 있지만, 런던 테라스의 덫에서는 아직 한 번도 만나볼 수 없었다.

오얏나무가지나방Orange Moth은 자나방과에 속하는 큰 나방으로, '오렌지나방'이라는 뜻의 영문명을 얻게 한 선명한 주황색 색조는 몇몇 나비보다 화려할 정도다. 주로 6~7월에 성체로 활동하는데, 2020년 데번에서 코로나19 봉쇄 기간을 보내면서 한 마리를 채집할 수 있었다. 이 역시 운이 좋았다. 1970~2016년에 영국의 오얏나무가지나방 서식지 면적이 4분의 3 줄었기 때문이다. 이제 런던의 덫에서 이 나방을 만나보긴 힘들 것이다. 데번에서도 언제까지 만나볼 수 있을지는 오직 시간만이 알 것이다.

그래도 이들 종은 적어도 잡을 수는 있었다. 반면 채집하지 못한 종이 아직 많은데, 그들을 만날 가능성은 해마다 더 줄고 있다. 배버들나방Lappet은 자줏빛 갈색을 띠는 커다란 털북숭이 나방으로, 날개 끝은 말린 참나무 잎처럼 물결 모양이다(그래서 학명이 *Gastropacha quercifolia*다). 덫에서 꼭 한번 만나보고 싶은 녀석이지만 1970~2016년에 그 수가 97퍼센트 감소했고, 영국의 서식지는 거의 3분의 2가 줄었다. 한편 정원다트밤나방Garden Dart은 나방 덫에서 만나기를 기대할 수 있는 나방으로 보인다. 구슬밤나무밤나방과 마찬가지로 그 애벌레는 다양한 서식지에서 자라는 초본식물을 먹는다. 그러나 구슬밤나무밤나방과 마찬가지로 영국에서 개체 수가 99퍼센트 감소했다. 서식지도 85퍼센트 줄어들며 심각한 감소세를 보이고 있다.

깃붉은밤나방Stout Dart의 상황은 더욱 심각하다. 도감에서 이들은 단조롭고 칙칙하며 특별할 것 없는 밤나방과 나방으로 묘사된

나방은 빛을 쫓지 않는다

'오렌지나방'이라는 뜻의 영문명을 지닌 오얏나무가지나방의 서식지 면적은 영국에서 4분의 3
이 줄었다. 이들을 과연 언제까지 만나볼 수 있을까?

다. 한때 영국 전역에 서식하던 이들은 지난 40년간 급격히 감소했
으며, 2007년 이후로는 발견된 기록이 없다. 풍부도가 100퍼센트
감소한 것으로 보이고, 그에 따라 서식지도 완전히 사라졌다. 종의
마지막 개체가 죽은 시점을 추적하기란 쉽지 않지만, 아마 깃붉은
밤나방은 영국에서 멸종했을 것이다. 그들을 찾기 위해 수많은 사
람이 나방 덫을 들여다보지만, 부질없는 바람일 뿐이다.

사라진 나방은 깃붉은밤나방만이 아니다. 1900년대 이후 약
50종이 영국에서 사라졌다. 떡숙곱추밤나방Cudweed, 세줄짤름나방
Lesser Belle, 귤빛윗날개밤나방Orange Upperwing, 고딕테두리밤나방
Bordered Gothic 등은 이제 덫에서 만나볼 수 없을지도 모른다.

전 세계에서 여러 동식물 종이 사라지고 있다. 하지만 그게 과연
정말 큰일까? 우리는 이제 생태계에서 전환이 자연스레 일어날

수 있다는 것을 안다. 종이 다양한 지역에서 멸종하리라 예상하고, 또 새로운 지역을 서식지화하리라 예상한다. 그렇다면 영국 나방 군에 나타나는 이러한 현상은 왜 달라야 할까?

물론 그렇지는 않다. 사실, 최근 수십 년 동안 영국에서 멸종한 종보다 더 많은 종이 영국에 이입되었다. 영국은 1900년 이후 총 51종의 나방을 잃었지만, 137종의 새로운 종을 얻었다. 이 가운데 일부는 회양목명나방 같은 외래종이지만, 많은 수가 자연적으로 영국에 이주해왔다.

캠던에서 나방 덫을 놓았을 때, 첫날 아침 가장 많이 잡힌 것은 나무이끼밤나방이었다. 비취색 망토를 두른 듯한 밤나방과 나방 열세 마리가 덫 주변에 앉아 있었다. 도감에 따르면 불과 1991년 전까지 이 나방은 영국 전역에서 단 세 마리만 기록되었고, 가장 최근에 포획된 사례가 1873년이었다. 그래서 그날 아침에 잠시나마 무척 희귀한 종을 잡았다고 생각했다. 그러나 도감을 계속 읽어보니, 이 종은 이미 런던 지역에 풍부하다는 것을 알 수 있었다. 앞에서 우리는 바인스러스틱의 사례를 만나보았다. 이들 역시 캠던에서 흔하게 잡은 종이지만, 20세기에 영국으로 이입되기 전까지는 매우 희귀한 종이었다. 참나무러스틱Oak Rustic은 1999년에 처음으로 영국에서 기록되었고, 2020년 11월 캠던에 놓은 내 덫에 날아들었다.

이처럼 영국 나방 종의 수는 지난 한 세기 동안 **증가했다.** 곤충 수가 계속 감소하면 자연 시스템의 붕괴를 가져오는 **곤충 재앙**(곤충겟

나방은 빛을 쫓지 않는다

돈insectaggedon)이 닥칠지 모른다는 기사가 신문에 심심찮게 등장하하는 요즘, 이는 나방을 채집하는 사람들과 생물 다양성 모두에 분명 좋은 소식일 것이다. 하지만 그것은 옳기도 하고 틀리기도 하다.

우선, 종의 수는 생물 다양성의 핵심 지표이며 일반적으로 많을수록 좋다고 여기므로 이는 좋은 소식이라 할 수 있다. 생태군집은 더 많은 종이 있을 때 환경의 격변에 더 탄력적으로 반응할 것으로 보이기 때문이다. 종의 수가 많다면, 일부 종에게는 혹독한 기간이 다른 종에게도 혹독할 가능성이 줄어든다. 일부 종이 고통을 겪을 때 다른 종이 그 자리에 침투해 그들의 생태적 역할을 대신할 수 있다. 일부 초본식물에는 흉년인 해가 다른 식물에는 풍년일 수 있는 것처럼 말이다.

다양한 종류의 식물을 먹이로 삼는 애벌레는 큰 어려움 없이 다른 먹이를 찾을 수 있다. 만약 나방 역시 꿀에 이끌리지 않는다면, 꿀벌이 사라졌을 때 이 세상의 꽃은 수분되지 않을 것이다. 이를 **기능적 중복성**functional redundancy이라고 한다. 이처럼 생태계가 스트레스를 받을 때 더 많은 종이 백업 설비back-up capacity로서 역할을 해낼 수 있다. 따라서 종은 많을수록 좋다고 말할 수 있다.

그런데 종이 더 많은 생태 공동체가 실제로 여러 스트레스에 더 탄력적으로 반응할까? 이 답은 확실하지 않다. 지난 장에서 보았듯, 안정성이 높은 지역은 많은 종이 서식지화할 가능성이 크지만, 종이 풍부한 지역은 스트레스에 익숙하지 않다. 그러한 종에 새로운 압력이 가해지면, 다른 종의 기능적 보상이 이루어지지 않은 채 단순히 종이 소멸할 수 있다. 외래종이 이러한 스트레스에 더 잘 대처하는 종일 경우, 이미 다양한 토착생물군이 존재하는 군집에 유입될 수 있는 하나의 이유다. 그러나 이런 경우가 아니더라도 영국 나방 종의 수가 증가하는 것이 순전히 긍정적이지만은 않은 이유는 더 있다.

이것이 바로 앞의 이야기가 틀릴 수 있는 이유다. 종의 수는 생물 다양성을 나타내는 한 가지 척도에 불과하다. 다른 척도에 따르면 이 다양성의 수준은 그리 장밋빛으로 보이지 않는다.

아마추어 곤충 애호가들은 수백 년간 영국에서 나방을 잡아 기록해왔으며, 국립나방기록운영National Moth Recording Scheme은 이 기록을 수집하고 분석한다. 국립나방기록운영의 기록은 즉석에서 수집된 것이지만, 매일 밤 나방 애호가들이 로덤스테드곤충조사의 일환으로 전국에 설치하는 나방 덫 덕분에 체계적인 조사 기록도 살펴볼 수 있다. 이러한 나방 덫을 통해 지난 50년간 400여 종의 대형 나방 개체군이 어떻게 변화했는지 알 수 있다. 로덤스테드곤충조사는 전 세계 어디서나 곤충 개체 수의 추세를 확인할 수 있는 훌륭한 창이다. 그리고 그 창 너머로 보이는 풍경은 우려스럽다.

이러한 대형 나방은 1960년대 중반 이후 전국적으로 채집되는 개체 수가 33퍼센트 감소했다. 달리 말하면, 내가 어렸을 때 로덤스테드곤충조사의 나방 덫에 100마리의 나방이 날아들었다면 지금은 67마리만 날아든다는 뜻이다. 전국적으로 수십억 마리의 나

나방은 빛을 쫓지 않는다

방이 사라졌다. 물론 나방의 개체 수는 해마다 변동하고, 어떤 해에는 더 많은 나방이 잡히기도 한다. 그렇지만 전반적인 추세는 감소하고 있다. 영국 남부의 경우, 이 감소 폭은 북부의 약 두 배에 달한다(남부는 39퍼센트, 북부는 22퍼센트). 그리고 1960년대의 나방 개체 수 또한 이미 감소한 뒤였다.

1930년대부터 시작된 로덤스테드 나방 덫 기록(C. B. 윌리엄스 외)에 따르면, 1960~1970년대에 잡힌 나방 수는 1950년 이전보다 71퍼센트 감소한 수치였다. 내가 아기였을 때는 100마리가 잡히던 나방이, 내 아버지가 아기였을 때는 300마리가 잡혔다는 얘기가 된다. 단지 나방 덫 하나의 자료에 의존해 너무 많은 결론을 추론해서는 안 되겠지만, 어렸을 때는 날아다니는 곤충을 지금보다 더 많이 보고 자란 기억이 있다면, 아마 우리 조부모님도 분명 우리 나이 때 비슷한 생각을 했을 것이다.

이렇듯 세대가 지날수록 자연에 대한 경험이 점점 줄어드는 것은 **기준점 이동 증후군**shifting baseline syndrome을 야기한다. 우리의 경험이 전형적인 것이라고 생각하지만, 실은 불과 100년 전 세상이 어땠을지 전혀 모른다는 것이다. 그렇기 때문에 자료는 중요하다. 로덤스테드곤충조사와 같은 계획initiative이 반드시 필요한 이유다.

개체 수 감소 추세는 나방 종의 개체군으로 살펴봤을 때도 동일하게 나타난다. 전체 나방 덫 가운데 3분의 2 이상에서 채집 나방 종의 수가 감소했고, 나머지 약 3분의 1에서는 증가했다. 이렇게 여러 자료를 비교하면, 종의 약 절반은 자연적 변이만으로 예상될 수 있는 것보다 훨씬 더 많은 변화를 겪었다는 사실을 알 수 있다.

앞 장에서 살펴보았듯, 개체군 크기는 다양한 이유로 자연스럽게 변동한다. 어떤 종은 단순히 1968년 개체 수 주기가 최고점에 이른 시기의 자료와 2017년 최저점(또는 중간)에 이른 시기의 자료를 비교해 감소한 것처럼 보였을 수도 있다(그 반대의 경우, 개체 수가 증가한 것으로 기록되었을 것이다). 그러나 자료는 종의 약 절반이 자연적 변이로 예측할 수 있는 수준의 변동 폭을 벗어났음을 시사한다. 따라서 이들 나방이 영국에서 실제로 그 수가 감소했다고 확신할 수 있다. 이런 종은 증가한 경우보다 감소한 경우가 4배가량 많다.

이 자료는 곤충 감소 추세에 관해 우리가 지닌 최고 수준의 자료이지만, 결론을 내기 전에 좀 더 주의 깊게 살펴봐야 할 것이 있다.

하나는, 우리의 자료는 흔하게 잡히는 나방 종 개체 수의 변화만 계산할 수 있다는 점에 유의해야 한다. 우리는 희귀종의 개체 수가 어떻게 변하는지 알지 못한다. 지난 세기 멸종된 종보다 더 많은 종이 영국에 이입되었다는 경향은 낙관적 시선을 취하게 하는 이유가 될 수 있다. 한때 희귀했던 종이 증가하고 있기 때문이다.

그렇지만 흔한 종이 명백한 감소세를 보인다는 것은 사실 훨씬 우려스러운 일이다. 대부분의 나방은 이들 흔한 종에 속한다. 수십억 마리에 이르는 흔한 나방 개체 수가 33퍼센트 감소한 것은 고작 수백만 마리의 희귀종이 33퍼센트 증가한 것으로 상쇄될 수 없다. 이 수를 상쇄하려면 수천 배가 증가해야 할 것이다. 물론 증가율은

나방은 빛을 쫓지 않는다

100퍼센트를 초과할 수 있지만, 감소는 그렇지 않다. 하지만 역사적으로 특정 환경에 잘 적응해온 흔한 종이 소실되는 것은 몹시 걱정스러운 일이다.

또 하나 고려해야 할 점은, 영국의 나방 수는 감소할 가능성이 높지만 분포도는 증가할 가능성이 높다는 것이다. 종의 개체 수는 33퍼센트 감소하며 감소세를 보이지만, 점유 면적이 9퍼센트 증가하며 더 많은 장소에서 기록되고 있다는 점은 역설적이다. 하지만 불가능한 이야기는 아니다. 종은 완전히 멸종되지 않고 일부 지역에서 개체군 크기가 많이 감소하는 동시에 새로운 지역에서 작은 개체군으로 나타날 수 있는데, 다만 조금 예상외의 일일 뿐이다.

게다가 로덤스테드곤충조사의 덫에서 나방 생물량이 같은 기간에 변동했는지 여부를 둘러싸고는 논쟁이 있다. 물론 나방 개체 수를 포괄적으로 분석한 최근 결과에 따르면 실제로 우려스러운 감소세가 나타나지만 말이다. 현재 나방의 전체적인 그림은, 대부분의 종에서 개체 수가 감소해 대체로 넓고 얇게 퍼져 있는 모양새다.

영국은 전 세계의 빙하 없는 땅 면적에서 0.2퍼센트도 안 되는 작은 군도에 불과하다. 과연 나머지 99.8퍼센트의 땅에서도 이러한 우려스러운 감소세가 반복적으로 발생할까? 솔직히 말하면, 우리가 지닌 단서는 많지 않다.

유럽 대륙의 상황은 대륙 북서부 해안의 젊은 섬에서 나타나는 것과 비슷하게 보인다. 네덜란드에서는 전반적으로 대형 나방의 수가 감소하고 있다. 핀란드의 상황도 영국과 마찬가지로, 종의 수는 증가하고 있지만 전체 나방 개체 수는 감소하고 있다. 헝가리 전역의 나방 덫에서는 채집되는 전체 종의 수가 줄어든 것으로 나타났지만, 특정 덫에 기록되는 종이나 개체의 수는 줄어들지 않았다. 노르웨이에서 30년 동안 수집한 자료에 따르면 개체 수와 종 수가 모두 감소했지만, 이는 단 하나의 덫에서 기록된 것이다.

대서양 건너 미주리주 오자크, 애리조나산맥, 에콰도르 운무림의 연구에서는 나방 애벌레 개체군에서 장기간(약 20년) 변화가 나타난 증거는 거의 없는 것으로 나타났다. 한편 코스타리카의 애벌레 개체군은 이번 세기 중 감소한 것으로 나타났는데, 이러한 감소세는 연구된 모든 나방군에서 발견되었다. 그러나 단 네 건의 소규모 연구만으로 아메리카대륙 전체에서 나방이 감소한다는 신뢰도 높은 결론을 도출하기는 어렵다. 전 세계적인 자료가 너무 부족하다.

종점이 다가오는 속도

우리가 나방을 통해서 자연의 상태에 관해 모두 알 수 있다면 매우 걱정스러운 상황이라고 할 수 있겠지만, (북유럽 이외 지역에서는) 이러한 상황을 뒷받침할 자료가 부족하므로 확신할 수가 없다. 하지만 다행히도 우리에게는 나방 이외의 다른 증거가 있다.

과학자를 포함한 많은 사람이 수십 년간 전 세계적으로 일부 동식물의 개체군 크기를 기록해왔다. 그중 가장 많은 연구가 진행된 동물은 카리스마 넘치는 거대 동물, 즉 척추동물이다. 우리는 유럽 숲의 새부터 알래스카강의 연어까지 약 4300종을 아우르는 2만 개 이상의 개체군 변화에 관한 데이터를 보유하고 있다. 이러한 데이터를 종합해 2년마다 발행하는 《지구 생명 보고서Living Planet Report》에서는 1970년 이후 이들 개체군의 전반적인 건강 상태를 알아볼 수 있다. 이 진단서의 결론부터 말하자면, 상황이 좋지는 않다.

가장 최근 발행된 보고서에 따르면, 전 세계 척추동물의 개체 수는 평균 68퍼센트 감소했다. 전 세계 모든 지역이 같은 속도의 감소를 보이는 것은 아니다. 유라시아는 평균적으로 '단' 24퍼센트 감소한 것으로 나타나 다른 지역보다 상황이 나은 편이다. 마찬가지로 북미에서도 33퍼센트의 감소세가 나타났다(물론 북미의 경우에는 1970년 이후로 상황이 '개선'된 것일 수도 있다. 그 이전에는 더 나빴기 때문이다). 아프리카에서는 65퍼센트 감소율이 나타나 높은 편이지만, 감소율이 가장 심각한 곳은 남미다. 남미에서는 1970년 이후 평균 97퍼센트 감소율이 기록되었다.[12]

개체 수 감소의 종점은 멸종이다. 모두에게 닥치는 죽음이 마지막 개체군의 마지막 개체에게 다가올 때 종은 완전히 멸종한다. 여기서도 자료를 통해 나타나는 전망은 좋지 않다.

카리스마 넘치는 거대 동물군을 다시 살펴보자. 조류와 포유류를 중심으로 말이다. 이전 장에서 살펴보았듯이, 이들은 우리가 가장 잘 아는 종에 속한다. 서기 1500년 이래 우리는 159종의 조류와 85종의 포유류를 멸종으로 잃었다. 큰바다오리, 도도새, 태즈메이니아늑대Thylacine(육식성 유대동물) 같은 종 말이다. 우리는 이 동물들을 다시는 만나지 못할 것이다.* 이 밖에도 양쯔강돌고래, 에스키모쇠부리도요 등 50여 종의 포유류와 조류가 멸종했을 것으로 추정된다. 이런 추세라면 조류와 포유류는 다음 세기 안에 6종 가운데 한 종이 멸종위기에 놓일 것이다.

우리는 비교적 많은 연구가 진행된 조류와 포유류의 멸종 위험은 잘 알고 있다. 그러나 많은 종이 이름조차 없다. 1500년 이후 23종의 나방이 멸종한 것으로 알려졌지만, 실제로 사라진 나방의 수는 훨씬 많을 것이다. 그리고 가까운 장래에 멸종위기에 빠질 것으로 보이는 종의 수에 관해서는 … 포유류와 조류가 놓인 상황이 모든 종에게 보편적으로 발생하고, 그렇게 생각할 이유가 충분하며, 지구상에 약 800만 종의 동식물이 있다고 추정했을 때(이 또한 합리적 근사치다), 다음 세기에 약 100만 종이 멸종 위험에 처할 것이라는 결론에 도달할 수 있다.

물론 모든 종의 끝에는 멸종이 기다리고 있다. 우리의 끝에는 죽음이 기다리듯, 그것이 종의 종점이다. 이 숫자가 우리가 매일 마주

---

* 종의 마지막 개체가 언제 사라졌는지를 알기는 무척이나 어렵기 때문에, 가끔은 멸종된 것으로 생각된 종을 다시 만나기도 한다. 뉴질랜드 쇠바다제비가 최근 사례인데, 150여 년 동안 전혀 목격되지 않았던 이 새가 최근에 다시 목격된 것이다. 이것이 바로 마지막 발견 기록 이후 50년간 발견 기록이 없어야만 세계자연보전연맹IUCN이 멸종을 공식적으로 선언하는 이유다.

　　　　　　　　　　　　나방은 빛을 쫓지 않는다

하는 사망 소식과는 다른 무언가를 말해주는 걸까?

답은 '그렇다'이다.

멸종은 분명 자연스러운 과정이지만, 중요한 것은 개체군에서 개체의 죽음이 발생하는 것과 마찬가지로 멸종이 발생하는 **속도**다. 화석을 통한 연구에서 산출한 일반적인 멸종 속도와 지금 추세를 비교하면, 현재 멸종은 100~1000배 정도 빠르게 일어나고 있으며, 아마 실제 수치는 최대 범위에 가까울 (또는 그 이상일) 것으로 생각된다. 코로나19 팬데믹이 절정에 이르렀을 때, 영국의 사망률은 평소의 두 배였다. 이 수가 1000배로 증가했다면 어땠을지 상상해보자. 우리가 종의 멸종에서 보고 있는 게 바로 그것이다. 이 그림은 무척이나 우려스럽다.

사망률과 멸종 속도의 급격한 증가는 어떤 중대한 변화가 있었다는 강력한 신호다. 우리는 그 원인을 파악해야만 한다. 앞서 인구 감소, 멸종, 지리적 분포 변화, 외래종의 서식지화 등 자연계에 나타나는 변화를 이야기했다. 그렇다면 벌써 그 답을 알고 있을 것이다.

나는 30년 넘게 생태학을 연구해왔다. 자연 세계를 사랑하고 그것이 어떻게 작동하는지 파악하려는 동기에 이끌려 이 분야로 들어왔다. 그런데 자연을 연구할수록 흥미롭게도 그 답은 점점 인간으로, 인간이 무엇을 하는지로 귀결되었다. 인류는 자연계를 뒷받침하는 모든 메커니즘에 교묘하게 스며들었다. 이제 나방 덫의 내용물을 결정하는 모든 생태학적 과정의 주요 기여자는 바로 우리다.

배추좀나방의 운, 범고래의 불운

모든 개체는 태어나고 죽으며, 개체군(엄밀히 말하면, 폐쇄 개체
군)은 사망이 출생을 초과하지 않을 경우에만 지속된다는 근본적
사실이 모든 생태학의 근간이다. 남미의 척추동물부터 영국의 나
방에 이르기까지 전 세계 자연 개체군에서 광범위한 감소세가 발
생하는 이유는 인간이 죽음을 더하고 출생을 억제하기 때문이다.

때때로 우리는 직접적으로 죽음을 더하기도 한다. 수많은 종이
우리의 행동이 야기한 죽음 때문에 쇠퇴하고 있다.

인간은 의도적으로 곤충을 죽인다. 그리고 그 일을 아주 효과적
으로 해낸다. 2014년 추정치에 따르면, 해마다 약 200만 톤의 살충
제가 환경에 투입되며 그중 60만 톤이 곤충을 죽이기 위해 특별히
고안된 화학물질이었다. 이러한 농약이 자연 개체군에 미치는 영
향이 다양하게 홍보되었는데도(멀리 가닿지 않는 외침으로 끝나는 듯
하지만), 이 사용량은 2020년까지 350만 톤으로 증가할 것으로 예
측된다.

살충제는 물론 농업을 방해하는 해충을 목표로 살포하지만, 화학
물질이 목표한 자리에만 머무르는 것은 아니다. 공기에 날린 미세
한 입자로도 나방과 다른 곤충이 죽을 수 있다. 다양한 물질이 액
체 형태로 뿌려지며, 이 물방울은 바람을 타고 주변 서식지로 날아
간다. 이렇게 표류한 화학물질은 해충을 죽이기 위해 권장되는 농
도보다 훨씬 낮은 농도로 주변에 뿌려지지만, 매우 낮은 농도로도

(권장 농도의 1퍼센트 미만으로도) 나방과 다른 곤충에게는 치명적일 수 있다.

농경지 주변의 자연 서식지에서는 그보다 더 멀리 있는 유사한 환경의 서식지에 비해 더 적은 수의 애벌레가 서식한다는 사실은 놀라운 일이 아닐 것이다. 초식곤충 방제를 목표로 작물 조직에 흡수되게끔 설계된 네오니코티노이드neonicotinoid 같은 이른바 표적 살충제도, 주로 목표한 위치가 아닌 다른 장소에서 발견된다. 살포된 살충제의 최대 95퍼센트 정도가 외부 환경으로 빠져나와 벌과 나비 개체 수에 광범위한 부정적 영향을 미치는 것이다.[13]

출생률과 사망률이 같아질 때 개체 수 증가가 멈춘다는 점을 떠올려보자. 여기에 사망률이 더 증가하면 개체군은 더 작은 크기에서 출생률과 사망률의 균형을 맞출 것이다. 물론 균형이 유지될 수 있다면 말이다. 이렇게 우리는 나방 덫에서 더 적은 수의 나방을 만나보게 되었다.

살충제가 직접적으로 죽음을 야기하지 않아도 개체군의 크기는 줄어들 수 있다. 배추좀나방은 인도 쌀알갱이만 한 크기의 매력적인 암갈색 소형 나방으로, 다이아몬드백Diamond-back이라는 영문명에서 유추할 수 있듯이 등에 일련의 창백한 다이아몬드 문양이 있다. 이토록 작은 배추좀나방은 놀랍게도 이동하는 곤충으로, 정기적으로 영국해협이나 북해를 건너 영국에 대량으로 이입된다. 이들의 애벌레는 십자화과 농작물(양배추 등)에 심각한 해충으로, 다양한 농약의 주요 표적이다. 한편 살충제는 말 그대로 살충을 목적으로 고안되었지만, 치사량에 미치지 못하는 농도로도 방제 효과가 있다. 암컷 배추좀나방이 낳는 알의 수를 줄여 개체 수 증가율을 억제하는 연쇄 효과를 주기도 한다. 출생률을 낮추는 것은 사망률을 높이는 것과 같은 효과를 낼 수 있다.

배추좀나방은 수십억 마리에 이르며, 그 엄청난 수는 다양한 유전적 변이를 지닌다. 이는 진화의 연료다. 일부 배추좀나방은 이 변이로 살충제에 저항성을 갖추어, 취약한 동종에 견주어 생존에 큰 이점을 얻게 된다. 이들은 계속 생존에 더 적합한 자손을 낳으며, 저항성은 개체군 전체로 빠르게 확산한다.

그러나 모든 종이 이렇게 운이 좋지는 않다. 많은 유럽 연안에서 범고래의 개체 수가 감소하고 있는데, 번식 실패가 그 요인이다. 스코틀랜드 북서부와 아일랜드 서부 지역에 서식하는 작은 개체군을 지난 20년 동안 추적 연구해보니, 그 기간에 이들은 번식하지 않았다. 지브롤터 주변 해역에 서식하는 개체군은 번식에 성공했지만 비율이 매우 낮았다.

이들 고래의 체내에는 폴리염화바이페닐polychlorinated biphenyls, PCBs이라는 독성 화학물질이 높은 농도로 축적되어 있었는데, 한때 냉각재나 난연제, 방수 화합물에 널리 사용된 물질이다. 지금은 그 독성 때문에 생산이 금지되었지만, 분해 속도가 느려 이미 환경에 노출된 물질의 영향은 지속되고 있다. 유럽 범고래의 번식 실패는 폴리염화바이페닐 중독이 큰 요인임이 거의 분명해 보인다.[14] 우리는 적은 수의 새끼를 정성스럽게 키우는 지능 높은 한 종에서,

나방은 빛을 쫓지 않는다

새끼를 낳을 수 없는 어미들로 이루어진 개체군을 만들어냈다. 별다른 노력을 기울이지 않고도 말이다.

우리는 때때로 종에게 사망률을 높이고 출생률을 낮추는 환경을 부과하지만, 종은 적응하고 다시 회복해낸다. 한편 어떤 종은 이처럼 진화할 자원이 없다. 유럽 범고래의 미래는 암울해 보인다.

마지막 목격담

인류는 다양한 방법으로 다른 종의 사망률을 높이고 출생률을 낮추지만, 그중 가장 일반적인 방법은 경쟁을 통한 것이다. 우리 인간은 이러한 행위에 무척이나 능숙하다.

생태학자가 경쟁을 바라보는 다양한 시각을 떠올려보자. 이용 경쟁, 간섭 경쟁, 선점 등 경쟁에는 다양한 유형이 있다. 인간은 이 세 가지 중 두 가지를 결합하는 서식지 전환 과정을 통해 다른 종과 경쟁한다.

인간이 서식지로 이입하면, 자연스레 서식지 내에 존재하는 자원 일부를 소비하게 된다. 모든 동물은 자원을 소비하며 우리도 다르지 않다. 우리가 소모한 자원은 다른 종이 사용할 수 없다. 앞서 살펴보았듯 두 종이 제한된 자원을 놓고 경쟁할 때, 적어도 한 종의 환경수용력은 감소한다. 물론 이는 확실한 승자가 있는 경우다. 두 종이 공존하는 경우, 두 종 모두의 환경수용력이 감소할 수 있다.

그러나 인간이 살아남는다고 가정하면 경쟁자 개체군이 감소할 것으로 예상할 수 있다. 코들링나방은 우리가 먹는 사과를 이용할 수 없다. 전형적인 이용 경쟁이다.

그렇지만 이제 인간은 거기에서 멈추지 않는다. 우리는 소비할 수 없는 종을 제거하고 그 자리를 소비할 수 있는 종으로 대체하면, 훨씬 더 많은 인간을 부양할 수 있다는 것을 학습했다. 이것은 대규모로 이루어지는 이용 경쟁이다.

우리는 종을 소비하지만, 불이나 기계를 사용해 소비한다. 숲을 태우거나 나무를 베어낸다. 초원과 황야를 뒤엎어 경작지로 만든다. 습지와 늪에서 물을 퍼내고, 남은 초목을 태우거나 그 위에 불을 놓는다. 우리가 이렇게 소비하는 식물과 동물은, 그들을 소비하던 소비자의 손아귀에서 사라진다. 거의 모든 소비자의 환경수용력이 그들이 소비하던 모든 종과 함께 감소했다. 그들의 개체 수 또한 감소할 수밖에 없다.

인류가 환경을 점유한 수준은 놀랍다. UN에 따르면, 현재 약 5000만 제곱킬로미터의 대지가 농업에 사용되고 있다.[15] 이는 지구에서 얼음으로 덮이지 않은 땅의 40퍼센트에 조금 못 미치는 규모다. 이 가운데 3분의 1은 농경지이며 그중 10퍼센트, 즉 165만 제곱킬로미터에서는 과일과 견과류, 코코아, 기름야자나무 등 다년생 작물permanent crops이 길러진다. 나머지 3분의 2는 초원과 목초지로, 주로 가축을 방목해 키운다. 물론 경작지에서 재배된 작물 3분의 1도 이들 가축이 소비한다. 우리는 지구 표면 3분의 1 이

나방은 빛을 쫓지 않는다

상에 달하는 면적을 고기와 우유를 얻기 위해 사용하며, 그 비율은 해마다 증가하고 있다. 또한 우리가 거주할 곳을 짓고 교통망을 형성하기 위해 150만 제곱킬로미터의 면적도 사용한다.

물론 우리가 자연 개체군을 이 땅에서 완전히 몰아낸 것은 아니다. 그러나 많은 종의 환경수용력을 극단적으로 줄였고, 일부 종의 경우는 완전히 없앴다. 영국 매미나방의 본래 개체군은 늪지대의 피난처로 물러났지만, 우리는 그 피난처마저 물을 빼내 농경지로 만들었다.

브라질의 수수께끼나무사냥꾼Cryptic Treehunter도 비슷한 사례다. 수수께끼나무사냥꾼은 참새목의 조류로, 이들이 살던 숲은 광범위하게 벌목되어 사탕수수 재배지와 목초지가 되었다. 작은 서식지들이 곳곳에 남아 있지만, 수수께끼나무사냥꾼에게 충분한 자원을 지원하기에는 부족한 것으로 보인다. 이 종은 2014년에야 과학자들에게 처음 발견되었는데, 발견된 지 불과 4년 만에 멸종된 것으로 선언되었다. 새는 보통 크기가 크고 눈에 잘 띈다. 눈에 잘 띄지 않는 동물과 식물이 얼마나 많이 그 숲에서 영영 사라져버렸는지 우리는 알 수 없다. 소비가 계속되면서 우리는 더 많은 종을 잃게 될 것이다. 오랑우탄은 삼림 벌채 문제를 논할 때 경각심을 일으키기 위해 가장 많이 등장하는 종이지만, 이들은 빙산의 일각에 불과하다.

이렇게 자연 서식지를 소비한 뒤, 인류는 본격적으로 선점 경쟁에 돌입했다. 우리가 점유한 방대한 공간에서 종은 밀려난다. 그리고 전례 없는 속도로 지구 식생의 양상을 변화시켰다. 우리는 대부분 경쟁 종이 이용할 수 없는 작물을 심고, 감히 그것을 이용하려는 종을 없애려고 독을 쓴다. 제초제와 살충제, 살균제는 모두 원치 않는 생명 다양성이 발생하지 않게끔 토지를 청소한다. 우주에서 우리 지구를 특별하게 만드는 이유인 풍부한 생명을, 광대하고 꾸준히 확장하는 지역이 아닌 점점 침식되고 지워지며 작아지는 서식지에 가둔다. 불과 몇백 년 만에 인간은 야생동물에 둘러싸인 작은 집단에서, 작은 집단들의 야생동물을 둘러싼 거대한 개체군이 되었다. 만약 인류가 후퇴하거나 사라진다면, 자연은 우리가 점유한 공간을 되찾을 것이다.

같은 자원을 공유하는 종간경쟁은, 경쟁에서 패한 종은 물론이고 무승부를 기록한 종의 개체 수 크기를 필연적으로 감소시킨다. 우리는 크기가 작은 개체군이 어떤 위험에 빠질 수 있는지 잘 안다. 이들은 출생률이 사망률을 초과하더라도 예상치 못한 불운이 발생하면 큰 타격을 입을 수 있다. 일반적인 상황에서조차 말이다. 우리 인류는 이런 소규모 개체군을 더 많이 발생시켰을 뿐 아니라 이들이 불운을 맞이할 가능성도 증가시켰다.

환경적 임의 변동의 핵심 요소인 악천후를 생각해보자. 수십 년간의 환경오염으로 악천후란 영국인들에게 익숙한 대화 주제다. 화석연료를 태우면 이산화탄소 가스가 부산물로 대기에 배출된다. 식물은 이산화탄소를 흡수한 뒤 태양에너지를 사용해 당으로 전환하지만, 이제 우리는 전 세계 식물이 제거할 수 있는 양을 초과하는 이산화탄소를 배출하고 있다. 공기 중 이산화탄소 농도는 412ppm(0.0412퍼센트)을 넘어섰다. 숫자로 보면 그다지 높게 느껴지지 않지만, 지난 80만 년 동안 기록된 최고 이산화탄소 농도는 300ppm에 불과했다. 이산화탄소는 태양에너지를 흡수해, 우주로 방출되었어야 할 태양열을 효과적으로 가두는 온실가스라는 점에서도 문제가 된다. 열이 더 많다는 것은 공기 중에 더 많은 에너지가 있다는 뜻이며, 이는 지구상의 생명체에 중대한 영향을 끼친다.

한 가지 분명한 결과는 전 세계적으로 기온이 상승한다는 것이다. 모두가 잘 알듯 지구는 산업화 이전 시대에 비해 전 세계적으로 평균기온이 1℃ 이상 상승했다. 그러나 기후에서 중요한 것은 평균치가 아니라 극단에 있는 곳이다. 폭염이 더 자주 발생하고, 폭염은 실제로 수많은 생명체를 죽인다. 인간의 사망률을 높이며, 다른 종도 예외는 아니다.

식물이나 동물 개체군에서 발생하는 국지적 멸종local extinction은 이들 지역이 최근 수십 년간 경험한 최대 기온 상승 폭과 밀접한 관련이 있다. 우리는 이미 개체의 대처 능력을 넘어서는 기후 스트레스로 많은 야생 개체군을 잃고 있다. 더위를 피할 자연 서식지가 있는 곤충의 경우 이러한 혹독한 시기를 더 잘 견뎌내지만, 그런 서식지마저 우리 손에 빠르게 파괴되고 있다.

지구에서 증가한 에너지는 온도만 높이는 것이 아니다. 폭풍을 일으키고, 그 크기와 위력도 키운다. 개체 수가 적고 이동이 제한된 종은 악천후를 만났을 때 피할 곳이 없을 수 있다. 멕시코 유카

탄반도 동해안의 작은 코수멜섬에서만 발견되는 새 코수멜지빠귀 Cozumel thrasher를 예로 들어보겠다.

안타깝게도 이 섬은 1988년의 허리케인 길버트 같은 지독한 폭풍의 경로에 자주 놓인다. 허리케인 길버트의 피해를 보기 전만 해도 매우 흔했던 코수멜지빠귀는 이 허리케인이 지나간 뒤 개체 수 크기가 크게 감소했다. 이후 1995년에는 허리케인 록산느가, 그리고 2005년에는 허리케인 에밀리와 윌마가 이 섬을 연이어 강타한 뒤 코수멜지빠귀는 멸종위기에 놓였다. 2006년 코수멜섬 어디에서 한 번 목격되었다는 이야기가 있지만, 그 뒤로는 목격담이 전혀 이어지지 않는다. 물론 여전히 코수멜섬 어디에선가 살아갈 수도 있지만, 가능성이 그리 높아 보이진 않는다. 그리고 그런 폭풍 때문에 영원히 사라져버린 눈에 띄지 않는 종이 또 있을지 누가 알겠는가?

내 관점은 인간과 나방이 선호하는 육상 서식지에 매우 편향되어 있지만, 지구의 대부분은 물이다. 그레이트배리어리프Great Barrier Reef 같은 곳에서 발생하는 대규모 산호 백화가 증명하듯, 수생생물 또한 육지생물과 마찬가지로 극한의 열 때문에 고통을 겪을 것이다(또 다른 문제는 이산화탄소가 바닷물에 용해되어 바닷물이 산성화하는 것이다. 산도가 높아진 바다는 산호의 뼈대를 용해한다).

한편 물을 가열하면 부피가 증가한다는 기본적인 물리적 현상은 더 많은 문제를 야기한다. 단지 냄비를 물로 가득 채우는 것만으로도 이 점을 간단하게 확인할 수 있다. 전 세계적으로 물의 양이 늘어난다는 것은, 해수면이 상승하고 당연히 우리 것이라고 받아들

나방은 빛을 쫓지 않는다

였던 땅이 점점 더 사라진다는 의미다. 수많은 해안 도시가 어려움을 겪을 것이다. 연안 서식지와 저지대 섬에 서식하는 동식물도 마찬가지다.

우리는 해수면 상승으로 이미 첫 번째 종을 잃었다. 브램블케이모자이크꼬리쥐Bramble Cay melomys는 호주 북쪽 토러스해협의 작은 산호섬에서만 발견되는 작은 설치류였다. 1970년대까지만 해도 흔하게 발견되었지만 세기가 바뀌면서 개체 수가 두 자릿수로 줄었고, 2009년에 마지막 개체가 목격되었다. 이후 이들을 찾기 위해 집중적인 수색이 이루어졌지만 발견하지 못했다. 브램블케이Bramble Cay는 저지대 섬으로, 폭풍해일이 휩쓸고 지나가면서 동물과 그들이 의존하는 먹이 식물이 모두 죽었다. 바다는 계속 열을 흡수하고 팽창하며 빙하가 녹아 바다의 부피를 늘리기 때문에 해수면 상승은 전 세계적으로 더욱 흔해질 것이다.

이처럼 인류는 공간과 자원 경쟁으로 많은 종의 환경수용력을 낮췄으며, 환경적 임의 변동으로 남은 개체 수가 0이 될 가능성도 높였다. 당신은 인간이 야생의 동물과 식물에게는 불운이라는 사실을 알아차렸을지도 모른다. 하지만 그게 얼마나 직설적인 표현인지 알고 있었는가?

성장을 포기한 대구

　인간은 능숙한 소비자다. 우리는 서식지를 소비함으로써 많은 종의 사망률을 높였다. 그리고 수많은 종을 소비하며 그들의 사망률을 높였다. 포식자로서 인간은 소실과 멸종에 관한 가장 상징적인 이야기를 써내려갔다.

　북미의 여행비둘기는 한때 지구상에서 가장 흔한 새였다. 그들의 개체 수는 수백만 마리에 이르렀고, 수십 제곱킬로미터에 달하는 서식지에 둥지를 틀었다. 경쟁 종이 매나 뱀, 여우였을 때는 이들의 막대한 수가 생존에 이점을 제공했을지 모르지만, 이러한 강점은 산탄총이 출현하면서 약점으로 바뀌었다. 사냥꾼은 단 한 발의 탄환으로 여러 마리의 새를 죽일 수 있었고, 여행비둘기 사냥은 너무 쉬워서 사냥감으로 여겨지지도 않았다. 그 거대한 서식지에서 알과 새끼를 수집하기도 무척 쉬웠다.

　이 흔한 종을 멸종의 길로 들어서게 한 것이 사냥만은 아니었을 것이다. 서식지 파괴도 주요한 역할을 했을 것이다. 그러나 사냥은 이들의 멸종에 확실히 큰 역할을 했으며, 1900년 3월에 마지막 야생 여행비둘기가 사살된 것으로 알려져 있다. 그들의 이웃인 아메리카들소는 운 좋게도 이런 운명은 피했지만, 19세기에 생존과 재미를 위해 사냥당하면서 6000만 마리 넘던 개체 수가 600마리 미만으로 줄어들었다. 그리고 이 마지막 개체들을 지키기 위한 법률이 늦지 않게 제정되었다.

포식자로서 인간이 작성한 역사의 가장 극단적인 사례는 바다 위의 섬 뉴질랜드에서 쓰였다. 이 섬은 인류가 서식지화한 얼지 않은 마지막 땅으로, 약 700년 전에 마오리족이 정착했다. 박쥐 몇 종을 제외하면 육지 포유류가 전혀 서식하지 않는 섬이었다. 뱀도 없었다. 그 결과, 이 군도는 새들의 천국이 되었다. 적어도 마오리족이 나타나기 전까지는 말이다.

뉴질랜드의 새들은 다른 곳의 포유류가 수행하는 다양한 역할을 했다. 거대한 모아Moa는 숲을 거닐며 풀을 뜯었고, 이 세상에서 가장 큰 맹금류가 이들을 사냥했다. 작은 굴뚝새류(뉴질랜드의 굴뚝새류는 미 대륙이나 유럽에 서식하는 굴뚝새와 밀접한 연관이 없다)는 마치 쥐처럼 섬의 바닥을 기어다녔다. 조상처럼 육지의 육식동물을 피해 날 필요가 없었던 이 섬의 새들은 대부분 진화 중 날개가 퇴화했다. 그들은 포유류 포식자가 무엇인지 잊어버렸으며, 포식자를 만났을 때 어떻게 대처해야 하는지 그 진화적 기억을 잊고 말았다. 포유류 포식자가 카누를 타고 지평선 너머에 나타났을 때 이들에게는 그림자가 드리웠다.

모아는 너무나 손쉬운 사냥감이어서 마오리족은 이들을 사냥한 뒤 애써 전부 가져가지 않고 필요한 부분만 채집해 집으로 돌아갔다. 가장 큰 종은 약 200킬로그램에 달했던 것으로 추정되지만, 가장 유용한 부분은 1미터 남짓한 다리였다. 사냥꾼은 이들의 다리만 자르고 나머지는 썩게 버려두었다. 모아는 인간과 처음 접촉한 후 약 100년 안에 10종이 전부 사라졌다. 모아를 주요 먹이원으로 삼았던 하스트수리Haast's Eagle 역시 경쟁에서 밀려났다.

불행하게도, 최초의 카누를 타고 등장한 포식성 포유류는 인간만이 아니었다. 그 배를 타고 섬에 발을 들인 종 가운데는 키오레(태평양쥐Pacific Rat)도 있었다. 이러한 외래종이 바로 전 세계 과학자들이 우려하는 종이다. 마오리족이 큰 새를 사냥하는 동안 키오레는 작은 새를 사냥했다. 날지 못하거나 땅에 둥지를 트는 종은 특히 이 쥐의 포식에 취약했으며, 뉴질랜드굴뚝새는 빠른 속도로 완전히 멸종했다. 범식성인 키오레는 섬의 곤충과 식물에도 영향을 미쳤다. 무게는 참새 정도이지만 날지 못하는 대형 곱등잇과 곤충 웨타Weta를 포함해 여러 놀라운 생물군이 군도 대부분에서 사라져버렸다.

17세기에 아벌 타스만Abel Tasman이 섬을 발견한 데 이어 유럽인들이 섬에 등장한 것 또한 그들에게는 불행이 되었다. 이 섬에 두 번째로 밀려온 이 개척자들은 섬에 고양이, 담비, 족제비 그리고 돼지와 고슴도치 같은 잡식성 포식동물을 포함한 구대륙의 종을 데려와 섬의 환경을 개선할 수 있다고 생각했다. 그 배에는 곰쥐와 시궁쥐, 생쥐가 숨어들어 함께 섬에 도착했다. 섬에 추가로 이입된 이 외래종들은 키오레에게는 너무 크고 마오리족에게는 너무 작은 중간 크기의 새를 먹어 치웠다. 수컷의 부리는 뾰족하고 튼튼하며 암컷의 부리는 길고 구부러져서 암수가 부리 모양으로 구별되는 놀라운 새 후이아Huia 등이 이들의 주요 표적이 되었다.

인간이 점령한 7세기 동안 뉴질랜드에서는 60종 이상의 새가 완전히 멸종되었는데, 대부분의 멸종 원인은 포식으로 인한 사망률 증가였다. 토종 새가 거닐던 섬의 광대한 자생림에는 이제 그들의 빈자리만 남아 있다. 그들의 노래는 영원히 이 땅에서 사라졌다. 사라진 것은 새들만이 아니다. 뉴질랜드 고유종으로 날개폭이 15센티미터나 되는 거대한 불러나방Buller's moth도 이들 포유류 포식자에게 남김없이 사냥당한 것으로 보인다. 불러나방은 1867년에 한 개인이 채집해 세상에 알려진 나방인데, 그 이후 그 표본마저 분실되었다.

뉴질랜드의 숲은 생태적 힘으로서의 포식의 위력을 보여주는 살아 있는 박물관이다. 그리고 의도하지 않은 결과의 법칙Law of Unintended Consequences을 보여준다. 인간은 이 모든 종을 멸종시킬 의도가 없었다. 하지만 그들은 이 세상에서 사라졌다.

포식성 유인원 때문에 피해를 입은 곳은 뉴질랜드만이 아니다. 인간이 출현한 이래로 크고 풍부한 자원을 내주는 다양한 먹이 종의 완전한 멸종은 전 세계에서 끊임없이 반복되어온 이야기다. 하와이의 모아날로Moanalo, 마다가스카르의 에피오르니스Elephant Bird, 호주의 디프로토돈Giant Wombat, 남미의 땅늘보Giant Sloth는 모두 이렇게 사라졌다. 지난 4만 년 동안 인구 규모가 팽창하면서 세계 거대 동물군은 대부분 사라졌다. 인간과 함께하는 포식자도 큰 피해를 주었다. 미국에서만 매년 집고양이와 들고양이가 10억 마리 이상의 새와 60억 마리 이상의 포유류를 죽이는 것으로 추산된다. 고양이는 최근 몇 세기 동안 전 세계적으로 약 50종의 멸종을 도왔다.

　뉴질랜드에서 수많은 새와 다른 종이 멸종한 것은 의도치 않은 불행한 사고였지만, 인류는 야생동물의 개체 수를 줄이기 위한 적극적 포식으로 사망률을 높이기도 한다. 깍지벌레와 진딧물의 생물적 방제를 위해 동아시아와 북미에서 유럽으로 도입된 무당벌레 Harlequin Ladybird가 이러한 예다. 불행히도 이 무당벌레는 의도한 표적 먹이 말고도 유럽의 자생종 무당벌레까지 탐욕스럽게 잡아먹어, 자생종 개체 수가 급감하는 원인이 되고 있다.

　과학자들은 이제 이 생물적 방제 매개체의 생물적 방제 매개체를 연구하고 있다. 파리를 삼킨 파리를 잡으려고 거미를 삼키고, 거미를 잡으려고 새를 삼키고, 새를 잡으려고 고양이를 삼키고, 고양이를 잡으려고 개를 삼키고, 개를 잡으려 소를 삼키고, 소를 잡으려 집을 삼키다 죽었다는 동요 〈파리를 삼킨 할머니〉 가사처럼 말이다.

　레오폴드 트루벨로의 매미나방 개체 수 조절 시도에서도 이런 사례를 찾아볼 수 있다. 이 침입자를 통제하기 위해 초기에는 곤충뿐 아니라 쥐도 죽일 수 있는 독성 화학물질 패리스그린이 사용되었다. 이러한 독극물을 환경에 널리 살포하는 행위에는 명백한 단점이 있었다. 곧 곤충에게 특화한 방법을 찾는 데 주목했고, 곤충을 집중적으로 제거하기 위한 곤충병원성 곰팡이와 박테리아가 사용되었다. 한편 우리는 앞서 포식기생자가 나방 개체 수를 감소시킬 수 있음을 살펴보았다. 그리고 1906년 매미나방의 생물적 방제 매개체로 기생파리의 일종인 회색기생파리Compsilura concinnata가 유럽에서 뉴잉글랜드에 도입되었다.

요즘에는 생물적 방제 매개체를 도입하기 전에 엄격한 검사를 거쳐, 목표한 종만 표적으로 삼는지 확인한다. 100년 전만 해도 이러한 규제는 그리 엄격하지 않았다. 그리고 회색기생파리가 매미나방이 아닌 다른 종에게도 기생할 수 있다는 사실은 금방 명백해졌다. 사실 회색기생파리의 처지에서는 어쩔 수 없는 선택이었을 것이다. 매미나방은 1년에 한 세대만 거치지만, 회색기생파리는 3~4세대를 거친다. 또한 회색기생파리는 애벌레인 숙주 속에서 겨울을 나지만, 매미나방은 알 상태로 겨울을 난다. 우리는 이제 회색기생파리가 북미의 많은 자생종 나방과 다른 수백 개 종에도 기생할 수 있다는 사실을 안다.

이처럼 이들은 매미나방에게는 효과적인 생물적 방제 매개체가 아니지만, 누에나방의 친척으로 낙엽을 의태하며 인상적 크기를 자랑하는 황제산누에나방Imperial Moth의 국지적인 개체 수 감소에 큰 영향을 미친 것으로 보인다(레오폴드 트루벨로가 비단 생산을 위해 매미나방 실험을 시작한 점을 떠올려보라). 뉴잉글랜드 본토에 서식하는 수많은 황제산누에나방 애벌레가 회색기생파리에게 피해를 입지만, 황제산누에나방이 번성하는 소수 해안지역에서는 회색기생파리가 발견되지 않기 때문이다.

인류는 수많은 분류학적 군의 구성원을 소비하는, 무척 넓은 범식성을 지닌 종이다. 그러나 직접 포식자가 아니더라도 우리는 수많은 종의 포식에 대해 책임이 있다. 이렇게 더해진 사망률은 개체군의 크기를 감소시킨다. 그 감소는 흔히 완전한 멸종으로 이어지기도 한다.

개체는 태어나고 죽는다. 유기체는 이 시작과 끝 사이에서 획득한 자원을 성장과 번식에 다양한 방식으로 할당한다. 진화가 이러한 생활사 선택에 미친 영향은 나방 덫과 그 너머의 놀라운 다양성에 기여하며, 출생과 사망에 미치는 인류의 영향은 여기서도 변화를 주도하고 있다.

이러한 영향은 인간이 포식자일 때 특히 강하다. 우리는 더 많은 고기를 얻을 수 있는 큰 동물을 표적으로 삼는 경향이 있다. 그리고 이러한 경향은 먹이가 더 작아지는 진화적 선택을 하도록 압력을 가한다. 우리가 상업적으로 포획하는 대구 같은 종에서 이런 효과가 가장 두드러진다. 대구 개체군 일부는 성체의 몸길이가 절반으로 줄었다. 인간이 큰 개체를 어획한다는 것은, 성장에 더 많은 에너지를 할당할 경우 번식의 기회를 완전히 잃어버릴 위험이 높아진다는 뜻이기 때문이다.

그 결과, 개체군의 대구는 더 어린 나이에 번식하기 시작했다. 암컷은 성장이 아닌 난소 조직 발달에 더 많은 에너지를 할당해, 크기가 작아지는 대신에 더 높은 번식력을 갖추게 되었다. 물론 몸집이 더 크면 더 많은 알을 낳을 수 있다. 실제로 몸집이 더 큰 대구가 더 많은 알을 낳는다. 그러나 알을 낳을 기회를 얻기 전에 죽음을 맞는다면, 성장에는 아무런 의미가 없다.

더 큰 개체를 포획하며 가해지는 압력은 더 작은 종에까지 영향을 미친다. 캘리포니아 해안에 서식하는 여러 복족류 중 올빼미 배말Giant Owl Limpet 같은 종은 지역 주민들의 포획으로 평균 크기가 줄었다. 삿갓조개(배말)는 작은 개체가 수컷일 가능성이 높고, 더 커지면서 성별이 암컷으로 바뀌는 웅성선숙 자웅동체protandric hermaphrodite이기 때문에 크기 감소는 번식에 심각한 영향을 끼칠 수 있다. 이렇게 성별을 유동적으로 바꾸는 전략은 더 큰 개체가 더 많은 알을 낳을 수 있으며 성장하는 동안 더 작은(그리고 에너지 비용이 덜 드는) 정자를 생산해 번식할 수 있으므로 유리하다. 삿갓조개 개체의 관점에서는 잃을 게 없는 전략인 셈이다. 그러나 더 큰 개체를 선호하는 인간이 암컷을 선택적으로 포식한다면 그 이점은 사라지고, 개체군은 사망률 증가와 출생률 감소라는 두 가지 고통을 한꺼번에 겪게 된다.

한편 생활사의 변화를 주도하기 위해 인간의 포식이 직접적인 사망률 증가의 원인일 필요는 없다. 인간이 사망률을 높이는 다른 방법도 마찬가지로 효과적이기 때문이다. 농약으로 발생하는 대규모 죽음은 이에 대응하도록 개체군에 강력한 진화적 압력을 가한다. 적응하지 못하면 죽는다. 그 결과, 인류가 해충으로 간주하는 종과 인류 사이에 무장 경쟁이 벌어졌다. 진화가 우리의 무기를 무력화하면서 우리는 더 많은 살생 방법을 연구하게 되었다.

그러나 적응에도 대가는 따른다. 사과 해충으로 여겨지는 사선줄무늬잎말이나방Obliquebanded Leaf-Roller을 예로 들어보겠다. 캐나다에 서식하는 한 개체군은 살충제에 대한 저항성을 얻었지만, 저항성이 있는 나방은 성장하는 데 더 오랜 시간이 걸려 결국은 성체 크기가 작아졌다. 한편 크기가 클수록 일반적으로 더 많은 알을 낳을 수 있듯, 암컷 사선줄무늬잎말이나방 역시 크기가 클수록 더 많은 알을 낳을 수 있다. 따라서 살충제에 대한 저항력은 성장률과 번식력을 희생해 얻은 것이라 할 수 있다. 인류는 탄생과 죽음뿐만 아니라 종이 살아가는 방식에도 영향을 미친다.

애벌레의 비극

인간은 전 세계적으로 자연 개체군에 영향을 미치고 있다. 그런데 개체군은 고립되어 살아가지 않는다. 켜켜이 층을 이루고 살아가는 그들의 분포가 공존하는 종의 군집을 만들며, 이 생태군집의 풍부도는 저마다 다양하다. 이러한 군집이 과연 어느 수준까지 질서정연한 일련의 종인지 또는 무작위로 이루어진 집합체인지는 논의할 수 있지만, 어느 쪽이든 인류의 영향이 그들을 잠식하고 있다. 그리고 모든 종이 영향을 똑같이 받는 것은 아니기 때문에 군집의 구성은 우리의 영향으로 바뀌고 있다.

군집이 결정론적 요인과 확률적 요인의 결합으로 발전한다는 사실을 떠올려보자. 인간은 환경에 미치는 영향과 변화로 다른 종이 불운을 겪을 가능성을 높이고 있으며, 인류와의 경쟁이나 인류의 약탈로 많은 종의 불운이 더욱 깊어진다. 결정론은 어떤 종이 가장

나방은 빛을 쫓지 않는다 🦋

큰 피해를 입을지를 결정한다. 영국의 나방은 완벽한 본보기다.

세상이 변할 때는 다양한 선택권이 있는 것이 유리하다. 먹이 특이성이나 기주 특이성을 지닌 종은 일반적으로 고통을 겪는다. 영국의 경우, 실제로 애벌레의 식성이 까다로운 나방이 더 쇠퇴할 가능성이 높으므로 이를 뒷받침한다. 이것이 바로 런던이나 캠던처럼 더욱 열악한 환경일수록 먹이나 숙주 특이성을 지닌 종이 더 적게 나타나는 이유다. 또한 이런 종은 범식성 종보다 지리적으로 더 작은 지역에 분포하는 경향이 있으므로, 시작부터 불리한 처지에 놓여 있다. 환경이 변할 때는 가능한 한 빨리 성장하고 자원을 활용하는 것이 더 좋다. 그러니 더 크고 느리게 자라는 종도 어려움을 겪을 것이다. 비행 기간이 짧은 종은 더 나은 장소로 이동할 잠재력이 더 적으므로, 불확실하고 변화하는 환경에 취약해진다. 이런 모든 특성은 영국 전역의 나방 군집에서 멸종되는 종을 통해 흔히 볼 수 있다.

세상이 변할 때는 올바른 곳에 투자하는 것도 도움이 된다. 기후가 급속히 따뜻해지는 요즘, 영국 나방 군집에서 온도 선호도에 따라 승자와 패자가 결정되는 광경을 목격한다. 추위를 선호하는 종은 전반적으로 개체 수가 감소하고 있다. 영국에서는 고위도 지역의 높은 고도에 서식하는 레드카펫물결자나방Red Carpet 같은 종이 특히 서식지의 남쪽 가장자리에서 급격히 감소하고 있다. 그들에게는 불리한 환경이 높은 온도를 선호하는 종에게는 유리하게 작용했다. 이전에는 고위도 지역의 추운 날씨 때문에 살아남을 수 없던 종이 기후가 따듯해지면서 서식지를 점점 북쪽으로 확장하고 있다. 인류는 승자를 만든다. 그리고 그 이면의 패자도 만든다.

영국 내 분포 지역에서 북쪽 한계선에 서식하는 나방은 보통 연간 약 5킬로미터 속도로 점점 더 북쪽으로 퍼지고 있다. 런던에 있는 내 덫에서 자주 만날 수 있는 이중줄무늬퍼그나방Double-striped Pug은 주로 남부에 서식하는 나방이지만, 지금은 영국 북부와 스코틀랜드 국경 너머에서도 발견된다. 1970~2016년에 이들의 서식 범위는 165퍼센트 증가했다. 앞 장에서는 따듯한 기후가 제공하는 기회를 이용해 영국해협을 건넌 나무이끼밤나방과 바인스러스틱을 만나보았다.

이처럼 영국 나방 군집의 종 수가 전반적으로 증가하는 이유는 따듯한 기후를 선호하는 나방이 일반적으로 더 많고, 기후가 따듯해지면서 더 많은 종이 영국에 서식할 수 있게 되었기 때문이기도 하다. 일 년 내내 따듯한 날씨가 지속된다면, 이중줄무늬퍼그나방 같은 종은 더 많은 세대를 거칠 수 있다. 영국에서는 두 번 번식했던 이들이 이제는 더 이른 시기에 첫 번째 번식기를 마치고, 가을이 끝나기 전에 세 번째 번식을 할 수 있게 되었다.

그렇지만 점점 따듯해지는 기후에 적응할 수 있다고 하더라도, 먹이가 사라지거나 먹이와의 관계에 문제가 생기면 힘겨운 시기를 보낼 수 있다.

회색산카펫자나방Grey Mountain Carpet처럼 이탄지moorland에 서식하는 나방은 영국에서 그 수가 가장 심각하게 감소하고 있다. 기후

　　　　　　　　　　　나방은 빛을 쫓지 않는다

의 영향도 있을 것으로 생각되지만, 서식지에서 발생하는 다른 변화도 그 원인이다. 어린 새싹의 성장을 촉진해 이를 먹는 뇌조의 성장과 뇌조 사냥이 용이해지도록 들판에 불을 자주 놓고, 또 가축 방목을 많이 할수록 서식지의 환경이 악화할 수 있다.

인공비료 또한 환경에 영향을 미친다. 서식지에 직접적으로 작용하지 않더라도, 농경지에서 인공비료를 지나치게 사용하면 이산화질소가 대기에 부산물로 생성된다. 이 오염물질은 비에 녹아 영양이 부족한 토양에 떨어져 스며든다. 이는 서식지 고유의 식물, 예컨대 회색산카펫자나방이 의존하는 먹이 식물인 헤더와 빌베리 같은 식물에 해를 끼칠 수 있다. 잘 보호되는 것처럼 보이는 서식지도 이러한 오염물질에 환경이 악화하고 군집이 변화할 수 있다. 자연은 모두 연결되어 있다.

퀘이커나방은 앞 장에서 살펴본 아무르밤나방으로 오인받는 나방 중 하나로, '불확실함Uncertain'이라는 아무르밤나방의 이름 또한 퀘이커나방의 미래를 설명해준다. 퀘이커나방의 애벌레는 참나무와 다른 나무의 어린잎을 먹는다. 기후가 변하면 이 나무들은 애벌레가 부화해 먹이를 먹을 준비가 되기 전에 잎을 낸다. 뒤늦게 부화한 퀘이커나방 애벌레는 오래된 잎을 먹고 더 천천히 자라며, 포식자에게 발각될 위험이 커지고 날개 변형 등의 발달 이상이 나타날 가능성이 높아진다. 그러면 비행을 통해 다른 곳으로 이동하거나 짝을 찾는 데 어려움이 따를 것이다. 퀘이커나방은 1970~2016년에 개체 수가 약 20퍼센트 감소했는데, 먹이 식물과

퀘이커나방 애벌레는 참나무 등의 어린잎을 먹는데, 이 나무들은 기후가 변하면서 애벌레가 부화하기 전에 잎을 낸다. 뒤늦게 나온 애벌레가 오래된 잎을 먹고 더 천천히 자라면 위험에 빠질 가능성도 높아진다.

의 시기가 엇나가는 것이 이러한 추세를 주도했을 수 있다. 2장에서 만난 겨울물결자나방도 비슷한 문제를 겪는다. 큰박새처럼 이들 나방을 먹이로 삼는 종에 나타날 연쇄적인 결과도 걱정스럽다.

군집은 항상 변화를 거듭해왔다. 우리는 군집이 변화할 것으로 예상하지만, 단 하나의 종이 전 지구에 걸쳐 일어나는 대부분의 변화에 책임이 있을 것으로 예상하진 않는다.

이주의 딜레마

생태군집의 구성과 구조는 바로 근처에서 일어나는 일에만 의존하지 않는다. 더 넓은 환경에서 발생하는 사건 또한 중요하다. 자연은 모두 연결되어 있다. 그래서 이주가 중요하다.

 이주의 중요성이 이토록 크게 대두된 적은 없었다. 인류는 전 세계에서 상당한 면적의 자연 서식지를 파괴했으며, 현재 남아 있는 서식지의 대부분은 심각하게 단편화했다. 농경지와 목초지, 콘크리트로 이루어진 삭막한 바다에 떠 있는 작은 섬이 된 것이다. 서식지가 수용할 수 있는 개체 수도 줄었고, 그들은 불운이나 환경의 임의 변동에 취약해졌다. 조각난 개체군은 다행히 메타 개체군과 개체 이동으로 연결되어 있어서 지속될 수 있다. 이주를 통해 유기체는 출생률을 높이고 사망률에 대응해 개체군 소멸을 방지하며, 국지적 멸종으로 개체군이 소멸할 때 지역을 다시 서식지화할 수 있다. 인류가 서식지를 단편화하면서 이러한 역학의 의미는 더 커졌다.

 이처럼 이주를 통해 서식지 단편화의 피해를 일부 개선할 수 있지만, 일부에 불과하다. 메타 개체군은 풍부한 공급원 역할을 하는 '본토' 개체군이 있을 때 가장 안정적이다. 불행히도 서식지 파괴는 본토의 범위와 생산성을 감소시키고, 파괴의 규모에 따라 주변 지역에 해를 끼치게 된다. 남은 조각은 흔히 생물 다양성의 관점에서 중요하지 않다고 여겨지지만, 이들을 파괴하면 살아남은 서식지 사이의 거리가 늘어나 서식지화의 가능성이 낮아질 수 있다. 서식지화 속도가 멸종 속도보다 낮아지면 개체군은 마침내 사라질 것이다. 서식지 조각이 더 고립될수록 나방과 다른 동물 종이 더 적게 서식한다.

이동하는 생활 방식에 모든 종이 잘 적응하는 것은 아니다. 예를 들어 암컷 낡은무늬독나방Vapourer Moth은 날개가 없으며, 알을 낳기 위한 털뭉치와 다름없다. 서식지 조각 사이를 이동할 수단 자체가 없는 것이다. 비슷한 예로 겨울물결자나방, 암갈색얼룩자나방 Mottled Umber, 이른자나방Early Moth 모두 데번에서는 자주 만나볼 수 있지만, 서식지가 불균등한 런던에서는 흔하지 않다. 2장에서 만나본 진홍나방처럼 이동성이 높아 보이지만 멀리 이동하지 않는 경우도 많다. 아마존 열대우림의 하층식물 사이에 숨어 지내는 많은 새 종들도 빈터를 건너 이동하는 모습이 잘 목격되지 않으며, 강을 경계로 한 분지에 서식지가 제한되어 있다.

서식지나 먹이 식물에 특이성이 있는 종은 서식지 단편화 때문에 특히 힘든 상황을 겪을 것이다. 이를테면 영국 동해안 염수늪지 일부에서만 자라는 염수쑥sea wormwood을 먹는 흰줄얼룩애기물결자나방Scarce Pug 등이다. 광범위한 해안 개발로 염수늪지는 예전보다 더욱 귀해지고 단편화했으며, 영국에서는 유일하게 이곳에서만 염수쑥이 자란다. 적합한 서식지 조각 사이의 거리가 멀어질수록, 분산된 개체가 해당 서식지 조각을 발견해 서식지화하거나 개체군의 소멸을 막을 가능성이 줄어든다.

이주 개체는 종이 환경 변화에 반응하게 할 수도 있다. 성장하면서 새로운 기회를 이용하거나, 침몰하는 배에서 탈출할 수 있도록 말이다. 이는 기후위기를 마주한 지금 특별히 중요하다. 환경이 개체가 대응할 수 있는 생리학적 허용 범위를 넘어 변화할 때 종에게는

나방은 빛을 쫓지 않는다

적응, 이동, 멸종이라는 세 가지 선택권이 주어진다. 하지만 현재의 환경 변화 속도는 이들이 적응 가능한 한계를 넘어서고 있으며, 특히 수명이 긴 종의 경우에는 이동이 생존을 위한 최선의 선택이다.

불행히도 서식지 파괴와 단편화는 종이 환경 변화를 감지하는 능력을 크게 떨어뜨린다. 서식지가 연속적일 때 개체군이 이동하기는 쉽다. 그러나 지역의 규모와 고립이 종에 미치는 영향을 떠올려보자. 작고 더 멀리 떨어진 서식지를 분산된 개체가 정확히 목표하기란 쉽지 않다. 인류는 종의 이동 필요성을 증가시키고, 종의 이동을 더욱 어렵게 했다.

그렇지만 우리가 도울 수 있지 않을까? 종이 이동해야 한다면, 인간이 기꺼이 개입해 이동을 도울 수 있을 것이다. 변화하는 환경에 대응해 새로운 지역으로 이동할 능력이 없어서 멸종위기를 맞은 종을 보존하기 위해, 개체를 현재의 분포 한계를 넘어 이동시키는 것을 **도움 이주**assisted colonisation, assisted migration라고 한다. 인간은 수천 년간 온갖 이유로 종을 전 세계 다양한 곳으로 이동시켜왔다(최초의 사례로 알려진 동물은 약 2만 년 전 뉴브리튼에서 뉴아일랜드로 옮겨진 북부쿠스쿠스Grey Cuscus라는 유대류다). 그렇다면 보존을 위해 이들을 이동시키는 것 또한 가능하지 않을까?

이런 결정을 어렵게 하는 이유는 바로 우리가 **이미** 이동시킨 종들, 즉 회양목명나방 같은 성가신 외래종 때문이다. 사실 인간의 영향으로 발생한 외래종 중에서 회양목명나방은 덜 해로운 종에 속한다. 이미 고양이와 쥐에 관해서 살펴봤지만, 붉은늑대달팽이

Rosy Wolfsnail, *Euglandina rosea*를 언급하지 않을 수 없다. 이들은 다른 외래종인 아프리카왕달팽이Giant African Land Snail의 개체 수를 통제하기 위해 태평양을 건너 여러 섬으로 옮겨졌지만 아프리카왕달팽이가 아닌 다른 달팽이를 먹어 치웠는데, 전 세계 130종 이상의 다른 달팽이 종이 이들의 먹이가 되었다. 한편 항아리곰팡이 *Batrachochytrium dendrobatidis*와 도롱뇽항아리곰팡이*B. salamandrivorans* 같은 병원성 진균에 의한 외래 질병은 감염된 적이 없는 숙주 개체군을 전멸시킬 수 있다. 이 두 진균 때문에 전 세계적으로 약 100개에 달하는 양서류 종이 멸종하고, 수백 종의 개체 수가 감소했다.

외래 식물은 생태계를 자신의 이익에 맞게 변형하고 자생종의 성장을 억제할 수 있다. 외래 식물이 우세한 지역에서는 자생종을 주된 먹이로 삼는 곤충이 서식하기 힘들어지기 때문에, 토종 새 또한 이러한 지역에서 적응도가 떨어지는 경향이 있다. 지난 500여 년 동안 서식지 파괴를 포함해 인간의 개입으로 비롯된 그 어떤 변화보다도, 다양한 외래종은 전 세계 여러 지역에서 많은 멸종을 초래했다. 그리고 여전히 전 세계에 나타나는 개체 수 감소세의 주요 원인으로 꼽힌다.●

● 블랙번박각시Blackburn's Sphinx Moth도 이런 일을 겪었다. 1870년대에 T. 블랙번 목사가 처음으로 채집한 이 나방은 현재 미국 멸종위기종 목록에 등재되어 있다. 다양한 외래 곤충의 포식은 이 종을 위협하는 주요 요인으로 보인다.

인류가 이동의 필요성을 더 커지게 하는 동시에 이동을 더 어렵게 만들어, 종이 더 큰 문제를 마주하게 하는 한편으로 다른 종을 옮겨 일부 종에 문제를 일으켰다는 사실은 비극적 모순이 아닐 수 없다. 도움 이주에 대한 압력이 날로 커지고 있지만, 어떤 지역에 서식했던 역사가 없는 새로운 종의 도입을 우리가 경계하게 된 것도 당연한 일일 것이다.

소행성이 된 인간

나방 덫의 내용물은 지구의 생명이 존재한 40억 년에 걸쳐 펼쳐진 연속극의 한 장면이다. 이 연속극의 배경은 자연이고, 그 안의 생태계가 각본을 쓴다. 그러나 등장인물은 진화의 과정을 통해 선택되는데, 인류는 여기에도 관여한다.

우리와 집을, 나라를, 지역을, 지구를 공유하는 종의 수는 궁극적으로 종분화에서 멸종을 뺀 결과다. 그리고 여기에 이주의 효과가 산재해 있다. 이제 우리가 멸종률에 심각한 영향을 미치고 있다는 사실은 명백해졌다. 현재 멸종의 속도는 공룡이 멸종한 대멸종을 제외하면 우리 예상보다 100~1000배쯤 빠르다. 지구 처지에서는 인간의 존재가 소행성 충돌과 다를 바 없다는 생각은 정신이 번쩍 들게 한다. 수많은 외래종은 우리가 대부분의 생물지리구biogeographic regions에서 이주율을 비슷한 정도로 높였음을 말해준다.

현재 영국에는 자생종만큼이나 많은 외래 식물이 서식한다. 하와이에는 현존하는 토착종 조류보다 더 많은 외래종 조류가 서식한다. 이렇게 높은 수준의 생물 교환이 자연적으로 일어난 예는 북미와 남미가 파나마지협을 통해 직접 이어진 이후로 전무하다. 이 또한 단 두 대륙 사이에서 일어난 일이었다. 우리 인간은 전 세계적으로 이주율을 크게 높였다(이러한 이입은 손실을 보상하지 않는다. 멸종된 종과 외래종은 일반적으로 형태와 기능이 매우 다르기 때문이다. 덴마크 왕자를 다른 궁정광대Yorick로 대신할 수 없듯 말이다). 대부분 종이 외래종인 것은 아니지만, 여전히 엄청난 수의 외래종이 곳곳에 서식한다.

인간이 종분화의 속도에 영향을 미쳤는지, 만약 그렇다면 어떤 방향으로 유도했는지는 확실하게 말하기 어렵다. 대부분의 경우 종분화는 물리적 장벽 때문에 개체군이 분리되고 나서 분화하는 이소성 종분화인 것으로 보인다. 인류는 서식지 파괴와 단편화로 수많은 개체군을 분리했다. 파나마운하가 건설되면서 둘로 갈라진 소형 영장류 제프로이타마린Geoffroy's Tamarin(제프로이거미원숭이)처럼 말이다. 우리는 이미 반대편 강독에 사는 제프로이타마린에게 발생하는 유전적 변화를 목격하고 있다.

한편 우리는 대부분 종의 개체 수를 줄여 진화에 사용되는 유전물질 풀pool의 양을 줄임으로써 그 다양성을 감소시킨다. 종분화의 근간이 되는 유전물질의 양 자체를 줄이는 것이다. 개체군의 단편화와 개체 수 감소로 종분화율이 증가할지 감소할지는 아직 모른다.

나방은 빛을 쫓지 않는다

하지만 우리는 확실히 새로운 종의 발생에 책임이 있다. 유기체를 다른 곳으로 이동시키려는 우리의 성향은 유기체가 새로운 기회를 만나고 활용할 수 있게 하며 본래 상태를 벗어날 가능성을 안겨준다. 나아가 그러한 외래종은 다른 종이 다양화할 기회를 제공한다. 인간이 옥수수를 경작한 이후로 옥수수를 주요 먹이로 삼아 두 종으로 갈라지는 과정에 놓인 유럽의 조명나방을 떠올려보라. 또한 외래종과 자생종의 결합은 새로운 종의 탄생으로 이어질 수 있다. 영국갯끈풀common cordgrass이 전형적인 예다. 이 식물은 유럽 자생종인 작은갯쥐꼬리풀small cordgrass이 19세기 영국 남부에서 북미 외래종인 갯쥐꼬리풀smooth cordgrass과 처음 만나 탄생했다.

인류는 지구 역사라는 연속극의 출연진을 손으로 주무르면서, 진화가 그들을 빚어내는 무대 또한 변화시킨다. 우리는 종분화, 멸종, 이주의 영향이 우리가 바꾸는 환경 조건에 따라 변한다는 것을 안다. 이렇듯 우리는 생물 다양성의 근간이 되는 과정 자체에 영향을 미치고 있다.

전 세계의 종 풍부도 변화는 시간, 면적, 에너지, 안정성에 의해 결정된다. 지역에 이러한 조건이 더 풍부할수록 종은 더 많이 발생하는 경향이 있다. 인류는 시간의 흐름에 영향을 미칠 방법이 거의 없지만(과정이 진행되는 속도에는 영향을 미칠 수 있다) 다양성의 동인이 되는 다른 세 가지 조건은 변화시키고 있으며, 그 결과는 우려스럽다. 우리의 서식지 점유는 종이 지속하고 다양화할 면적을 효과적으로 줄인다. 막대한 규모의 대기오염이 지구 시스템에 에너지와 불안정성을 더하고 있다. 과거에는 더 많은 에너지가 더 많은 종의 분화를 유도했지만, 인간이 환경에 에너지를 더하는 속도는 가까운 미래에 많은 종에게 부정적인 효과를 불러올 것이다. 우리 인간을 포함해서 말이다.

지구는 주기적으로 온난한 시기를 겪어왔지만, 현재 온실기후로 전환하는 속도는 이전과 다르다. 종은 다만 이동하거나 적응하거나 죽음을 맞이할 수밖에 없다. 그러나 서식지 파괴로 종은 이동할 수 있는 기회를 빼앗겼을 뿐 아니라 적응할 수 있는 시간도 줄었다. 인류의 현재 행위로 2100년까지 지구의 평균기온은 약 3°C 상승할 것으로 보인다.

그럴 경우 상당 비율의 종이 생리학적 허용 범위를 넘어서는 환경 조건에 노출될 것이며, 특정 환경에 적응한 종은 유사한 내성이 있으므로 공존하는 수많은 종에게도 동시에 다양한 영향을 끼칠 것이다. 짧은 시간 안에 많은 세대를 거칠 수 있는 일부 종은 적응할 수 있겠지만, 많은 종에게는 그런 기회가 주어지지 않는다. 그 결과는 생태군집의 급격한 붕괴다. 생물 다양성이 가장 풍부한 열대지방에 서식하는 다양한 종은 이미 열한계thermal limit에 더 가까운 환경에 놓여 있으므로 상황이 더욱 나빠질 것이다. 온실가스 배출과 환경 파괴를 줄이기 위해 노력하지 않는다면, 앞으로 10년 안에 이러한 붕괴가 나타날 수도 있다.

붕괴한 생태군집을 무엇이 대체하게 될지 우리는 모른다. 다만 우리가 아는 것은, 우리가 이 군집의 일부이며 또 그들에게 의존한다는 사실이다. 이동할 것인가, 적응할 것인가, 아니면 끝을 맞이할 것인가? 대부분의 인간에게 그 선택의 폭은 매우 제한적일 것이다.

가장 큰 패배자

런던에서 처음 나방 덫을 놓으며 우리가 자연의 작용에 관해 무엇을 알고 있는지 생각하게 되었다. 이 작은 상자의 내용물을 이해하려면 전체 그림을 바라볼 줄 알아야 한다. 나방은 자연의 모든 행위와 연결되어 있기 때문이다. 그런데 지금은 나방 덫을 열고 그 안을 들여다볼 때마다 여기저기 묻어 있는 인간의 흔적을 본다.

어떤 흔적은 명백하다. 회양목명나방을 처음 마주했을 때 나는 생태학자, 특히 외래 생물종의 습격biological invasion에 관심 있는 사람으로서 크게 당황하지 않을 수 없었다. 런던 도심에서 절대 발견될 리 없는 나방이었기 때문이다. 그것은 손길이 닿지 않은 자연 따위는 없다는 것을 다시금 깨닫게 해주었다. 그날 아침 덫에서 만난 가시칠엽수굴나방도 마찬가지다. 이들은 외래종 식물에서 태어난 외래종 나방이다. 인간에 의해 영국에서 멸종되었고 미국에 다시 이입된 매미나방도 말이다. 나방 덫 곳곳에 우리의 손때가 묻어 있다.

서서히 충격을 안겨준 종도 있었다. 더는 희귀한 이주 종이 아니라는 사실을 깨닫기 전까지 흥분을 안겨준 열세 마리의 나무이끼밤나방처럼 말이다. 이 종은 기후 온난화로 서식지가 점점 더 북쪽으로 확장하면서 더욱 흔해지고 있다. 영국 남부의 데번 지역에만 서식하는 줄 알았던 열두 마리 저지호랑이나방도 마찬가지다. 런던의 내 첫 나방 덫에서 가장 풍부한 이 두 종 모두 인간이 환경을 변화시켜 그곳에 날아들었을 가능성이 높다.

데번에 나방 덫을 놓자, 우리 인간의 영향을 더 분명하게 볼 수 있었다. 그곳에서 나방 덫을 운용하는 일은 더욱 즐거웠다. 더 많은 종의 나방을 더 많이 만나볼 수 있었고, 군집은 더 풍부했다. 그러나 이는 런던의 나방 군집이 상대적으로 얼마나 빈약한지 확실하게 보여주었다. 나는 런던에서 나방을 채집하는 것에 만족하지만, 기대치는 낮다. 그리고 데번에서 나방 덫을 운용하면서는 그들 나방에 얽힌 뒷이야기를 알 수 있었다.

오얏나무가지나방이나 구슬밤나무밤나방처럼 흔하게 볼 수 있는 많은 종의 개체 수가 널리 감소하고 있다. 그들을 덫에서 만나볼 수 있는 것은 영국에서 완전히 자취를 감추기 전까지 잠시 누릴 수 있는 즐거움일지도 모른다. 서식지 파괴와 단편화, 살충제 살포, 도시화, 기후변화가 켜켜이 쌓여 일으키는 시너지 효과로 내가 잡은(그리고 잡지 못한) 수많은 나방 종이 국지적 또는 전국적 멸종의 길로 들어서게 되었다. 그리고 여기에도 우리의 흔적은 묻어 있다.

나방 덫은 내게는 기쁨의 원천이기도 하지만, 궁극적으로는 환경의 표본을 채집하기 위한 도구이기도 하다. 나방의 숨겨진 세계를 그려낸 작은 조각들을 한데 모아 이 세계의 모습을 들여다볼 수 있다. 그러나 우리가 완성해나가는 이 그림은 사진이 아니라 영상이다. 한 장면 한 장면 지나갈 때마다 그림은 바뀌어간다. 아무리 오랜 삶을 살아낸 사람일지라도 그림의 극히 일부만을 경험할 수 있지만, 우리는 그 장면들에서 배우가 변화하고 이야기가 발전하는 것을 볼 수 있다. 그리고 그 이야기를 오래 지켜보지 않아도, 장면 속 배우들이 행복한 결말을 맞지 못하리라는 것을 우리는 안다.

인류는 끝없는 놀라움과 아름다움을 선사하는 자연을 갉아먹고 있다. 우리는 이미 그것을 알고 있다. 물론 모든 것이 사라지지는 않을 것이다. 개체군, 군집, 종의 흐름을 주도하는 과정에 대한 인간의 개입은 결국 승자와 패자를 만들어낼 테니 말이다. 하지만 그 중에서 가장 큰 패배를 맛보게 되는 건 과연 누구일까? 답을 미리 말해주자면, 우리 인간일 것이다.

THE JEWEL BOX

9

연약한 실

긴 반전의 역사

… 호모사피엔스라는 종은 다른 종의 운명을 결정하는
다양한 조건에서 결코 예외가 아니라는 꺼림칙한 사실 또한,
우리는 억지로 보게 된다.

허버트 조지 웰스 Herbert George Wells

나방 덫은 경이로움과 기쁨을 끊임없이 제공해준다. 킨드로건 야외학습협회에서 맞이한 첫 아침, 어둠 속에서 마법처럼 날아든 화려하고 놀라운 형형색색의 생명을 발견한 그날부터 나방 덫에 매료되었다. 런던 도심의 옥상 테라스에서도 이러한 마법을 부릴 수 있다는 사실에 나는 더 깊이 빠져들었다.

이제 나는 낮보다 밤의 날씨를 더 자주 확인한다. 휴가나 여행을 계획할 때도 언제나 나방 덫 설치를 전제로 계획을 짜고, 장소와 시간을 기준으로 그날 밤 무엇이 날아들까 다양한 질문이 이어진다. 그리고 매일 아침, 나방 덫에서 어떤 보석을 만날까 하는 설렘으로 가득 찬다. 수백 명의 사람이 전국 각지에서 각기 다른 시간에, 또 다른 나라에서 이러한 경험을 공유한다. 크거나 희귀하거나 화려하거나, 또는 세 가지를 전부 기대하면서도 밤이 남겨둔 선물에 만족할 따름이다. 삶의 섬세한 아름다움에 둘러싸여 아침을 시작하는 것은 썩 즐거운 일이다.

나방 덫은 형형색색으로 빛을 비춘다.

내게 나방 덫은 취미이지만, 나는 생태학을 업으로 삼는 특별한 행운을 누리고 있다. 지구가 이토록 눈부시게 다양한 생물 다양성을 지닌 이유를 우리 인류가 이해하도록 돕고, 또 더 많은 사람에게 그 경이를 소개하는 것이 내 일이다. 나방 덫은 이 두 목적을 모두 달성하는 수단이자, 내게도 이러한 깨달음을 주는 도구가 되었다. 왜 특정한 종이 특정한 수로 나방 덫에 날아드는 걸까? 그 수는 어떻게 달라지고, 또 그 이유는 무엇일까? 나는 수년간 이런 질문을 떠올렸으며, 나방 덫은 그 답에 다시 관심을 두게 했다.

나방 덫은 내 삶에 빛을 비추었고, 나방을 향한 애정에도 빛을 밝혀주었다.

생태학자는 개체, 개체군, 군집, 메타군집, 변화를 결정하는 이런 다양한 수준의 조직 내 상호작용과 조직 간 상호작용의 관점에서 생태학을 바라본다. 이 모든 것의 근간에는 진화가 있으며, 진화가 없다면 생물학의 그 무엇도 설명되지 않을 것이다. 나방에 관한 내 질문에는, 아침에 내 옥상 테라스에 와닿아 우리가 아는 생명의 완전한 지리와 역사를 아우르는 답이 필요하다.

규칙과 우연

약 40억 년 전, 이전까지는 지구에서 발견되지 않았던 완전히 새로운 존재가 바다에 나타났다. 막을 두르고 독립적으로 존재하는 이 생물체는 신진대사를 통해 스스로 에너지를 얻었고, 자신을 복제해 더 많은 개체를 생산할 수 있었다. 이는 우리가 살아 있다고 부르는 첫 번째 존재였다.* 모든 생명체는 탄생과 죽음을 경험한다. 각 개체가 하나 이상의 자손을 생산하는 한 개체군의 크기는 증가한다. 한편 최초의 유기체는 단순히 두 개로 갈라지며 복제되었을 것이다. 우리는 이 증식의 힘을 잘 안다. 이들은 복제된 개체가 파괴되는 것보다 더 빠르게 자신을 복제해냈고, 그 수는 증가했다.

번식이란 생명의 막대한 힘이지만, 어떤 개체군도 그 크기가 영원히 생장할 수는 없다. 모든 유기체는 힘, 성장, 번식을 위해 자원이 필요하다. 이 유한한 행성 또는 제한된 지역에서 자원은 고갈되고, 그 결과 출생률이 낮아지거나 사망률이 높아지거나 또는 둘 다 나타나게 된다. 자유로운 확장은 필연적으로 생존을 위한 투쟁으로 변하고, 동족이 부스러기를 얻기 위해 다른 동족과 경쟁한다.

개체군은 생장을 멈춘다. 그리고 개체 수가 지나치게 늘어나거나 자원 기반이 파괴되면, 그 수는 감소세에 들어선다. 이 근본적인 진리에서 모든 생태학이 파생된다.

복제는 완벽한 과정이 아니며, 최초 개체군의 모든 개체가 동일

---

* 이렇게 먼 과거의 일은 무엇도 단정 지어 말하기가 어렵기 때문에 상당한 불확실성을 동반한다. 그러나 이것이 바로 생명의 핵심 요소다. 나는 여기서 생명이 단 한 번 생겨났다고 가정했지만, 실제로는 생명이 마침내 자리 잡기까지 여러 번 나타났다가 사라졌을 수도 있다.

하지는 않았다. 이러한 변이는 진화의 원료다. 어떤 개체는 풍요로운 시기나 힘겨운 시기에 다른 개체보다 복제를 더 잘 해냈으며, 이러한 개체는 수적 우위를 차지할 수 있었다. 새롭게 태어난 변종은 환경에 새로운 기회를 열어주고 새로운 개체군을 탄생시켰다. 분화의 과정이 시작된 것이다. 분화는 새로운 형태의 발달을 촉진함으로써 결국 우리가 다른 종이라 부르는 것의 탄생을 야기했다. 생태계와 진화의 상호작용은 이들이 생명의 다양성을 향해 거침없이 나아가게 한다.

40억 년간 이어져온 생명의 이야기에는 헤아릴 수 없이 많은 반전이 있다. 이 이야기의 일부는 육지의 서식지화로 이어졌다. 곤충의 절지동물 조상과 포유류의 척추동물 조상이 바다를 떠나 육지에 닿았다. 3억 년 전에는 하나의 개체군이 분화해 하나는 날도래의 조상이 되고 다른 하나는 나방의 조상이 되었다. 그리고 나방이 분화를 이어가던 중, 포유류는 두 자매로 나뉘어 유대류와 태반 있는 포유류placentals의 조상이 탄생한다.

삶은 계속 이어지면서 분화하고, 이야기에는 반전이 계속되며 셀 수조차 없는 수많은 형태가 생겨났다. 수백만 종으로 나뉜 셀 수 없이 많은 유기체로 말이다. 이 모든 생명은 끊어지지 않고 이어져온 탄생의 사슬을 통해 최초의 그 존재로 다시 연결된다. 모든 종을 통틀어 9종 가운데 하나는 나방(또는 나비)이고, 수많은 종 가운데는 놀라울 정도로 풍부한 생명의 과정을 들여다볼 수 있는 무척 특이한 포유류가 하나 있다.

이러한 다양성 측면에서 이 세상은 평등하지 않다. 종분화에 이입을 더하고 멸종을 빼면 생물지리구는 풍부도가 증가한다. 시간과 공간의 규모가 커질수록 (어느 수준까지는) 에너지의 가용성과 안정성이 증가하고, 이 둘의 합이 클수록 특정 지역에서 발견되는 종의 수가 많아진다. 끊임없이 변화하는 이 행성에서 수백만 년에 걸쳐 다양화를 지배한 규칙은, 나방 덫을 놓은 밤 우리가 품는 기대를 좌우한다. 다양성이 높은 열대지방에는 아마 수백 종이 서식하고 있을 것이다. 수가 더 적은 유럽이나 북미에는 수십 종이 서식한다. 우리는 이 맥락에 빛을 비춘다.

지역은 평등하지 않지만, 불평등은 지역 내 질서를 주무르는 규칙이기도 하다. 일부 지역은 다른 지역보다 종을 더 적게 수용한다. 여기서 질서와 우연은 모두 중요한 역할을 한다. 자원의 다양성이 높아지면 이를 이용하는 종도 더욱 다양해진다. 한편 어떤 종도 모든 상황에서 동등하게 경쟁할 수 없으며, 저마다 선호하는 환경이 있다.

환경의 질은 각 종에게 중요하지만, 그 양도 중요하다. 규모가 작은 서식지 조각이 더 적은 개체 수를 수용하기 때문에, 서식지는 더 많은 편이 더 좋다. 작은 개체군은 약간의 불운만으로도 소실될 수 있다. 먹이나 환경에 특이성을 지닌 종은 선택의 폭이 적으므로 더욱 취약할 수밖에 없다. 이러한 질과 양이 데번의 나방 덫에서 더 많은 생명을 볼 수 있는 이유다. 덕분에 더 많은 종과 더 많은 개체 수를 그곳에서 만나볼 수 있다.

다양화diversification는 군집을 구성하는 종의 집합을 결정한다. 그리고 이주는 이 둘을 연결한다. 서식지의 환경이 좋아지면 생태군집은 더욱 풍부해지고, 그 사이의 연결 또한 더욱 좋아진다. 다양한임의 변동으로 종의 수가 줄어들 수 있지만, 이주를 통해 종이 다시 이입될 수 있다. 이주의 영향이 없었다면 지구 대부분은 맨 바위였을 것이며, 고립된 서식지 조각은 그 풍부도가 매우 낮았을 것이다.

새로운 기회를 찾아 고향을 떠나는 데는 큰 위험이 따르지만, 더 크고 가까운 곳을 목표로 한다면 위험성이 낮아진다. 이동하는 개체는 서식지의 질과 양의 부족을 보완할 수 있지만, 서식지의 질과 양의 수준이 높을수록 이동하기가 더 쉬워진다. 세계에서 가장 큰 도시로 꼽히는 이곳 런던에서도 나방이 덫에 날아들 수 있는 이유는 이러한 이동 덕분이다. 어떤 나방은 이웃 정원에서 날아들었고, 또 어떤 나방은 이웃 나라에서 날아왔다. 결국 자연은 모두 연결되어 있다.

지역과 군집은 평등하지 않으며, 이 불평등은 종에게까지 확장된다. 나방으로 살아가는 데 정답은 없다. 나방은 대부분 작고 짧은 삶을 살아가고, 성충이 되어 며칠 또는 몇 주를 날아다니며, 가능한 한 빠르게 그들의 주요 기능인 번식을 완료한다. 이들이 생산한 알은 대개 성체가 되지 못하는데, 종은 이 확률을 높일 방법을 찾는다. 대부분의 경우 그 방법은 최대한 빨리 성장해, 죽음을 맞이하기 전에 주어지는 짧은 시간을 최대한 활용하는 것이다.

나무 깊숙이 파고들어 단단하고 믿음직한 피난처에서 오랜 시간을 보내는 굴벌레큰나방처럼 자신을 보호할 방법을 찾은 종도 있고, 다양한 화학무기로 무장하고 밝은 색상이나 위협감을 불러일으키는 무늬 등을 방어수단으로 삼는 종도 있다. 날개 같은 장식물에 에너지를 투자하지 않고 온전히 알의 생산에 모든 힘을 쏟는 종도 있는데, 그들의 자손은 그 계통수를 물려받는다. 기회를 찾아 대륙을 횡단하는 종도 있다. 이처럼 나방은 주어진 시간을 최대한 활용하기 위해 다양한 방법을 찾는 데 3억 년을 소비했다. 그리고 나방 덫은 이 영광을 순간에 가둔다.

어떤 종도 홀로 동떨어진 섬이 아니다. 따라서 대부분의 존재에게 삶은 잔인하고도 짧다. 모든 동물은 소비자이며, 또 대부분 소비된다. 바이러스와 세균부터 거미, 벌, 딱정벌레, 새, 박쥐, 심지어 인간에 이르기까지 매우 다양한 생물이 나방을 소비하며 살아간다.● 풍요로운 시기 또한 영원하지 않다. 개체군의 크기가 너무 커지면 결국 포식자에 의해 그 날개가 잘리기 때문이다.

포식자는 개체군의 크기를 조절하고, 나방 덫을 통해 들여다볼 수 있는 변화를 유도하며, 공존을 촉진한다. 이러한 포식자는 우리가 녹색 땅을 볼 수 있는 하나의 이유다. 매일 수십억 마리의 나방

● 유명한 부시터커bush tucker(호주 원주민의 전통음식—옮긴이) 요리인 위체티그럽 Witchetty Grub은 호주에 서식하는 굴벌레큰나방의 친척 엔독실라 류코모클라 *Endoxyla leucomochla*의 애벌레다.

이 소비된다. 나방 덫에서 울새와 박새에게 사냥당하는 나방은 안타깝지만, 다양성은 다양성을 지지한다. 동물은 반드시 소비한다. 자연이 지닌 아름다움의 상당 부분은 죽임이라는 토대 위에 만들어졌으며, 이 둘은 서로 떼어낼 수 없다. 그리고 나방 덫을 통해 우리는 이 두 가지를 모두 볼 수 있다.

모든 동물은 소비자다. 따라서 그들이 무엇을 소비하는지는 무엇이 그들을 소비하는지만큼이나 중요할 수 있다. 개체군은 상향식 조절뿐 아니라 하향식 조절에도 영향을 받는다. 소비자 집단의 안전은 궁극적으로 먹이의 안전에 달려 있으며, 내 덫에 날아든 나방이 선호하는 먹이를 통해 나는 지역에 서식하는 식물에 관해 많은 것을 알 수 있다. 덕분에 내가 사는 런던 아파트 근처에 가시칠엽수horse chestnut가 산다는 것도 알 수 있었다. 데번에 지의류가 풍부하다는 사실은 몰랐더라도 알게 되었을 것이다. 나방을 통해서 말이다.

하지만 먹이가 있다고 해서 반드시 소비자가 존재하는 것은 아니다. 하나 이상의 종이 하나의 먹이를 노릴 때 경쟁이 발생하고, 승자와 패자 또는 무승부가 결정된다. 종은 경쟁에서 유리한 위치를 찾을 수 있어야만 공존할 수 있다. 경쟁자가 어떤 면에서도 더 우위에 있다면 그들은 패할 것이다. 나방 덫은 적어도 그 주변에서 승리를 거머쥔 종에게 빛을 비춘다.

나방의 삶은 규칙의 산물이다. 이를테면 출생률과 사망률, 경쟁과 포식의 역할, 성장·생존·번식 간 자원 분배, 안정화와 평등화,

나방은 빛을 쫓지 않는다 🦋

서식지화의 주체와 소실 위기 개체군 구조자로서의 이주, 시간·공간·에너지가 다양화에 미치는 영향 등이다(간결하게 살펴보기 위해 이 밖에도 생략한 요인이 많다). 이 모든 것이 함께 어우러져 종의 풍부도와 공존을 촉진하고, 종의 서식지와 그 수를 결정한다. 이것이 생태학의 기본 정의이자, 나방 덫이 제기하는 질문에 대한 답의 핵심이다.

이러한 규칙은 아름답지만, 삶이 규칙에 의해서만 형성되지는 않는다. 내게 진정으로 경외심을 불러일으키는 것은 바로 우연의 역할이다.

번식의 힘, 이주로 인해 선물처럼 주어지는 구조의 기회, 자연선택의 독창성은 분명 대단하지만, 우리 주변에서 보는 모든 생물이 지금 그곳에 존재하는 이유는 그 조상이 계속 운이 좋았기 때문이다. 그들은 대부분의 종이 실패한 곳에서 살아남아 번식했다. 소행성 충돌과 혹독한 빙하기와 온실기후에서 살아남았으며, 수백만 종을 멸종시킨 해양 산성화oceanic acidification와 산소 결핍 또한 견뎌냈다.

그들은 극심한 더위와 추위를 이겨냈고, 폭풍과 가뭄을 피했으며, 포식자를 피했고, 전염병에서 살아남아 새로운 자원을 찾았으며, 개체 수 감소도 회복해냈다. 그들은 기회의 창밖으로 뛰어들었으며, 런던의 따스한 밤 속으로 날아올랐고, 눈부신 형광등 불빛이 그들을 환하게 비추었다. 규칙은 삶의 양상을 정의하지만, 그것에 색을 입힌 것은 바로 운이다. 매미나방, 하인나방, 솔나방, 아무르

밤나방, 비녀은무늬밤나방, 박각시, 회양목명나방, 밤나방도 모두
시간과 운의 변덕을 겪었다.

매일 아침 나는 나방 덫에 다가가며 운이 좋기를 기대한다. 그리
고 내가 그럴 수 있는 것 자체가 행운이다.

배에 난 구멍

나방 덫은 아주 작은 부분에만 빛을 비추지만, 그 나방 덫에 이끌
리는 동물은 지구 전체를 아우르는 연결에 빛을 비춘다.

이런 연결이 없었다면 물베니어나방은 내가 사는 지역의 연못에
서 오래 살아남지 못했을 것이며, 바인스러스틱은 기후 조건이 따
듯한 지역의 언덕을 서식지화하지 않았을 것이다. 비녀은무늬밤나
방의 부드러운 날갯짓 소리가 여름을 우아하게 장식하지도 못할
것이다. 세상의 작은 구석에 울타리를 쳐놓고 그곳이 번성하거나
생태가 지속될 것으로 기대할 수 없다. 아무리 보호하려고 애써도
풍부도는 감소할 것이다. 자연은 모두 연결되어 있으며, 이 연결이
끊기지 않아야 번영할 수 있다.

반대로 말하면, 세상 한구석을 다른 곳에서 일어나는 일과 완전
히 격리할 수 없다는 뜻이다. 우리는 이웃의 행동이 우리에게 영향
을 미치는 것은 잘 알지만, 우리가 모두 이웃이라는 사실은 간과하
곤 한다. 지평선 너머에서 벌어지는 손실은 당장 눈앞에 보이는 손

실만큼 중요하다. 자연의 작은 구석이 파괴될 때마다 자연계 전체가 결국 패자가 되는 것이다. 이러한 작은 손실은 우리 모두가 함께 탄 배에 조금씩 구멍을 뚫는다. 자연은 모두 연결되어 있기에 우리를 지탱해주지만, 우리를 한꺼번에 침몰시킬 수도 있다.

그렇다면 나방 덫을 운용하며 우리가 얻는 가장 큰 깨달음은 무엇일까? 바로 자연이 얼마나 연약한 실에 함께 매달려 있는지 관심을 기울이게 해주는 것이다.

나방 덫에는 때로 수많은 나방이 들어 있기도 하고, 비어 있기도 한다. 우리는 어떤 규칙이 이 수에 영향을 주는지 알고 있으며, 또 우연이 어떤 역할을 하는지도 안다. 그러나 우리의 행동이 생명을 연결하는 실을 잘라내고 있다는 사실 또한 안다. 우리는 자연 대부분의 운명을 손에 쥐고 있다. 그 운명은 우리의 것이기도 하다.

호모사피엔스는 여느 동물과 다르지 않은 동물이다. 여느 동물과 다르지 않은 소비자다. 혹시 우리 인간이 자연을 지배하는 규칙에서 예외라고 생각하는가? 다시 잘 생각해보기를 바란다.

우리는 태어나고 죽으며, 그사이에 얻는 자원을 성장·생존·번식에 잘 분배해야 한다. 이른 나이에 죽음을 맞이할 가능성이 줄어들고 전 세계적으로 수명이 늘어나면서 우리는 이러한 자원의 분배가 어떻게 변화하는지 지켜봐왔다. 그러나 자원에는 한계가 있고, 인구가 증가할수록 서로 가질 수 있는 자원은 줄어든다. 우리는 폐쇄 개체군이 자원의 한계에 다다르면 출생률이 떨어지고 사망률이 증가한다는 것을 안다. 개체군의 크기가 환경수용력을 넘어서면 개체군의 크기는 줄어들 수밖에 없다.

인류는 독창적인 방법으로 자원을 공급하고(어느 정도는 과학자들 덕분이라고 할 수 있겠다), 우리를 소비하는 포식자의 관심을 피하며(2020~2021년의 세계적인 감염병 유행에도 불구하고 말이다) 성장곡선을 지탱할 수 있었다. 그러나 피할 수 없는 일을 단지 뒤로 미루고 있을 뿐이다. 우리는 이미 지구의 자원을 지속 불가능한 수준으로 소모하고 있다. 지구의 자연 자원에서 파생되는 이자로 생활하는 것이 아니라 자원 그 자체를 잠식하고 있으며, 매년 우리의 초과 지출은 쌓여간다. 화석연료를 사용해 과거를 태워 미래를 앞당긴다. 우리가 서 있는 이 작은 섬은 빠르게 깎여나가고 있다.

자연이 제공하는 것들 없이 과연 인간이 살아갈 수 있을까. 그것은 불가능하다.

식물은 공기에 산소를 공급하고 이산화탄소를 제거한다. 숲은 태양에너지를 흡수하고, 토양에서 대기로 물을 전달해 온도와 강수량에 영향을 미치며, 날씨를 변화시킨다. 식물은 햇빛을 우리가 수확해서 먹을 수 있는 잎·줄기·꽃·과일·견과류·뿌리줄기 등으로 변환하고, 의복과 제조에 사용하는 섬유와 목재로 만들어준다. 그리고 그들은 우리가 먹고, 젖을 마시고, 입고, 쓰다듬는 동물들의 먹이가 된다. 우리는 두통부터 암에 이르기까지 병을 치료하기 위해 식물이 생산하는 화학물질을 사용한다. 우리가 아직 연구하지 않은 대다수 종의 조직에 어떤 놀라운 치료제가 숨어 있을지 누가 알겠는가?

나방, 파리, 벌, 새, 박쥐 그리고 다른 매개자는 식물을 수분시킨다. 이들이 없으면 많은 식물이 번식할 수 없게 되어 과일과 견과류가 부족해질 것이다. 척추동물과 무척추동물은 씨앗을 퍼뜨려 새로운 식물이 자랄 수 있게 한다. 이들은 초식동물을 소비함으로써, 그들이 통제할 수 없을 정도로 증식해 식물(그리고 우리의 농작물)의 잎을 모조리 먹어 치우지 못하게 한다. 죽은 식물은 토양에 유기물을 더해 다음 세대가 사용할 더욱 비옥한 땅을 만든다.

세균이나 균류, 다른 무척추동물은 이런 유기물을 분해해 토양에 산소를 공급한다. 만약 이들이 없었다면 지구에는 식물이 자랄 토양이 없었을 것이다. 한편 다른 세균과 균류, 무척추동물, 청소 동물은 동물의 배설물과 사체를 처리해서 이것들이 썩어 질병이 퍼질 위험을 줄인다. 자연은 우리 삶에 아름다움과 의미를 더해주고, 예술·문학·음악·과학·기술에 영감을 준다. 우리는 자연이 없다면 살 수 없으며, 자연은 우리 삶에 가치를 더해준다.

현재 자연의 상태는 심각하다. 영국의 나방 덫에 잡히는 나방의 수는 수십 년간 꾸준히 감소해왔다. 나방만 감소하는 게 아니다. 세계적으로 야생동물 개체군의 대다수가 가차 없이 줄어들고 있다. 그리고 한편에서 우리는 무지비하게 자연을 파괴하고 있다. 나방 덫을 운용한다면 누구라도 이 사실을 외면할 수 없을 것이다.

나방 덫은 진정으로 어둠 속에 빛을 밝힌다. 그것은 우리에게 깨어나라고 말하는 경고의 빛이다.

덫의 질문

과학자로서 첫 번째 역할은 답을 찾는 게 아니라 질문을 하는 것이다. 나방 덫의 내용물을 처음 들여다본 순간부터 나방 덫은 내게 많은 질문을 던졌고, 나는 그 일부를 이곳에 소개해 함께 나눠보았다. 그 질문의 답이 어떤 모습일지에 대해 통찰력을 제공할 수 있었기를 바란다. 그것이 바로 과학자의 두 번째 역할이다. 그런데 답의 일부는 몹시 우울해 보일 것이다. 여기서 마지막으로 질문을 하나 더 하고자 한다. 그리고 여러분 자신에게 그 질문을 던져보기를 바란다.

과연 **나**는 자연을 돕기 위해 무엇을 할 수 있을까?

인간이 자신의 생명을 유지해주는 생태계에 비처럼 내리는 수많은 공격을 생각한다면, 이는 현재 가장 시급히 던져야 할 질문이다. 다행히도 그 답이 부족하진 않다. 행동하고 모두 변화한다면 운명을 바꿀 수 있다. 자연의 운명이 우리의 운명이기도 하다는 사실을 간과해선 안 된다.

무엇보다 우리 자신이 동물이라는 점을 인지해야 한다. 우리는 다른 종과 같지 않다. 어떤 종도 마찬가지다. 그러나 우리는 다른 종과 공통점이 많다. 우리 역시 에너지를 얻기 위해 **소비해야만 한다**. 다른 방법은 없다. 그리고 우리가 소비하면 다른 종은 서식지와 자원을 얻지 못하므로 우리 또한 생태계의 경쟁자다. 생태학은 소비와 경쟁의 결과를 알려준다. 자연을 돕고 싶다면, 소비하는 서식지의 면적을 줄이는 선택을 할 수 있다(비키 허드Vicki Hird의 책《벌레가 지키는 세계Rebugging the Planet》에는 이러한 선택을 둘러싼 여러 실용적인 제안이 실려 있다). 자연을 돕고 싶다면 무엇보다 에너지 소모를 줄여라. **소비를 줄여야 한다.**

포식을 줄이면 경쟁의 수준을 완화할 수 있다. 앞서 살펴보았듯 지구 표면의 3분의 1 이상이 고기와 우유를 생산하는 데 사용되고 있다. 인간은 육류와 우유를 생산하기 위해 농작물을 재배해 가축에게 먹인 뒤, 그 가축을 먹는다. 같은 면적이라면 우리가 직접 먹는 농작물을 재배하는 것이 훨씬 효율적이다. 같은 면적의 서식지로 육식동물보다 훨씬 더 많은 초식동물 생물량을 지원할 수 있다.

육류 생산에 사용되는 땅의 대부분은 다양성이 높은 열대지방에 있다. 우리가 그 땅을 사용할 때, 더 높은 위도의 동일한 면적의 지역에서보다 면적당 더 많은 종과 경쟁하게 된다 모든 농지가 농작물 재배에 적합한 것은 아니지만, 그렇다고 가축을 키우는 데 사용해야 한다는 의미는 아니다. 그 대신 자연의 품으로 돌려줄 수 있다.

오늘날 많은 인간이, 특히 부유한 국가에서 필요 이상으로 더 많은 단백질을 섭취한다. 나는 채식주의를 전파하는 사람은 아니지만, 채식 위주의 식단이 많을수록 한정된 토지 면적에 미치는 영향이 줄어드는 것은 사실이다(해양과 담수 환경에서 얻는 동물성 단백질에도 동일한 주장이 적용된다). 고기를 포기하고 싶지 않다면 섭취를 줄이면 된다. 가계 부담도 줄일 수 있고, 생각만큼 고기가 그립진 않을 것이다(이 글이 부유한 국가 시민의 관점에서 쓰였다는 사실을 잘 안다. 물론 나는 지구 자원의 1인당 소비량이 가장 큰 국가의 시민이지만, 그래서 소비량을 줄일 필요성이 가장 시급한 것이다. 일반적으로 풍족하게 생활하는 사람일수록 소비를 줄일 필요성이 더 크다).

인류는 식량뿐 아니라 의류와 가구, 이런저런 물건, 운송과 전력을 위한 재료를 얻고자 토지를 점유한다. 여기에는 소비를 줄일 기회가 무척이나 많다. 재사용하고 재활용함으로써 소비되는 자원을 줄일 수 있다. 목화를 재배하는 데 이용되는 땅의 면적만 약 3500만 헥타르에 달하며, 이 또한 주로 종이 풍부한 저위도 지역에서 재배된다. 내가 덜 소비한 티셔츠 한 장과 청바지 한 벌도 생태계의 경쟁을 줄이는 데 보탬이 될 수 있다.

소비를 줄이는 것뿐만 아니라 소비의 방향성을 바꾸는 것도 우리의 영향을 줄이는 데 도움이 될 수 있다. 농업 활동이 야생동물에게 모두 똑같이 해를 끼치는 것은 아니다. 따라서 우리의 발자국을 덜 남기는 방법을 선택할 수도 있다. 일반적으로 토종 농산물을 재배할 때는 살충제나 인공비료를 덜 사용하며, 더 다양한 작물 생산 시스템을 더 작은 면적에서 생산할 수 있기 때문에 자연 서식지를 구석구석 더 많이 보존할 수 있다. 필요한 단일 작물을 대규모로 재배하기 위해 이 땅에서 자연을 지워버려야만 하는 것은 아니다.

땅을 공유한다는 더 나은 선택도 있다. 다양한 작물을 재배하여 대규모 해충 개체군이 발생할 가능성을 줄일 수 있다. 자연 포식자의 발생을 촉진함으로써, 발달하는 야생동물 개체군을 다른 야생동물로 통제할 수 있고, 수분 매개자의 활동을 촉진함으로써 작물 생산량을 늘릴 수 있다. 이렇게 다양성을 촉진함으로써 기능적 동등성functional redundancy, functional equivalence을 높일 수 있다. 먹이 특이성을 지닌 종보다 범식성 종이 환경적 임의 변동에 더 강하다. 식품에 다양성을 도입해 우리도 환경 변화에 더욱 강한 종이 될 수 있다.

내가 통제할 수 있는 범위, 이를테면 작은 정원이나 화단 등에도 이 법칙을 적용할 수 있다. 이런 곳을 자연과 공유하는 데는 큰 노력이나 시간이 필요하지 않다. 그저 살충제나 제초제, 살균제의 사용을 줄여 사망률을 줄이는 것부터 시작해나가면 된다. 정원을 자유로이 자라나게 두면 나방이나 다른 동물들에게 먹이와 은신처를 제공할 수 있다. 낙엽도 서둘러 치워버리지 않아도 된다. 서식지의 다양성이 풍부할수록 야생동물에게는 이로우며, 우리는 이를 제공할 수 있다. 연못, 통나무 더미, 퇴비 더미, 꿀벌호텔bee hotel(양봉장), 나무는 모두 정원의 야생동물에게 다양성을 더해줄 것이다.

창가의 화단도 마음껏 자라게 놔두자. 외래종보다 자생종을 키워보자. 나방 애벌레의 풍부도와 발달에 몹시 부정적인 영향을 미치는 야간 인공조명을 줄여 빛 공해를 차단하자. 이러한 방법으로 우리가 들이는 노력과 비용을 절약할 수 있다. 단조롭고 조용한 정원보다 윙윙거리는 날갯짓 소리와 다양한 꽃이 어우러진 꽃밭이 훨씬 아름답지 않은가.

우리의 노력은 다양성을 구성하는 벽돌을 제공할 뿐만 아니라 다양성의 확산을 촉진하는 디딤돌이 될 수 있다. 이러한 노력을 통해, 이동하는 개체가 새로운 지역을 서식지화하거나 이미 존재하는 개체군을 구조하는 메타 개체군 역학에 참여하는 것이기 때문이다. 총체적으로 생각하고 국부적으로 행동하는 것think globally, act locally의 정수라고 할 수 있다. 척박한 바다 한가운데 있는 섬이라 하더라도 개체의 생존과 또 그들이 제공하는 연결에 변화를 가져올 수 있다. 이제 그 작은 섬들을 더 키워보자.

자원과 공간을 차지하기 위한 경쟁이 줄어들면 기후변화에도 긍정적인 영향을 줄 수 있다. 인공비료와 그 생산은 온실가스 발생의 주요 원인이다. 동물성 제품의 생산과 포장, 냉장과 운송도 마찬가지이며, 해외에서 수입되는 경우는 특히 더하다. 최대한 현지에서 생산하는 농산물을 먹도록 하자. 우리의 소비를 지원하기 위해 자행되는 서식지 파괴는 탄소를 배출하지만, 서식지를 복원함으로써 이를 제거할 수 있다. 소비를 줄여 경쟁을 줄이고, 우리 문명에 대한 다른 생존 위협을 해결하는 데 자연이 도움을 줄 수 있도록 한다.

인간은 다른 종과 동일하지만, 또한 같지도 않다. 가장 큰 차이점은 우리 행동이 피할 수 없는 결론에 도달하기 전에 그 결과를 미리 인지할 수 있다는 것이다. 사망률이 높아지면 개체군의 크기는 감소한다. 경쟁이 증가하면 갈등도 증가한다. 우리의 미래가 꼭 그런 모습일 필요는 없지 않은가.

균류는 자신의 먹이가 되는 조류를 보호하고, 지의류는 데번의 나방 덫 주변 나무를 푸르게 장식한다. 나방은 잎과 꿀을 단지 소비하지만은 않는다. 그들은 수분 매개자가 되어 자신들이 의존하는 식물의 번식을 돕는다. 우리가 나방과 다르지 않다는 점을 인지해야 한다. 그들과 마찬가지로 우리도 건강한 환경이 없으면 살아남을 수 없다. 소비와 파괴의 순환, 그리고 현재 인류 생태계에 내재하는 모든 부당한 것이 불가피하지 않다는 점 또한 인지해야만 한다. 그것이 피할 수 없는 일이라고 믿게 만든 이들을 뛰어넘기 위해 우리는 함께 노력해야 한다.

인간은 동물이다. 그렇기에 소비해야 하지만, 많은 사람이 소비가 자신의 삶을 지배하게 한다. 우리는 소비를 줄이는 한편, 단순히 소비하는 행위에 그쳐서는 안 된다. 모든 생물은 생활사 안에서 귀중한 자원을 어떻게 할당할지 결정한다. 그 에너지를 소비에만 소모하지 않는다면, 얼마나 많은 일을 할 수 있겠는가?

펄럭이는 빛

2020년 7월 중순, 코로나19로 데번의 시골에 4개월 동안 갇혀 있던 우리는 일주일간 런던의 아파트로 돌아갈 수 있었다. 옥상 테라스에 처음 나방 덫을 놓은 지 정확히 2년이 지난 시점이었는데, 런던으로 돌아가는 것은 우울한 일이었다. 그해 봄 영국은 유독 날씨가 좋아서 나는 데번에서 생애 가장 따뜻하고 맑은 봄을 보냈고, 덕분에 나방 덫이 무척이나 풍부했다. 5월과 6월 내내 덫을 열 때마다 40여 종의 나방 300마리 이상을 덫에서 만나볼 수 있었다. 세계적인 위기와 소중한 사람들의 불확실한 미래로 불안하던 시기에 나방은 매일 위안이 되어주었다. 어둠 속에서 펄럭이는 치유의 빛. 런던에는 우리가 살펴본 다양한 이유로 그 빛이 더 적었기 때문이다.

그러나 런던에서도 나방 덫은 내게 놀라움을 안겨주었다. 7월 17일 아침에도 그랬다. 밤 기온은 지난 며칠보다 조금 올랐지만 큰 차이는 없었다. 그날 아침, 덫에는 전날의 두 배, 그 전날의 세 배나 되는 나방이 있었다. 7월 16일에 테라스에서 2020년 첫 저지호랑이나방을 두 마리 잡았는데, 17일에는 그 수가 32마리로 늘었다. 소형 나방도 수가 많이 늘어나 있었다. 가시칠엽수굴나방과 복숭아굴나방의 수도 증가했으며, 그해의 첫 갈색집나방Brown House Moth도 있었다. 그리고 전에 본 적 없는 소형 나방도 한 마리 있었다.

새로운 나방을 만나는 것은 언제나 무척 흥분되는 일이다. 첫 나방을 채집할 때면 기록을 남기기 위해 항상 떨리는 손으로 카메라를 더듬으면서 설정은 제대로 되었는지, 초점이 제대로 맞았는지 확인하곤 한다. 이렇게 작은 피사체를 찍을 때는 초점이 잘 맞지 않는 경우도 있기 때문이다. 동정에 필요한 특징이 사진에 잘 나오지 않을 경우에도 대비해 나방을 수집 튜브에 넣고 냉장고에 넣어 춥게 만든다. 물론 소형 나방은(심지어 대형 나방의 경우도) 현재의 내 능력을 넘어서는 생식기 해부를 거치지 않으면 동정할 수 없는 경우도 많다.

나방은 빛을 쫓지 않는다

그렇지만 이 나방은 그런 과정을 거치지 않아도 동정할 수 있을 것처럼 보였다. 수염이 위쪽을 향해 오뚝한 '코'처럼 보였고, 모양은 편평하고 길쭉했으며, 연한 회색 배경에 검은색 평행 줄무늬가 있는 이 나방은 크리스 맨리의 도감에 나오는 나방의 사진 한 장과 완벽하게 일치했기 때문이다. 바로 복숭아뿔나방Peach Twig Borer이었다. 새로운 나방을 발견할 때 느껴지는 따듯한 빛에 짜릿함이 스며들었다.

복숭아뿔나방은 회양목명나방처럼 영국이 본래 서식지가 아니다. 외래종을 연구하는 나에게 이 나방은 특히나 흥미로워서, 자세한 뒷이야기를 조사하기 위해 인터넷에 접속했다. 온라인에서 복숭아뿔나방에 관해 더 자세히 살펴보니 이 나방이 한층 더 흥미로워졌다. 인터넷의 사진과 일치하지 않았기 때문이다. 복숭아뿔나방은 날개 중앙에 검은 점이 더 많은데, 이 나방은 중앙에 진한 줄무늬가 있었다. 내 덫에 잡힌 나방은 복숭아뿔나방이 아니었다. 단풍나무뿔나방Acer Sober이었다.

그런데 가장 놀라운 점은, 이 나방이 2017년 이전에는 공식적으로 존재하지 않았다는 점이다.

이름으로 알 수 있듯, 과일나무에서 발생하는 복숭아뿔나방은 복숭아와 자두, 살구속 나무의 해충으로 간주된다. 1960년대에 덴마크에서 처음 발견되었을 때, 덴마크국립식물병리학회Danish State Plant Pathology Institute는 이 해충이 경제적으로 중요한 주변 작물을 해치지 못하도록 모든 살구속 나무를 없애는 방법까지 고려했을

내 덫에 잡힌 나방은 복숭아뿔나방이 아니라 단풍나무뿔나방이었다. 이 나방은 2017년 이전에는 공식적으로 존재하지 않았다.

정도다. 하지만 그런 조처를 했다 해도 소용이 없었을 테니, 그러지 않은 게 정말 다행이었다.

먹이 특이성을 지닌 뿔나방과 나방 중 복숭아뿔나방으로 동정된 종이 실제로는 하나의 종이 아니라는 가설이 제기되었지만, 2017년에 들어서야 분류학자 켈드 그레거슨Keld Gregersen과 올레 카르숄트Ole Karsholt가 그 가정이 사실임을 증명해냈다. 단풍나무뿔나방은 영문명에서 짐작할 수 있듯이 단풍나무에서 발생하는데, *Anarsia innoxiella*라는 학명에서 알 수 있듯이 이들은 무해하다. 맨리의 도감에 복숭아뿔나방으로 실린 사진은 그때는 옳았지만, 지금은 아니다.

나는 앞으로도 계속해서 이전에 한 번도 본 적 없는 종을 동정할

나방은 빛을 쫓지 않는다

때 이런 짜릿함을 느낄 것이다. 눈앞에 펼쳐진 도전과 그 답을 향해 달려가는 즐거움 그리고 이름을 제대로 찾아내는 만족감은 절대 빛이 바래지 않을 테니 말이다. 2020년 그 여름날에는 특히 더 그랬다. 불과 4년 전 킨드로건에서 단풍나무뿔나방을 처음 잡았다면, 그 나방은 이름조차 **갖지** 못했을 테니 말이다. 그날 나는 나방 덫이 있다면 마법이 결코 멀리 있지 않다는 것을 또다시 깨달을 수 있었다. 하지만 그날 깨달은 것은 그것만이 아니었다.

나는 고작 몇 년 동안 나방을 체계적으로 동정하려 노력해왔지만, 그 과정에서 그들의 정체성보다 훨씬 더 많은 것을 배울 수 있었다. 나방의 삶을 통해 완전히 새롭고 경이로운 세계를 들여다보는 창을 열었고, 이 작은 덫에 함축되어 있는 이 세상을 다시금 생각할 수 있었다. 그렇지만 이 여정 속에서 나는 같은 길을 걷는 수천 명의 과학자와 박물학자의 발자취에 전적으로 의존해 길을 찾을 수 있었다. 만약 그들이 없었다면 나는, 우리는, 모두 어둠 속에서 길을 잃었을 것이다.

7월의 어느 날 내 덫으로 날아든 첫 번째 단풍나무뿔나방은 아직 배워야 할 것이 얼마나 많은지 깨닫게 해주었다. 우리는 과학을 통해 북위도 온대지역의 생물 다양성을 잘 안다고 생각한다. 그것은 사실이다. 그러나 이 세상에 존재하는 모든 종 가운데 약 4분의 3 정도는 아직 이름을 짓지 못한 것으로 추산하며, 그중 대다수는 분류자와 과학자의 수와 밀도가 낮은 열대지방에, 전기톱과 쟁기의 맹공격으로 급격히 사라지는 자연 서식지에 살고 있다. 지구에 존재하는 수백만 종의 상당수는 제대로 만나보기도 전에 이 세상에서 영원히 사라질지도 모른다. 그 누구도 종을 처음 식별하는 쾌감을 느낄 기회가 없이, 우리가 이어가는 삶의 이야기 속에 그들의 이름을 남기지도 못한 채 말이다.

그렇지만 그들은 눈에 띄지 않는 곳에서 여전히 우리 곁에 살아 있다. 심지어 대도시 중심부에도 아직 조용히 존재한다. 나방 덫이 있다면 그러한 존재를 빛으로 끌어들일 수 있다. 그들의 존재는 자연의 규칙과 냉혹한 우연의 산물이며, 이러한 압력으로 빚어진 보석과도 같다. 에메랄드, 진주, 루비… 그렇게 아름다운 보석처럼 그들은 탄생했다. 그들의 존재는 모두 중요하다. 그들을 돌보기 위해 조금만 노력한다면, 우리 삶도 더 나아질 것이다.

나를 믿어준 잰클로 앤드 네즈빗Janklow & Nesbit의 윌 프랜시스 Will Francis와 클레어 콘래드Claire Conrad에게 감사를 전한다. 그 믿음이 없었다면 이 책은 세상의 빛을 볼 수 없었을 것이다. 클레어가 나방 덫을 중심으로 책을 써보자고 제안했을 때는 마치 어둠 속에서 전구를 밝히는 것 같았다. 그리고 나방의 자연사와 생태학을 엮은 책을 펴낼 의사가 있는 출판사를 찾아준 윌 프랜시스와 이언 보나파르트Ian Bonaparte가 없었다면, 와이덴펠드 앤드 니컬슨Weidenfeld & Nicolson의 제니 로드Jenny Lord와 아일랜드 프레스 Island Press의 리베카 브라이트Rebecca Bright 같은 훌륭한 편집자와 일하는 큰 행운을 누릴 수 없었을 것이다. 특히 실제로 글을 써내는 어려운 과정에서 부서지기 쉬운 내 자신감을 지켜주며 책의 초반부와 이후 초고에 논평을 작성해준 제니, 예리한 눈으로 독자의 입맛에 더 잘 맞게 글을 수정하고 세련미를 더해준 리베카에게 정말 감사하다. 집필하는 내내 더는 바랄 게 없을 만큼 여러 사람의 지원을 받았다. 도움을 준 모든 분께 감사드린다.

여러 생태학자, 나비 연구가, 나방 연구가는 분명 이 책이 짜증 날 것이다. 조금 변명해보자면, 고작 한 사람이 짧은 책 한 권에서 두루 다루기에는 생태학과 나방 둘 다 너무도 방대한 분야다. 이 책을 통해 생태학자는 나방에 관한 이야기를 즐기고, 나방을 사랑하는 사람은 생태학의 이야기를 즐길 수 있기를 바란다. 이 책은 생태학자와 나방 애호가들이 수년간 아낌없이 지원해준 지식과 시간 덕분에 무사히 이 세상에 나올 수 있었다. 그러므로 이런 책이 나온 것은 모두 이들 탓이라고도 할 수 있겠다.

훌륭한 온라인 나방 동정 자료를 제공해준 @MOTHIDUK의 숀 푸트Sean Foote, 'What's Flying Tonight'의 톰 어거스트Tom August, 나방을 동정하는 데 도움을 준 필 바덴Phil Barden, 배리 헨우드Barry Henwood, 리처드 르윙턴Richard Lewington, 제임스 로언, 콜린 플랜트Colin Plant, 벤 셸던Ben Sheldon, 크리스 윌킨슨Chris Wilkinson에게 감사를 전한다. 그리고 내게 많은 것을 가르쳐준 더글러스 보이스Douglas Boyes에게 감사의 말을 전하지 못해 안타깝다. 그의 너무도 이른 죽음은 나방 커뮤니티는 물론 과학계에 크나큰 손실이었다. 감히 상상할 수 없는 힘겨운 시간을 보내고 있을 그의 가족과 친구들에게 깊은 애도의 마음을 전한다.

이곳에 다 적을 수 없을 만큼 수많은 사람이 수년간 귀한 시간을 내어 나와 함께 생태학에 관한 이야기를 나눠주었다. 그들이 지식을 내주어 감사하다. 생태학자들은 내가 견문을 넓히는 데 큰 도움을 주었으며, 특히 필 카시Phill Cassey, 제인 캣포드Jane Catford, 스티

브 초운Steven Chown, 벤 콜린Ben Collen, 리처드 던컨Richard Duncan, 엘리 다이어Ellie Dyer, 케빈 개스턴, 찰스 고드프리Charles Godfray, 앤디 곤살레스Andy Gonzalez, 리처드 그레고리Richard Gregory, 폴 하비Paul Harvey, 밥 홀트Bob Holt, 케이트 존스Kate Jones, 존 로턴John Lawton, 줄리 록우드Julie Lockwood, 조지나 메이스Georgina Mace, 팀 뉴볼드Tim Newbold, 이언 오언스Ian Owens, 앨릭스 피것Alex Pigot, 스튜어트 핌Stuart Pimm, 페트르 피셰크Petr Pyšek, 데이브 리처드슨Dave Richardson, 헬렌 로이Helen Roy에게 감사의 말을, 그리고 벤과 조지나에게 깊은 그리움을 전한다.

벌에 관한 질문에 답을 찾을 수 있게 도움을 준 개빈 보드Gavin Broad, 크리스 레이퍼Chris Raper, 시리언 섬너Seirian Sumner에게도 감사하다. 훌륭한 자료를 보유한 런던동물원도서관ZSL Library에 접근할 수 있게 도움을 준 에마 밀른스Emma Milnes와 앤 실프Ann Sylph, 글에 영감의 조각을 채워준 존 브리들Jon Bridle과 시리언 섬너에게 감사의 마음을 전한다. 또한 수년간 연구 활동과 환경을 지원해준 맨체스터대학교, 옥스퍼드대학교, 버밍엄대학교, 뉴질랜드의 링컨칼리지와 애들레이드대학교, 임페리얼칼리지, 동물학 연구소Institute of Zoology, UCL에 감사를 전한다. 세상에 완벽한 기관은 없지만, 학계에서 일할 수 있어 즐거웠다.

이 책의 초고를 읽고 논평해준 조애나 블랙번Joanna Blackburn, 샘 파나켄Sam Fanaken, 찰리 아웃화이트Charlie Outhwaite, 헬렌 로이Helen Roy, 벤 셸던Ben Sheldon, 수지 웨슨Susie Wesson에게 깊은 감사의 말

을 전한다. 이들의 피드백은 마지막 원고를 다듬는 데 큰 도움이 되었다. 수정되지 않고 남아 있는 오류와 잘못된 설명은 전적으로 내 책임이다.

무엇보다, 내 삶의 모든 선택을 한결같이 지지해준 가족에게 감사를 전한다. 내가 제대로 된 직업을 얻기까지 오랜 기다림이 이어져 미안한 마음을 품고 있다. 어머니, 아버지, 루이스, 존, 조애나, 버나비, 휴고. 모두 정말 감사하다. 나를 가족으로 맞아주고, 데번의 아름다운 집에서 나방 덫을 놓도록 허락해준 벨린다Belinda와 즈데네크 컴펠Zdeněk Kumpel에게도 감사하다. 그리고 마지막으로, 끊임없이 이어지는 생명의 사슬 가운데 가장 아름다운 두 연결 고리인 노엘과 밀리에게 감사의 말을 전하고 싶다.

주

1 Townsend, C. R., Begon, M. and Harper, J. L. (2003) *Essentials of Ecology*, 2nd edition. Blackwell Publishing 참조.

2 Andrewartha, H. G. (1961) *Introduction to the Study of Animal Populations*. Methuen.

3 Krebs, C. J. (1972) *Ecology*. Harper & Row.

4 Darwin, C. (1859) *On the Origin of Species by Means of Natural Selection, or, the Preservation of Favoured Races in the Struggle for Life*. J. Murray.

5 Forbush, E. H. and Fernald, C. H. (1896). *The Gypsy Moth. PORTHETRIA DISPAR (LINN.). A Report of the Work of destroying the insect in the commonwealth of Massachusetts, together with an Account of its History and Habits both in Massachusetts and Europe*. Wright & Potter Printing Co.

6 http://www.dcscience.net/2020/03/23/exponential-growth-is-terrifying

7 Manley, C. (2015) *British Moths*, 2nd edition. Bloomsbury.

8 UK Moth Recorders Meeting, 2021. 1. 30. https://www.youtube.com/watch?v=8yRPZdVKs5g

9   Abang, F. and Karim, C. (2005) Diversity of macromoths (Lepidoptera: Heterocera) in the Poring Hill Dipterocarp Forest, Sabah, Borneo. *Journal of Asia-Pacific Entomology*, 8, 69-79.

10 Lowen, J. (2021) *Much Ado About Mothing: A year intoxicated by Britain's rare and remarkable moths*. Bloomsbury Wildlife.

11 이번 장에서 언급한 수치는 다음에 제시한 것들을 포함한 여러 출판물에서 인용했다. *Atlas of Britain & Ireland's Larger Moths, The State of Britain's Larger Moths 2021, The Changing Moth and Butterfly Fauna of Britain during the Twentieth Century.* 완전한 출처 정보는 참고문헌 목록에 제시했다.

12 WWF (2020) *Living Planet Report 2020 – Bending the curve of biodiversity loss*. Almond, R. E. A., Grooten M. and Petersen, T.(eds). WWF, Gland, Switzerland.

13 Wood, T. J. and Goulson, D. (2017) The environmental risks of neonicotinoid pesticides: a review of the evidence post-2013. *Environmental Science & Pollution Research*, 24, 17285-17325.

14 Jepson, P. D. et al. (2016) PCB pollution continues to impact populations of orcas and other dolphins in European waters. *Scientific Reports*, 6, 18573.

15 https://www.fao.org/sustainability/news/detail/en/c/1274219

단행본

Berryman, A. ed. (2002) *Population Cycles*, Oxford University Press, Oxford.

Forbush, E. H. and Fernald, C. H. (1896) *The Gypsy Moth. PORTHETRIA DISPAR (LINN.).* A Report of the Work of destroying the insect *in the commonwealth of Massachusetts, together with an Account of its History and Habits both in Massachusetts and Europe.* Wright & Potter Printing Co., Boston, Mass.

Gotelli, N. J. (1995) *A Primer of Ecology.* Sinauer Associates Inc, Sunderland, Massachusetts.

Hanski, I. (1999) *Metapopulation Ecology.* Oxford University Press, Oxford.

Hird, V. (2021) *Rebugging the Planet: The Remarkable Things that Insects (and Other Invertebrates) Do – and Why We Need to Love Them More.* Chelsea Green Publishing, London.

Hubbell, S. P. (2001) *The Unified Neutral Theory of Biodiversity and Biogeography.* Princeton University Press, Princeton.

IPBES (2019) *Global assessment report of the Intergovernmental Science-Policy Platform on Biodiversity and Ecosystem Services.* (eds. E. S. Brondizio, J. Settele, S. Diaz, and H. T. Ngo). IPBES secretariat, Bonn, Germany.

Krebs, C. J. (2001) *Ecology, fifth edition.* Benjamin Cummings, SanFrancisco.

Lees, D. C. and Zilli, A. (2019) *Moths: Their Biology, Diversity and Evolution.* The Natural History Museum, London.

Leibold, M. A. and Chase, J. M. (2018) *Metacommunity Ecology.* Princeton University Press, Princeton.

Lowen, J. (2021) *Much Ado About Mothing: A year intoxicated by Britain's rare and remarkable moths.* Bloomsbury Wildlife, London.

MacArthur, R. H. and Wilson, E. O. (1967) *The Theory of Island Biogeography.* Princeton University Press, Princeton.

Majerus, M. (2002) *Moths.* Harper Collins, London.

Manley, C. (2015) *British Moths, second edition.* Bloomsbury, London.

Marren, P. (2019) *Emperors, Admirals and Chimney-Sweepers: The weird and wonderful names of butterflies and moths.* Little Toller Books, Ford, Pineapple Lane, Dorset.

Townsend, C. R., Begon, M. and Harper, J. L. (2003) *Essentials of Ecology, 2nd edition.* Blackwell Publishing, Oxford.

Vellend, M. (2016) *The Theory of Ecological Communities.* Princeton University Press, Princeton.

Waring, P., Townsend, M. and Lewington, R. (2009) *Field Guide to the Moths of Great Britain and Ireland, second edition.* British Wildlife Publishing Ltd, Gillingham, Dorset.

Whittaker, R. J. (1998) *Island Biogeography: Ecology, Evolution and Conservation.* Oxford University Press, Oxford.

Whittaker, R. J. and Fernandez-Palacios, J. M. (2006) *Island Biogeography: Ecology, Evolution, and Conservation,* second edition. Oxford University Press, Oxford.

WWF (2020) *Living Planet Report 2020 – Bending the curve of biodiversity loss.* (ed. R. E. A. Almond, M. Grooten and T. Petersen). WWF, Gland, Switzerland.

논문

Abang, F. and Karim, C. (2005) Diversity of macromoths (Lepidoptera: Heterocera) in the Poring Hill Dipterocarp Forest, Sabah, Borneo. *Journal of Asia-Pacific Entomology,* 8, 69–79.

Adler, P. B., HilleRisLambers, J. and Levine, J. M. (2007) *A niche for neutrality. Ecology Letters*, 10, 95 – 104.

Aguiar, A. P., Deans, A. R., Engel, M. S., Forshage, M., Huber, J. T., Jennings, J. T., Johnson, N. F., Lelej, A. S., Longino, J. T., Lohrmann, V., Miko, I., Ohl, M., Rasmussen, C., Taeger, A. and Yu, D. S. K. (2013) Order Hymenoptera. *Zootaxa*, 3703, 51.

Ameca y Juárez, E. I., Mace, G. M., Cowlishaw, G. and Pettorelli, N. (2012) Natural population die-offs: causes and consequences for terrestrial mammals. *Trends in Ecology & Evolution*, 27, 272 – 277.

Andersen, J. C., Havill, N. P., Griffin, B. P., Jepsen, J. U., Hagen, S. B., Klemola, T., Barrio, I. C., Kjeldgaard, S. A., Hoye, T. T., Murlis, J., Baranchikov, Y. N., Selikhovkin, A. V., Vindstad, O. P. L., Caccone, A. and Elkinton, J. S. (2020) Northern Fennoscandia via the British Isles: evidence for a novel post-glacial recolonization route by winter moth (*Operophtera brumata*). *Frontiers in Biogeography*, 13, e49581e.

Anderson, R. M. and May, R. M. (1980) Infectious diseases and population cycles of forest insects. *Science*, 210, 658 – 661.

Anon. (2011) Microbiology by numbers. *Nature Reviews Microbiology*, 9, 628.

Antão, L. H., Poyry, J., Leinonen, R. and Roslin, T. (2020) Contrasting latitudinal patterns in diversity and stability in a high-latitude species-rich moth community. *Global Ecology and Biogeography*, 29, 896 – 907.

Baker, R. R. (1985) Moths: Population estimates, light-traps and migration. In: *Case Studies in Population Biology*, (ed. L. M. Cook), 188 – 211. Manchester University Press.

Bakewell, A. T., Davis, K. E., Freckleton, R. P., Isaac, N. J. B. and Mayhew, P. J. (2020) Comparing life histories across taxonomic groups in multiple dimensions: how mammal-like are insects? *The American Naturalist*, 195, 70 – 81.

Ballesteros-Mejia, L., Kitching, I. J., Jetz, W. and Beck, J. (2017) Putting insects on the map: near-global variation in Sphingid moth richness along spatial and environmental gradients. *Ecography*, 40, 698 – 708.

Baltensweiler, W. (1993) Why the larch bud-moth cycle collapsed in the subalpine larch-cembran pine forests in the year 1990 for the first time since 1850. *Oecologia*, 94, 62–66.

Barber, J., Plotkin, D., Rubin, J., Homziak, N., Leavell, B., Houlihan, P., Miner, K., Breinholt, J., Quirk-Royal, B., Padron, P., Nunez, M. and Kawahara, A. (2021) Anti-bat ultrasound production in moths is globally and phylogenetically widespread. https://www.biorxiv.org/content/10.1101/2021.09.20.460855v1.full.pdf.

Bärtschi, F., McCain, C. M., Ballesteros-Mejia, L., Kitching, I. J., Beerli, N. and Beck, J. (2019) Elevational richness patterns of Sphingid moths support area effects over climatic drivers in a near-global analysis. *Global Ecology and Biogeography*, 28, 917–927.

Bates, A. J., Sadler, J. P., Grundy, D., Lowe, N., Davis, G., Baker, D., Bridge, M., Freestone, R., Gardner, D., Gibson, C., Hemming, R., Howarth, S., Orridge, S., Shaw, M., Tams, T. and Young, H. (2014) Garden and landscape-scale correlates of moths of differing conservation status: signifi cant effects of urbanization and habitat diversity. *PLoS ONE*, 9, e86925.

Battin, J. (2004) When good animals love bad habitats: ecological traps and the conservation of animal populations. *Conservation Biology*, 18, 1482–1491.

Beck, J., Kitching, I. J. and Linsenmair, K. E. (2006) Determinants of regional species richness: an empirical analysis of the number of hawkmoth species (Lepidoptera: Sphingidae) on the Malesian archipelago. *Journal of Biogeography*, 33, 694–706.

Beck, J., McCain, C. M., Axmacher, J. C., Ashton, L. A., Bartschi, F., Brehm, G., Choi, S., Cizek, O., Colwell, R. K., Fiedler, K., Francois, C. L., Highland, S., Holloway, J. D., Intachat, J., Kadlec, T., Kitching, R. L., Maunsell, S. C., Merckx, T., Nakamura, A., Odell, E., Sang, W., Toko, P. S., Zamecnik, J., Zou, Y., Novotny, V. and Grytnes, J. (2017) Elevational species richness gradients in a hyperdiverse insect taxon: a global meta-study on geometrid moths. *Global Ecology and Biogeography*, 26, 412–424.

Beerli, N., Bartschi, F., Ballesteros-Mejia, L., Kitching, I. J. and Beck, J. (2019) How has the environment shaped geographical patterns of insect body sizes? A test of hypotheses using Sphingid moths. *Journal of Biogeography*, 46, 1687 – 1698.

Bell, J. R., Blumgart, D. and Shortall, C. R. (2020) Are insects declining and at what rate? An analysis of standardised, systematic catches of aphid and moth abundances across Great Britain. *Insect Conservation and Diversity*, 13, 115 – 126.

Belmaker, J. and Jetz, W. (2015) Relative roles of ecological and energetic constraints, diversification rates and region history on global species richness gradients. *Ecology Letters*, 18, 563 – 571.

Bethenod, M.-T., Thomas, Y., Rousset, F., Frerot, B., Pelozuelo, L., Genestier, G. and Bourguet, D. (2005) Genetic isolation between two sympatric host plant races of the European corn borer, *Ostrinia nubilalis* Hubner. II: assortative mating and host-plant preferences for oviposition. *Heredity*, 94, 264 – 270.

Betzholtz, P.-E., Franzen, M. and Forsman, A. (2017) Colour pattern variation can inform about extinction risk in moths. *Animal Conservation*, 20, 72 – 79.

Bjornstad, O. N., Peltonen, M., Liebhold, A. M. and Baltensweiler, W. (2002) Waves of Larch Budmoth outbreaks in the European Alps. *Science*, 298, 1020 – 1023.

Blackburn, T. M., Bellard, C. and Ricciardi, A. (2019) Alien versus native species as drivers of recent extinctions. *Frontiers in Ecology and the Environment*, 17, 203 – 207.

Blumgart, D., Botham, M. S., Menendez, R. and Bell, J. R. (2022) Moth declines are most severe in broadleaf woodlands despite a net gain in habitat availability. *Insect Conservation and Diversity*, 15, 496 – 509.

Bonsall, M. B. and Hassell, M. P. (1997) Apparent competition structures ecological assemblages. *Nature*, 388, 371 – 373.

Boyes, D. H., Evans, D. M., Fox, R., Parsons, M. S. and Pocock, M. J. O. (2021a) Is light pollution driving moth population declines? A review of causal mechanisms across the life cycle. *Insect Conservation and Diversity*, 14, 167 – 187.

Boyes, D. H., Evans, D. M., Fox, R., Parsons, M. S. and Pocock, M. J. O. (2021b) Street lighting has detrimental impacts on local insect populations. *Science Advances*, 7, eabi8322.

Boyes, D. H. and Lewis, O. T. (2019) Ecology of Lepidoptera associated with bird nests in mid-Wales, UK. *Ecological Entomology*, 44, 1–10.

Broad, G. R. and Shaw, M. R. (2016) The British species of *Enicospilus* (Hymenoptera: Ichneumonidae: Ophioninae). *European Journal of Taxonomy*, 187, 1–31.

Bruzzese, D. J., Wagner, D. L., Harrison, T., Jogesh, T., Overson, R. P., Wickett, N. J., Raguso, R. A. and Skogen, K. A. (2019) Phylogeny, host use, and diversification in the moth family Momphidae (Lepidoptera: Gelechioidea). *PLOS ONE*, 14, e0207833.

Bull, J. W. and Maron, M. (2016) How humans drive speciation as well as extinction. *Proceedings of the Royal Society B: Biological Sciences*, 283, 20160600.

Büntgen, U., Liebhold, A., Nievergelt, D., Wermelinger, B., Roques, A., Reinig, F., Krusic, P. J., Piermattei, A., Egli, S., Cherubini, P. and Esper, J. (2020) Return of the moth: rethinking the effect of climate on insect outbreaks. *Oecologia*, 192, 543–552.

Burner, R. C., Selas, V., Kobro, S., Jacobsen, R. M. and Sverdrup-Thygeson, A. (2021) Moth species richness and diversity decline in a 30-year time series in Norway, irrespective of species' latitudinal range extent and habitat. *Journal of Insect Conservation*, 25, 887–896.

Burns, F., Eaton, M. A., Burfield, I. J., Klvaňova, A., Šilarova, E., Staneva, A. and Gregory, R. D. (2021) Abundance decline in the avifauna of the European Union reveals cross-continental similarities in biodiversity change. *Ecology and Evolution*, 11, 16647–16660.

Canfield, M. R., Greene, E., Moreau, C. S., Chen, N. and Pierce, N. E. (2008) Exploring phenotypic plasticity and biogeography in emerald moths: A phylogeny of the genus *Nemoria* (Lepidoptera: Geometridae). *Molecular Phylogenetics and Evolution*, 49, 477–487.

Cannon, P. G., Edwards, D. P. and Freckleton, R. P. (2021) Asking the wrong question in explaining tropical diversity. *Trends in Ecology & Evolution*, 36, 482–484.

Carde, R. T. Insect migration: do migrant moths know where they are heading? *Current Biology*, 18, R472–474.

Carr, A., Weatherall, A., Fialas, P., Zeale, M. R. K., Clare, E. L. and Jones, G. (2020) Moths consumed by the Barbastelle *Barbastella barbastellus* require larval host plants that occur within the bat's foraging habitats. *Acta Chiropterologica*, 22, 257–269.

Carrière, Y., Deland, J. P., Roff, D. A., and Vincent, C. (1994) Lifehistory costs associated with the evolution of insecticide resistance (1994) *Proceedings of the Royal Society of London. Series B: Biological Sciences*, 258, 35–40.

Catford, J. A., Bode, M. and Tilman, D. (2018) Introduced species that overcome life history trade-off s can cause native extinctions. *Nature Communications*, 9, 2131.

Chao, A. and Chiu, C. (2016) Species richness: estimation and comparison. In: *Wiley StatsRef: Statistics Reference Online* (ed. N. Balakrishnan, T. Colton, B. Everitt, W. Piegorsch, F. Ruggeri, and J. L. Teugels), 1–26. Wiley. Chesson, P. (2000) Mechanisms of maintenance of species diversity. *Annual Review of Ecology and Systematics*, 31, 343–366.

Chown, S. L. and Gaston, K. J. (2010) Body size variation in insects: a macroecological perspective. *Biological Reviews*, 85, 139–169.

Church, S. H., Donoughe, S., de Medeiros, B. A. S. and Extavour, C. G. (2019) Insect egg size and shape evolve with ecology but not developmental rate. *Nature*, 571, 58–62.

Cole, E. F., Regan, C. E. and Sheldon, B. C. (2021) Spatial variation in avian phenological response to climate change linked to tree health. *Nature Climate Change*, 11, 872–878.

Conrad, K. F., Warren, M. S., Fox, R., Parsons, M. S. and Woiwod, I. P. (2006) Rapid declines of common, widespread British moths provide evidence of an insect biodiversity crisis. *Biological Conservation*, 132, 279–291.

Cook, L. M. and Graham, C. S. (1996) Evenness and species number in some moth populations. *Biological Journal of the Linnean Society*, 58, 75 – 84.

Correa–Carmona, Y., Rougerie, R., Arnal, P., Ballesteros-Mejia, L., Beck, J., Doledec, S., Ho, C., Kitching, I. J., Lavelle, P., Le Clec'h, S., Lopez–Vaamonde, C., Martins, M. B., Murienne, J., Oszwald, J., Ratnasingham, S. and Decaens, T. (2022) Functional and taxonomic responses of tropical moth communities to deforestation, *Insect Conservation and Diversity*, 15, 236 – 247.

Crawley, M. J. and Pattrasudhi, R. (1988) Interspecific competition between insect herbivores: asymmetric competition between cinnabar moth and the ragwort seed-head fly. *Ecological Entomology*, 13, 243 – 249.

Crawley, M. J. and Gillman, M. P. (1989) Population dynamics of Cinnabar Moth and Ragwort in Grassland. *Journal of Animal Ecology*, 58, 1035 – 1050.

Crouch, N. M. A. and Tobias, J. A. (2022) The causes and ecological context of rapid morphological evolution in birds. *Ecology Letters*, 25, 611 – 623.

Danks, H. V. (1992) Long life cycles in insects. *The Canadian Entomologist*, 124, 167 – 187.

Dapporto, L. and Dennis, R. L. H. (2013) The generalist – specialist continuum: testing predictions for distribution and trends in British butterflies. *Biological Conservation*, 157, 229 – 236.

Darimont, C. T., Carlson, S. M., Kinnison, M. T., Paquet, P. C., Reimchen, T. E. and Wilmers, C. C. (2009) Human predators outpace other agents of trait change in the wild. *Proceedings of the National Academy of Sciences, USA*, 106, 952 – 954.

Davies, T. J. (2021) Ecophylogenetics redux. *Ecology Letters*, 24, 1073 – 1088.

Davis, R. B., Javoiš, J., Pienaar, J. and Unap, E. O. (2012) Disentangling determinants of egg size in the Geometridae (Lepidoptera) using an advanced phylogenetic comparative method. *Journal of Evolutionary Biology*, 25, 210 – 219.

Dempster, J. P. (1983) The natural control of populations of butterflies and moths. *Biological Reviews*, 58, 461 – 481.

Dennis, E. B., Morgan, B. J. T., Freeman, S. N., Brereton, T. M. and Roy, D. B.

(2016) A generalized abundance index for seasonal invertebrates. *Biometrics*, 72, 1305 – 1314.

Denno, R. F., McClure, M. S. and Ott, J. R. (1995) Interspecific interactions in phytophagous insects: competition reexamined and resurrected. *Annual Review of Entomology*, 40, 297 – 33.

Diaz, R. M., Ye, H. and Ernest, S. K. M. (2021) Empirical abundance distributions are more uneven than expected given their statistical baseline. *Ecology Letters*, 24, 2025 – 2039.

Drury, J. P., Clavel, J., Tobias, J. A., Rolland, J., Sheard, C. and Morlon, H. (2021) Tempo and mode of morphological evolution are decoupled from latitude in birds. *PLOS Biology*, 19, e3001270.

Ehlers, B. K., Bataillon, T. and Damgaard, C. F. (2021) Ongoing decline in insect-pollinated plants across Danish grasslands. *Biology Letters*, 17, 20210493.

Elkinton, J. S. and Liebhold, A. M. (1990) Population dynamics of Gypsy Moth in North America. *Annual Review of Entomology*, 35, 571 – 596.

Elliott, C. H., Gillett, C. P. D. T., Parsons, E., Wright, M. G. and Rubinoff, D. (2022) Identifying key threats to a refugial population of an endangered Hawaiian moth. *Insect Conservation and Diversity*, 15, 263 – 272.

Ellis, E. E. and Wilkinson, T. L. (2020) Moth assemblages within urban domestic gardens respond positively to habitat complexity, but only at a scale that extends beyond the garden boundary. *Urban Ecosystems*, 24, 469 – 479.

van Els, P., Herrera-Alsina, L., Pigot, A. L. and Etienne, R. S. (2021) Evolutionary dynamics of the elevational diversity gradient in passerine birds. *Nature Ecology & Evolution*, 5, 1259 – 1265.

Elton, C. and Nicholson, M. (1942) The ten-year cycle in numbers of the lynx in Canada. *Journal of Animal Ecology*, 11, 215 – 244.

Farrell, B. D., Mitter, C. and Futuyma, D. J. (1992) Diversification at the Insect-Plant Interface. *BioScience*, 42, 34 – 42.

Feeny, P. (1970) Seasonal changes in oak leaf tannins and nutrients as a cause of spring feeding by winter moth caterpillars. *Ecology*, 51, 565 – 581.

Fenoglio, M. S., Calvino, A., Gonzalez, E., Salvo, A. and Videla, M. (2021) Urbanisation drivers and underlying mechanisms of terrestrial insect diversity loss in cities. *Ecological Entomology*, 46, 757 – 771.

Fine, P. V. A. (2015) Ecological and evolutionary drivers of geographic variation in species diversity. *Annual Review of Ecology, Evolution, and Systematics*, 46, 369 – 392.

Fisher, K. (1938) Migrations of the Silver-Y Moth (*Plusia gamma*) in Great Britain. *Journal of Animal Ecology*, 7, 230 – 247.

Fisher, R. A., Corbet, A. S. and Williams, C. B. (1943) The relation between the number of species and the number of individuals in a random sample of an animal population. *Journal of Animal Ecology*, 12, 42 – 58.

Forbes, A. A., Bagley, R. K., Beer, M. A., Hippee, A. C. and Widmayer, H. A. (2018) Quantifying the unquantifiable: why Hymenoptera, not Coleoptera, is the most speciose animal order. *BMC Ecology*, 18, 21.

Forsman, A., Betzholtz, P.-E. and Franzen, M. (2016) Faster poleward range shifts in moths with more variable colour patterns. *Scientific Reports*, 6, 36265.

Forsman, A., Betzholtz, P.-E. and Franzen, M. (2015) Variable coloration is associated with dampened population fluctuations in noctuid moths. *Proceedings of the Royal Society B: Biological Sciences*, 282, 2014.2922.

Forsman, A., Polic, D., Sunde, J., Betzholtz, P. and Franzen, M. (2020) Variable colour patterns indicate multidimensional, intraspecific trait variation and ecological generalization in moths. *Ecography*, 43, 823 – 833.

Fourcade, Y., WallisDeVries, M. F., Kuussaari, M., Swaay, C. A. M., Heliola, J. and Ockinger, E. (2021) Habitat amount and distribution modify community dynamics under climate change. *Ecology Letters*, 24, 950 – 957.

Fox, R. (2013) The decline of moths in Great Britain: a review of possible causes. *Insect Conservation and Diversity*, 6, 5 – 19.

Fox, R., Oliver, T. H., Harrower, C., Parsons, M. S., Thomas, C. D. and Roy, D. B. (2014) Long-term changes to the frequency of occurrence of British moths are consistent with opposing and synergistic effects of climate and land-use changes. *Journal of Applied Ecology*, 51, 949 – 957.

Fox, R., Randle, Z., Hill, L., Anders, S., Wiffen, L. and Parsons, M. S. (2011) Moths count: recording moths for conservation in the UK. *Journal of Insect Conservation*, 15, 55–68.

Fragata, I., Costa-Pereira, R., Kozak, M., Majer, A., Godoy, O. and Magalhaes, S. (2022) Specific sequence of arrival promotes coexistence via spatial niche pre-emption by the weak competitor. *Ecology Letters*, 25, 1629–1639.

Franzen, M., Betzholtz, P.-E., Pettersson, L. B. and Forsman, A. (2020) Urban moth communities suggest that life in the city favours thermophilic multi-dimensional generalists. *Proceedings of the Royal Society B: Biological Sciences*, 287, 2019.3014.

Franzen, M., Forsman, A. and Betzholtz, P. (2019) Variable color patterns influence continental range size and species–area relationships on islands. *Ecosphere*, 10, e02577.

Franzen, M., Schweiger, O. and Betzholtz, P.-E. (2012) Species–area relationships are controlled by species traits. *PLoS ONE*, 7, e37359.

Fraser, S. M. and Lawton, J. H. (1994) Host range expansion by British moths onto introduced conifers. *Ecological Entomology*, 19, 127–137.

Fretwell, S. D. (1975) The impact of Robert MacArthur on ecology. *Annual Review of Ecology and Systematics*, 6, 1–13.

Fuentes-Montemayor, E., Goulson, D., Cavin, L., Wallace, J. M. and Park, K. J. (2012) Factors influencing moth assemblages in woodland fragments on farmland: Implications for woodland management and creation schemes. *Biological Conservation*, 153, 265–275.

García-Barros, E. (2000) Body size, egg size, and their interspecific relationships with ecological and life history traits in butterflies (Lepidoptera: Papilionoidea, Hesperioidea). *Biological Journal of the Linnean Society*, 70, 251–284.

Gaston, K. J. (1988) Patterns in the local and regional dynamics of moth populations. *Oikos*, 53, 49–57.

Geffen, K. G., Grunsven, R. H. A., Ruijven, J., Berendse, F. and Veenendaal, E. M. (2014) Artifi cial light at night causes diapause inhibition and sex-

specific life history changes in a moth. *Ecology and Evolution*, 4, 2082 –
2089.

Gilbert, J. D. J. and Manica, A. (2010) Parental care trade-offs and lifehistory
relationships in insects. *The American Naturalist*, 176, 212 – 226.

Gilioli, G., Bodini, A., Cocco, A., Lentini, A. and Luciano, P. (2012) Analysis
and modelling of *Lymantria dispar* (L.) metapopulation dynamics in
Sardinia. *IOBC-WPRS Bulletin*, 76, 163 – 170.

Godfray, H. C. J., Partridge, L. and Harvey, P. H. (1991) Clutch size. *Annual
Review of Ecology and Systematics*, 2, 409 – 429.

Goldstein, P. Z., Morita, S. and Capshaw, G. (2015) Stasis and flux among
Saturniidae and Sphingidae (Lepidoptera) on Massachusetts'off shore
islands and the possible role of *Compsilura concinnata* (Meigen)
(Diptera: Tachinidae) as an agent of mainland New England moth
declines. *Proceedings of the Entomological Society of Washington*, 117,
347 – 366.

Gooriah, L., Blowes, S. A., Sagouis, A., Schrader, J., Karger, D. N., Kreft, H. and
Chase, J. M. (2021) Synthesis reveals that island species – area
relationships emerge from processes beyond passive sampling. *Global
Ecology and Biogeography*, 30, 2119 – 2131.

Gotelli, N. J. and Kelley, W. G. (1993) A general model of metapopulation
dynamics. *Oikos*, 68, 36.

Gregersen, K. and Karsholt, O. (2017) Taxonomic confusion around the
Peach Twig Borer, *Anarsia lineatella* Zeller, 1839, with description of a
new species (Lepidoptera, Gelechiidae). *Nota Lepidopterologica*, 40, 65 –
85.

Grenyer, R., Orme, C. D. L., Jackson, S. F., Thomas, G. H., Davies, R. G.,
Davies, T. J., Jones, K. E., Olson, V. A., Ridgely, R. S., Rasmussen, P. C.,
Ding, T.-S., Bennett, P. M., Blackburn, T. M., Gaston, K. J., Gittleman, J. L.
and Owens, I. P. F. (2006) Global distribution and conservation of rare
and threatened vertebrates. *Nature*, 444, 93 – 96.

Gripenberg, S., Ovaskainen, O., Morrien, E. and Roslin, T. (2008) Spatial
population structure of a specialist leaf-mining moth. *Journal of Animal*

Ecology, 77, 757−767.

Grunig, M., Beerli, N., Ballesteros-Mejia, L., Kitching, I. J. and Beck, J. (2017) How climatic variability is linked to the spatial distribution of range sizes: seasonality versus climate change velocity in sphingid moths. *Journal of Biogeography*, 44, 2441−2450.

van Grunsven, R. H. A., van Deijk, J. R., Donners, M., Berendse, F., Visser, M. E., Veenendaal, E. and Spoelstra, K. (2020) Experimental light at night has a negative long-term impact on macro-moth populations. *Current Biology*, 30, R694−R695.

Hahn, M., Schotthofer, A., Schmitz, J., Franke, L. A. and Bruhl, C. A. (2015) The effects of agrochemicals on Lepidoptera, with a focus on moths, and their pollination service in field margin habitats. *Agriculture, Ecosystems and Environment*, 207, 153−162.

Hanski, I. and Gyllenberg, M. (1997) Uniting two general patterns in the distribution of species. *Science*, 275, 397−400.

Harmon, L. J. and Harrison, S. (2015) Species diversity is dynamic and unbounded at local and continental scales. *The American Naturalist*, 185, 584−593.

Harrison, S. and Karban, R. (1986) Effects of an early-season folivorous moth on the success of a later-season species, mediated by a change in the quality of the shared host, *Lupinus arboreus* Sims. *Oecologia*, 69, 354−359.

Harrower, C. A., Bell, J. R., Blumgart, D., Botham, M. S., Fox, R., Isaac, N. J. B., Roy, D. B. and Shortall, C. R. (2020) Moth trends for Britain and Ireland from the Rothamsted Insect Survey light-trap network (1968 to 2016). NERC Environmental Information Data Centre. (Dataset). https://doi. org/10.5285/0a7d65e8-8bc8-46e5-ab72-ee64ed851583

Hassell, M. P. (1975) Density-dependence in single-species populations. *Journal of Animal Ecology*, 44, 283−295.

Hassell, M. P., Crawley, M. J., Godfray, H. C. J. and Lawton, J. H. (1998) Top-down versus bottom-up and the Ruritanian bean bug. *Proceedings of the National Academy of Sciences, USA*, 95, 10661−10664.

Healy, K., Ezard, T. H. G., Jones, O. R., Salguero-Gomez, R. and Buckley, Y. M.

(2019) Animal life history is shaped by the pace of life and the distribution of age-specific mortality and reproduction. *Nature Ecology & Evolution*, 3, 1217 – 1224.

Heidrich, L., Pinkert, S., Brandl, R., Bassler, C., Hacker, H., Roth, N., Busse, A., Muller, J. and Friess, N. (2021) Noctuid and geometrid moth assemblages show divergent elevational gradients in body size and color lightness. *Ecography*, 44, 1169 – 1179.

Hembry, D. H., Bennett, G., Bess, E., Cooper, I., Jordan, S., Liebherr, J., Magnacca, K. N., Percy, D. M., Polhemus, D. A., Rubinoff, D., Shaw, K. L. and O'Grady, P. M. (2021) Insect radiations on islands: bio-geographic pattern and evolutionary process in Hawaiian insects. *The Quarterly Review of Biology*, 96, 247 – 296.

Hendry, A. P., Gotanda, K. M. and Svensson, E. I. (2017) Human influences on evolution, and the ecological and societal consequences. *Philosophical Transactions of the Royal Society B: Biological Sciences*, 372, 2016.0028.

Hill, G. M., Kawahara, A. Y., Daniels, J. C., Bateman, C. C. and Scheffers, B. R. (2021) Climate change effects on animal ecology: butterflies and moths as a case study. *Biological Reviews*, 96, 2113 – 2126.

Hoffmann, J. H., Moran, V. C., Zimmermann, H. G. and Impson, F. A. C. (2020) Biocontrol of a prickly pear cactus in South Africa: Reinterpreting the analogous, renowned case in Australia. *Journal of Applied Ecology*, 57, 2475 – 2484.

ter Hofstede, H. M. and Ratcliff e, J. M. (2016) Evolutionary escalation: the bat – moth arms race. *Journal of Experimental Biology*, 219, 1589 – 1602.

Holland, R. A., Wikelski, M. and Wilcove, D. S. (2006) How and why do insects migrate? *Science*, 313, 794 – 796.

Holm, S., Davis, R. B., Javoiš, J., Ounap, E., Kaasik, A., Molleman, F. and Tammaru, T. (2016) A comparative perspective on longevity: the effect of body size dominates over ecology in moths. *Journal of Evolutionary Biology*, 29, 2422 – 2435.

Holm, S., Javoiš, J., Kaasik, A., Ounap, E., Davis, R. B., Molleman, F., Roininen, H.

and Tammaru, T. (2019) Size-related life-history traits in geometrid moths: a comparison of a temperate and a tropical community. *Ecological Entomology*, 44, 711–716.

Hu, G., Lim, K. S., Horvitz, N., Clark, S. J., Reynolds, D. R., Sapir, N. and Chapman, J. W. (2016) Mass seasonal bioflows of high-flying insect migrants. *Science*, 354, 1584–1587.

Hughes, A. C., Orr, M. C., Ma, K., Costello, M. J., Waller, J., Provoost, P., Yang, Q., Zhu, C. and Qiao, H. (2021) Sampling biases shape our view of the natural world. *Ecography*, 44, 1259–1269.

Hughes, E. C., Edwards, D. P., Bright, J. A., Capp, E. J. R., Cooney, C. R., Varley, Z. K. and Thomas, G. H. (2022) Global biogeographic patterns of avian morphological diversity. *Ecology Letters*, 25, 598–610.

Hunter, M. D., Varley, G. C. and Gradwell, G. R. (1997) Estimating the relative roles of top-down and bottom-up forces on insect herbivore populations: A classic study revisited. *Proceedings of the National Academy of Sciences, USA*, 94, 9176–9181.

Hunter, M. D. and Willmer, P. G. (1989) The potential for interspecific competition between two abundant defoliators on oak: leaf damage and habitat quality. *Ecological Entomology*, 14, 267–277.

Inkinen, P. (1994) Distribution and abundance in British noctuid moths revisited. *Annales Zoologici Fennici*, 31, 235–243.

Isaac, N. J. B., Jones, K. E., Gittleman, J. L. and Purvis, A. (2005) Correlates of species richness in mammals: body size, life history, and ecology. *The American Naturalist*, 165, 600–607.

Jankovic, M. and Petrovskii, S. (2013) Gypsy moth invasion in North America: A simulation study of the spatial pattern and the rate of spread. *Ecological Complexity*, 14, 132–144.

Janzen, D. H. (1967) Why mountain passes are higher in the tropics. *The American Naturalist*, 101, 233–249.

Jarzyna, M. A., Quintero, I. and Jetz, W. (2021) Global functional and phylogenetic structure of avian assemblages across elevation and latitude. *Ecology Letters*, 24, 196–207.

Jepson, P. D., Deaville, R., Barber, J. L., Aguilar, A., Borrell, A., Murphy, S., Barry, J., Brownlow, A., Barnett, J., Berrow, S., Cunningham, A. A., Davison, N. J., ten Doeschate, M., Esteban, R., Ferreira, M., Foote, A. D., Genov, T., Gimenez, J., Loveridge, J., Llavona, A., Martin, V., Maxwell, D. L., Papachlimitzou, A., Penrose, R., Perkins, M. W., Smith, B., de Stephanis, R., Tregenza, N., Verborgh, P., Fernandez, A. and Law, R. J. (2016) PCB pollution continues to impact populations of orcas and other dolphins in European waters. *Scientific Reports*, 6, 18573.

Jervis, M. A., Boggs, C. L. and Ferns, P. N. (2007a) Egg maturation strategy and survival trade-off s in holometabolous insects: a comparative approach. *Biological Journal of the Linnean Society*, 90, 293–302.

Jervis, M. A., Ferns, P. N. and Boggs, C. L. (2007b) A trade-off between female lifespan and larval diet breadth at the interspecific level in Lepidoptera. *Evolutionary Ecology*, 21, 307–323.

Jetz, W., Thomas, G. H., Joy, J. B., Hartmann, K. and Mooers, A. O. (2012) The global diversity of birds in space and time. *Nature*, 491, 444–448.

Johnson, D. M., Liebhold, A. M., Tobin, P. C. and Bjornstad, O. N. (2006) Allee effects and pulsed invasion by the gypsy moth. *Nature*, 444, 361–363.

Kawahara, A. Y., Plotkin, D., Espeland, M., Meusemann, K., Toussaint, E. F. A., Donath, A., Gimnich, F., Frandsen, P. B., Zwick, A., dos Reis, M., Barber, J. R., Peters, R. S., Liu, S., Zhou, X., Mayer, C., Podsiadlowski, L., Storer, C., Yack, J. E., Misof, B. and Breinholt, J. W. (2019) Phylogenomics reveals the evolutionary timing and pattern of butterflies and moths. *Proceedings of the National Academy of Sciences, USA*, 116, 22657–22663.

Kawahara, A. Y., Reeves, L. E., Barber, J. R. and Black, S. H. (2021) Opinion: Eight simple actions that individuals can take to save insects from global declines. *Proceedings of the National Academy of Sciences, USA*, 118, e2002547117.

Kinsella, R. S., Thomas, C. D., Crawford, T. J., Hill, J. K., Mayhew, P. J. and Macgregor, C. J. (2020) Unlocking the potential of historical abundance datasets to study biomass change in flying insects. *Ecology and Evolution*, 10, 8394–8404.

Kubelka, V., Sandercock, B. K., Szekely, T. and Freckleton, R. P. (2021) Animal migration to northern latitudes: environmental changes and increasing threats. *Trends in Ecology & Evolution*, 37, 30 – 41.

Lamarre, G. P. A., Pardikes, N. A., Segar, S., Hackforth, C. N., Laguerre, M., Vincent, B., Lopez, Y., Perez, F., Bobadilla, R., Silva, J. A. R. and Basset, Y. (2022) More winners than losers over 12 years of monitoring tiger moths (Erebidae: Arctiinae) on Barro Colorado Island, Panama. *Biology Letters*, 18, 20210519.

Li, H. and Wiens, J. J. (2019) Time explains regional richness patterns within clades more oft en than diversification rates or area. *The American Naturalist*, 193, 514 – 529.

Li, P. and Wiens, J. J. (2022) What drives diversification? Range expansion tops climate, life history, habitat and size in lizards and snakes. *Journal of Biogeography*, 49, 237 – 247.

Liebhold, A., Elkinton, J., Williams, D. and Muzika, R.-M. (2000) What causes outbreaks of the gypsy moth in North America? *Population Ecology*, 42, 257 – 266.

Liebhold, A., Mastro, V. and Schaefer, P. W. (1989) Learning from the legacy of Leopold Trouvelot. *Bulletin of the Entomological Society of America*, 35, 20 – 22.

Liebhold, A. M., Halverson, J. A. and Elmes, G. A. (1992) Gypsy moth invasion in North America: a quantitative analysis. *Journal of Biogeography*, 19, 513.

Liebhold, A. M., Haynes, K. J. and Bjornstad, O. N. (2012) Spatial synchrony of insect outbreaks. In: *Insect Out*breaks Revisited (ed. P. Barbosa, D. K. Letourneau, and A. A. Agrawal), 113 – 125. John Wiley & Sons, Ltd, Chichester, UK.

Lindstrom, J., Kaila, L. and Niemela, P. (1994) Polyphagy and adult body size in geometrid moths. *Oecologia*, 98, 130 – 132.

Lintott, P. R., Bunnefeld, N., Fuentes-Montemayor, E., Minderman, J., Blackmore, L. M., Goulson, D. and Park, K. J. (2014) Moth species richness, abundance and diversity in fragmented urban woodlands: implications for conservation and management strategies. *Biodiversity and Conservation*, 23, 2875 – 2901.

Lockett, M. T., Jones, T. M., Elgar, M. A., Gaston, K. J., Visser, M. E. and Hopkins, G. R. (2021) Urban street lighting differentially affects community attributes of airborne and ground-dwelling invertebrate assemblages. *Journal of Applied Ecology*, 58, 2329 – 2339.

Loder, N., Gaston, K. J., Warren, P. H. and Arnold, H. R. (1998) Body size and feeding specificity: macrolepidoptera in Britain. *Biological Journal of the Linnean Society*, 63, 121 – 139.

Loss, S. R., Will, T. and Marra, P. P. (2013) The impact of free-ranging domestic cats on wildlife of the United States. *Nature Communications*, 4, 1396.

Macgregor, C. J., Williams, J. H., Bell, J. R. and Thomas, C. D. (2019) Moth biomass has fl uctuated over 50 years in Britain but lacks a clear trend. *Nature Ecology & Evolution*, 3, 1645 – 1649.

Macgregor, C. J., Williams, J. H., Bell, J. R. and Thomas, C. D. (2021) Author Correction: Moth biomass has fl uctuated over 50 years in Britain but lacks a clear trend. *Nature Ecology & Evolution*, 5, 865 – 883.

Machac, A. and Graham, C. H. (2017) Regional diversity and diversification in mammals. *The American Naturalist*, 189, E1 – E13.

Mahmoudvand, M., Abbasipour, H., Garjan, A. S. and Bandani, A. R. (2011) Sublethal effects of indoxacarb on the diamondback moth, *Plutella xylostella* (L.) (Lepidoptera: Yponomeutidae). Applied *Entomology and Zoology*, 46, 75 – 80.

Mally, R., Turner, R. M., Blake, R. E., Fenn, G., Bertelsmeier, C., Brockerhoff, E. G., Hoare, R. J. B., Nahrung, H. F., Roques, A., Pureswaran, D. S., Yamanaka, T. and Liebhold, A. M. (2022) Moths and butterflies on alien shores: global biogeography of non-native Lepidoptera. *Journal of Biogeography*, 49, 1455 – 1468.

Mannion, P. D., Upchurch, P., Benson, R. B. J. and Goswami, A. (2014) The latitudinal biodiversity gradient through deep time. *Trends in Ecology & Evolution*, 29, 42 – 50.

Martay, B., Brewer, M. J., Elston, D. A., Bell, J. R., Harrington, R., Brereton, T. M.,

Barlow, K. E., Botham, M. S. and Pearce-Higgins, J. W. (2017) Impacts of climate change on national biodiversity population trends. *Ecography*, 40, 1139–1151.

Mason, S. C., Palmer, G., Fox, R., Gillings, S., Hill, J. K., Thomas, C. D. and Oliver, T. H. (2015) Geographical range margins of many taxonomic groups continue to shift polewards. *Biological Journal of the Linnean Society*, 115, 586–597.

Matthews, T. J. (2021) On the biogeography of habitat islands: the importance of matrix effects, noncore species, and source–sink dynamics. *Quarterly Review of Biology*, 96, 73–104.

Matthews, T. J., Rigal, F., Triantis, K. A. and Whittaker, R. J. (2019) A global model of island species–area relationships. *Proceedings of the National Academy of Sciences, USA*, 116, 12337–12342.

Mayhew, P. J. (2007) Why are there so many insect species? Perspectives from fossils and phylogenies. *Biological Reviews*, 82, 425–454.

McManus, M. and Csoka, G. (2007) History and impact of Gypsy Moth in North America and comparison to recent outbreaks in Europe. *Acta Silvatica et Lignaria Hungarica*, 3, 47–64.

van der Meijden, E. and Wijk, C. van der V. (1997) Tritrophic metapopulation dynamics. A case study of Ragwort, the Cinnabar Moth, and the parasitoid *Cotesia popularis*. In: *Metapopulaion Biology: Ecology, Genetics and Evolution* (ed. I. K. Hanski and M. E. Gilpin), 387–405. Academic Press, San Diego.

Menken, S. B. J., Boomsma, J. J. and Van Nieukerken, E. J. (2009) Large-scale evolutionary patterns of host plant associations in the Lepidoptera: host plant use in the Lepidoptera. *Evolution*, 64, 1098–1119.

Merckx, T., Dantas de Miranda, M. and Pereira, H. M. (2019) Habitat amount, not patch size and isolation, drives species richness of macro-moth communities in countryside landscapes. *Journal of Biogeography*, 46, 956–967.

Merckx, T., Marini, L., Feber, R. E. and Macdonald, D. W. (2012) Hedgerow trees and extended-width field margins enhance macro-moth diversity:

implications for management. *Journal of Applied Ecology*, 49, 1396 – 1404.

Merckx, T., Nielsen, M. E., Heliola, J., Kuussaari, M., Pettersson, L. B., Poyry, J., Tiainen, J., Gotthard, K. and Kivela, S. M. (2021) Urbanization extends flight phenology and leads to local adaptation of seasonal plasticity in Lepidoptera. *Proceedings of the National Academy of Sciences, USA*, 118, e2106006118.

Mitchell, A., Mitter, C, and Regier, J. C. (2005) Systematics and evolution of the cutworm moths (Lepidoptera: Noctuidae): evidence from two protein-coding nuclear genes: Molecular systematics of Noctuidae. *Systematic Entomology*, 31, 21 – 46.

Mittelbach, G. G., Schemske, D. W., Cornell, H. V., Allen, A. P., Brown, J. M., Bush, M. B., Harrison, S. P., Hurlbert, A. H., Knowlton, N., Lessios, H. A., McCain, C. M., McCune, A. R., McDade, L. A., McPeek, M. A., Near, T. J., Price, T. D., Ricklefs, R. E., Roy, K., Sax, D. F., Schluter, D., Sobel, J. M. and Turelli, M. (2007) Evolution and the latitudinal diversity gradient: speciation, extinction and biogeography. *Ecology Letters*, 10, 315 – 331.

Mitter, C., Davis, D. R. and Cummings, M. P. (2017) Phylogeny and evolution of Lepidoptera. *Annual Review of Entomology*, 62, 265 – 283.

Mottl, O., Flantua, S. G. A., Bhatta, K. P., Felde, V. A., Giesecke, T., Goring, S., Grimm, E. C., Haberle, S., Hooghiemstra, H., Ivory, S., Kuneš, P., Wolters, S., Seddon, A. W. R. and Williams, J. W. (2021) Global acceleration in rates of vegetation change over the past 18,000 years. *Science*, 372, 860 – 864.

Mutshinda, C. M., O'Hara, R. B. and Woiwod, I. P. (2008) Species abundance dynamics under neutral assumptions: a Bayesian approach to the controversy. *Functional Ecology*, 22, 340 – 347.

Mutshinda, C. M., O'Hara, R. B. and Woiwod, I. P. (2009) What drives community dynamics? *Proceedings of the Royal Society B: Biological Sciences*, 276, 2923 – 2929.

Nieminen, M. (1996) Risk of population extinction in moths: effect of host plant characteristics. *Oikos*, 76, 475 – 484.

Nieminen, M. and Hanski, I. (1998) Metapopulations of moths on islands: a test of two contrasting models. *Journal of Animal Ecology*, 67, 149 – 160.

Nilsson, L. A. (1983) Processes of isolation and introgressive interplay between *Platanthera bifolia* (L.) Rich and P. chlorantha (Custer) Reichb. (Orchidaceae). *Botanical Journal of the Linnean Society*, 87, 325 – 350.

Nogue, S., Santos, A. M. C., Birks, H. J. B., Bjorck, S., Castilla-Beltran, A., Connor, S., de Boer, E. J., de Nascimento, L., Felde, V. A., Fernandez-Palacios, J. M., Froyd, C. A., Haberle, S. G., Hooghiemstra, H., Ljung, K., Norder, S. J., Penuelas, J., Prebble, M., Stevenson, J., Whittaker, R. J., Willis, K. J., Wilmshurst, J. M. and Steinbauer, M. J. (2021) The human dimension of biodiversity changes on islands. *Science*, 372, 488 – 491.

Nunes, C. A., Berenguer, E., Franca, F., Ferreira, J., Lees, A. C., Louzada, J., Sayer, E. J., Solar, R., Smith, C. C., Aragao, L. E. O. C., Braga, D. de L., de Camargo, P. B., Cerri, C. E. P., de Oliveira, R. C., Durigan, M., Moura, N., Oliveira, V. H. F., Ribas, C., Vaz-de-Mello, F., Vieira, I., Zanetti, R. and Barlow, J. (2022) Linking land-use and land-cover transitions to their ecological impact in the Amazon. *Proceedings of the National Academy of Sciences, USA*, 119, e2202310119.

Ockinger, E., Schweiger, O., Crist, T. O., Debinski, D. M., Krauss, J., Kuussaari, M., Petersen, J. D., Poyry, J., Settele, J., Summerville, K. S. and Bommarco, R. (2010) Life-history traits predict species responses to habitat area and isolation: a cross-continental synthesis: Habitat fragmentation and life-history traits. *Ecology Letters*, 13, 969 – 979.

O'Hara, R. B. (2005) Species richness estimators: how many species can dance on the head of a pin? *Journal of Animal Ecology*, 74, 375 – 386.

Otto, S. P. (2018) Adaptation, speciation and extinction in the Anthropocene. *Proceedings of the Royal Society B: Biological Sciences*, 285, 20182047.

Outhwaite, C. L., McCann, P. and Newbold, T. (2022) Agriculture and climate change are reshaping insect biodiversity worldwide. *Nature*, 605, 97 – 102.

Partridge, L. and Harvey, P. H. (1988) The ecological context of life history evolution. *Science*, 241, 1449 – 1455.

Pescott, O. L., Simkin, J. M., August, T. A., Randle, Z., Dore, A. J. and Botham, M. S. (2015) Air pollution and its effects on lichens, bryophytes, and lichen-feeding Lepidoptera: review and evidence from biological records.

Biological Journal of the Linnean Society, 115, 611 – 635.

Pilotto, F., Rojas, A. and Buckland, P. I. (2022) Late Holocene anthropogenic landscape change in northwestern Europe impacted insect biodiversity as much as climate change did after the last Ice Age. *Proceedings of the Royal Society B:Biological Sciences*, 289, 2021,2734.

Pinkert, S., Barve, V., Guralnick, R. and Jetz, W. (2022) Global geographical and latitudinal variation in butterfl y species richness captured through a comprehensive country-level occurrence database. *Global Ecology and Biogeography*, 31, 830 – 839.

Pontarp, M., Brannstrom, A. and Petchey, O. L. (2019) Inferring community assembly processes from macroscopic patterns using dynamic eco-evolutionary models and Approximate Bayesian Computation (ABC). *Methods in Ecology and Evolution*, 10, 450 – 460.

Pontarp, M., Bunnefeld, L., Cabral, J. S., Etienne, R. S., Fritz, S. A., Gillespie, R., Graham, C. H., Hagen, O., Hartig, F., Huang, S., Jansson, R., Maliet, O., Munkemuller, T., Pellissier, L., Rangel, T. F., Storch, D., Wiegand, T. and Hurlbert, A. H. (2019) The latitudinal diversity gradient: novel understanding through mechanistic ecoevolutionary models. *Trends in Ecology &Evolution*, 34, 211 – 223.

Powell, J. A. (2001) Longest insect dormancy: Yucca Moth larvae (Lepidoptera: Prodoxidae) metamorphose after 20, 25, and 30 years in diapause. *Annals of the Entomological Society of America*, 94, 677 – 680.

Poyry, J., Carvalheiro, L. G., Heikkinen, R. K., Kuhn, I., Kuussaari, M., Schweiger, O., Valtonen, A., van Bodegom, P. M. and Franzen, M. (2017) The effects of soil eutrophication propagate to higher trophic levels: Effects of soil eutrophication on herbivores. *Global Ecology and Biogeography*, 26, 18 – 30.

Poyry, J., Paukkunen, J., Heliola, J. and Kuussaari, M. (2009) Relative contributions of local and regional factors to species richness and total density of butterflies and moths in semi-natural grasslands. *Oecologia*, 160, 577 – 587.

Promislow, D. E. L. and Harvey, P. H. (1990) Living fast and dying young: A

나방은 빛을 쫓지 않는다

comparative analysis of life-history variation among mammals. *Journal of Zoology*, 220, 417 – 437.

Pyšek, P., Hulme, P. E., Simberloff, D., Bacher, S., Blackburn, T. M., Carlton, J. T., Dawson, W., Essl, F., Foxcroft, L. C., Genovesi, P., Jeschke, J. M., Kuhn, I., Liebhold, A. M., Mandrak, N. E., Meyerson, L. A., Pauchard, A., Pergl, J., Roy, H. E., Seebens, H., Kleunen, M., Vila, M., Wingfield, M. J. and Richardson, D. M. (2020) Scientists' warning on invasive alien species. *Biological Reviews*, 95, 1511 – 1534.

Quinn, R. M., Gaston, K. J., Blackburn, T. M. and Eversham, B. (1997) Abundance-range size relationships of macrolepidoptera in Britain: the effects of taxonomy and life history variables. *Ecological Entomology*, 22, 453 – 461.

Quinn, R. M., Gaston, K. J. and Roy, D. (1997) Coincidence between consumer and host occurrence: macrolepidoptera in Britain. *Ecological Entomology*, 22, 197 – 208.

Quintero, I. and Jetz, W. (2018) Global elevational diversity and diversification of birds. *Nature*, 555, 246 – 250.

Rabosky, D. L. (2013) Diversity-dependence, ecological speciation, and the role of competition in macroevolution. *Annual Review of Ecology, Evolution, and Systematics*, 44, 481 – 502.

Rabosky, D. L. (2021) Macroevolutionary thermodynamics: temperature and the tempo of evolution in the tropics. *PLOS Biology*, 19, e3001368.

Rabosky, D. L. and Hurlbert, A. H. (2015) Species richness at continental scales is dominated by ecological limits. *The American Naturalist*, 185, 572 – 583.

Rees, M., Kelly, D. and Bjornstad, O. N. (2002) Snow tussocks, chaos, and the evolution of mast seeding. *The American Naturalist*, 160, 44 – 59.

Regier, J. C., Mitter, C., Mitter, K., Cummings, M. P., Bazinet, A. L., Hallwachs, W., Janzen, D. H. and Zwick, A. (2017) Further progress on the phylogeny of Noctuoidea (Insecta: Lepidoptera) using an expanded gene sample. *Systematic Entomology*, 42, 82 – 93.

Reijenga, B. R., Murrell, D. J. and Pigot, A. L. (2021) Priority effects and the macroevolutionary dynamics of biodiversity. *Ecology Letters*, 24, 1455 – 1466.

Remmel, T., Davison, J. and Tammaru, T. (2011) Quantifying predation on folivorous insect larvae: the perspective of life-history evolution. *Biological Journal of the Linnean Society*, 104, 1 – 18.

Roman-Palacios, C. and Wiens, J. J. (2020) Recent responses to climate change reveal the drivers of species extinction and survival. *Proceedings of the National Academy of Sciences, USA*, 117, 4211 – 4217.

Ronka, K., Valkonen, J. K., Nokelainen, O., Rojas, B., Gordon, S., Burdfield-Steel, E. and Mappes, J. (2020) Geographic mosaic of selection by avian predators on hindwing warning colour in a polymorphic aposematic moth. *Ecology Letters*, 23, 1654 – 1663.

Root, H. T., Verschuyl, J., Stokely, T., Hammond, P., Scherr, M. A. and Betts, M. G. (2017) Plant diversity enhances moth diversity in an intensive forest management experiment. *Ecological Applications*, 27, 134 – 142.

Roth, N., Hacker, H. H., Heidrich, L., Friess, N., Garcia-Barros, E., Habel, J. C., Th orn, S. and Muller, J. (2021) Host specificity and species colouration mediate the regional decline of nocturnal moths in central European forests. *Ecography*, 44, 941 – 952.

Roy, K., Collins, A. G., Becker, B. J., Begovic, E. and Engle, J. M. (2003) Anthropogenic impacts and historical decline in body size of rocky intertidal gastropods in southern California. *Ecology Letters*, 6, 205 – 211.

Sabrosky, C. W. (1953) How many insects are there? *Systematic Zoology*, 2, 31 – 36.

Sæther, B.-E., Coulson, T., Grotan, V., Engen, S., Altwegg, R., Armitage, K. B., Barbraud, C., Becker, P. H., Blumstein, D. T., Dobson, F. S., Festa-Bianchet, M., Gaillard, J.-M., Jenkins, A., Jones, C., Nicoll, M. A. C., Norris, K., Oli, M. K., Ozgul, A. and Weimerskirch, H. (2013) How life history influences population dynamics in fluctuating environments. *The American Naturalist*, 182, 743 – 759.

Saito, V. S., Perkins, D. M. and Kratina, P. (2021) A metabolic perspective of stochastic community assembly. *Trends in Ecology and Evolution*, 36,

280 – 283.

Satake, A., N. Bjornstad, O. and Kobro, S. (2004) Masting and trophic cascades: interplay between rowan trees, apple fruit moth, and their parasitoid in southern Norway. *Oikos*, 104, 540 – 550.

Satterfield, D. A., Sillett, T. S., Chapman, J. W., Altizer, S. and Marra, P. P. (2020) Seasonal insect migrations: massive, influential, and overlooked. *Frontiers in Ecology and the Environment*, 18, 335 – 344.

Schauber, E. M., Ostfeld, R. S. and Evans, Jr, A. S. (2005) What is the best predictor of annual Lyme Disease incidence: weather, mice, or acorns? *Ecological Applications*, 15, 575 – 586.

Schmidt, B. C. and Roland, J. (2006) Moth diversity in a fragmented habitat: importance of functional groups and landscape scale in the boreal forest. *Annals of the Entomological Society of America*, 99, 1110 – 1120.

Seddon, N., Merrill, R. M. and Tobias, J. A. (2008) Sexually selected traits predict patterns of species richness in a diverse clade of suboscine birds. *The American Naturalist*, 171, 620 – 631.

Seebens, H., Blackburn, T. M., Dyer, E. E., Genovesi, P., Hulme, P. E., Jeschke, J. M., Pagad, S., Pyšek, P., van Kleunen, M., Winter, M., Ansong, M., Arianoutsou, M., Bacher, S., Blasius, B., Brockerhoff, E. G., Brundu, G., Capinha, C., Causton, C. E., Celesti-Grapow, L., Dawson, W., Dullinger, S., Economo, E. P., Fuentes, N., Guenard, B., Jager, H., Kartesz, J., Kenis, M., Kuhn, I., Lenzner, B., Liebhold, A. M., Mosena, A., Moser, D., Nentwig, W., Nishino, M., Pearman, D., Pergl, J., Rabitsch, W., Rojas-Sandoval, J., Roques, A., Rorke, S., Rossinelli, S., Roy, H. E., Scalera, R., Schindler, S., Štajerova, K., Tokarska-Guzik, B., Walker, K., Ward, D. F., Yamanaka, T. and Essl, F. (2018) Global rise in emerging alien species results from increased accessibility of new source pools. *Proceedings of the National Academy of Sciences, USA*, 115, E2264 – E2273.

Seifert, C. L., Strutzenberger, P., Hausmann, A., Fiedler, K. and Baselga, A. (2022) Dietary specialization mirrors Rapoport's rule in European geometrid moths. *Global Ecology and Biogeography*, 31, 1161 – 1171.

Senior, V. L., Botham, M. and Evans, K. L. (2021) Experimental simulations of climate change induced mismatch in oak and larval development rates impact indicators of fitness in a declining woodland moth. *Oikos*, 130, 969 – 978.

Seymour, M., Brown, N., Carvalho, G. R., Wood, C., Goertz, S., Lo, N. and de Bruyn, M. (2020) Ecological community dynamics: 20 years of moth sampling reveals the importance of generalists for community stability. *Basic and Applied Ecology*, 49, 34 – 44.

Sharma, A., Kumar, V., Shahzad, B., Tanveer, M., Sidhu, G. P. S., Handa, N., Kohli, S. K., Yadav, P., Bali, A. S., Parihar, R. D., Dar, O. I., Singh, K., Jasrotia, S., Bakshi, P., Ramakrishnan, M., Kumar, S., Bhardwaj, R. and Thukral, A. K. (2019) Worldwide pesticide usage and its impacts on ecosystem. *SN Applied Sciences*, 1, 1446.

Shen, Z., Neil, T. R., Robert, D., Drinkwater, B. W. and Holderied, M. W. (2018) Biomechanics of a moth scale at ultrasonic frequencies. *Proceedings of the National Academy of Sciences, USA*, 115, 12200 – 12205.

Simberloff, D. (1994) The ecology of extinction. *Acta Palaeontologica Polonica*, 38, 159-174.

Skogland, T. (1989) Natural selection of wild reindeer life history traits by food limitation and predation. *Oikos*, 55, 101 – 110.

Slade, E. M., Merckx, T., Riutta, T., Bebber, D. P., Redhead, D., Riordan, P. and Macdonald, D. W. (2013) Life-history traits and landscape characteristics predict macro-moth responses to forest fragmentation. *Ecology*, 94, 1519 – 1530.

Southwood, T. R. E. (2021) Habitat, the templet for ecological strategies? *Journal of Animal Ecology*, 46, 336 – 365.

Spaak, J. W., Carpentier, C. and De Laender, F. (2021) Species richness increases fitness differences, but does not affect niche differences. *Ecology Letters*, 24, 2611 – 2623.

Spitzer, K. and Lepš, J. (1988) Determinants of temporal variation in moth abundance. *Oikos*, 53, 31 – 36.

Stearns, S. C. (1989) Trade-off s in life-history evolution. *Functional Ecology*, 3, 259 – 268.

Stenseth, N. C., Falck, W., Bjornstad, O. N. and Krebs, C. J. (1997) Population regulation in snowshoe hare and Canadian lynx: asymmetric food web confi gurations between hare and lynx. *Proceedings of the National Academy of Sciences, USA*, 94, 5147 – 5152.

Storch, D., Bohdalkova, E. and Okie, J. (2018) The more-individuals hypothesis revisited: the role of community abundance in species richness regulation and the productivity – diversity relationship. *Ecology Letters*, 21, 920 – 937.

Strutzenberger, P., Brehm, G., Gottsberger, B., Bodner, F., Seifert, C. L. and Fiedler, K. (2017) Diversification rates, host plant shifts and an updated molecular phylogeny of Andean *Eois* moths (Lepidoptera: Geometridae). *PLOS ONE*, 12, e0188430.

Summerville, K. S. and Crist, T. O. (2003) Determinants of lepidopteran community composition and species diversity in eastern deciduous forests: roles of season, eco-region and patch size. *Oikos*, 100, 134 – 148.

Summerville, K. S. and Crist, T. O. (2004) Contrasting effects of habitat quantity and quality on moth communities in fragmented landscapes. *Ecography*, 27, 3 – 12.

Summerville, K. S. and Crist, T. O. (2008) Structure and conservation of lepidopteran communities in managed forests of northeastern North America: a review. *The Canadian Entomologist*, 140, 475 – 494.

Svenningsen, C. S., Bowler, D. E., Hecker, S., Bladt, J., Grescho, V., Dam, N. M., Dauber, J., Eichenberg, D., Ejrn,s, R., Flojgaard, C., Frenzel, M., Froslev, T. G., Hansen, A. J., Heilmann-Clausen, J., Huang, Y., Larsen, J. C., Menger, J., Nayan, N. L. B. M., Pedersen, L. B., Richter, A., Dunn, R. R., Tottrup, A. P. and Bonn, A. (2022) Flying insect biomass is negatively associated with urban cover in surrounding landscapes. *Diversity and Distributions*, 28, 1242 – 1254.

Tallamy, D. W., Narango, D. L. and Mitchell, A. B. (2021) Do non-native plants contribute to insect declines? *Ecological Entomology*, 46, 729-742.

Tallamy, D. W. and Shriver, W. G. (2021) Are declines in insects and insectivorous birds related? *Ornithological Applications*, 123, duaa059.

Tammaru, T., Johansson, N. R., Ounap, E. and Davis, R. B. (2018) Dayflying moths are smaller: evidence for ecological costs of being large. *Journal of Evolutionary Biology*, 31, 1400 – 1404.

Tammaru, T., Ruohomaki, K. and Saloniemi, I. (1999) Within-season variability of pupal period in the autumnal moth: a bet-hedging strategy? *Ecology*, 80, 1666 – 1677.

Thomas, C. D. (2015) Rapid acceleration of plant speciation during the Anthropocene. *Trends in Ecology & Evolution*, 30, 448 – 455.

Thomas, C. D. and Kunin, W. E. (1999) The spatial structure of populations. *Journal of Animal Ecology*, 68, 647 – 657.

Thompson, P. L., Guzman, L. M., De Meester, L., Horvath, Z., Ptacnik, R., Vanschoenwinkel, B., Viana, D. S. and Chase, J. M. (2020) A process-based metacommunity framework linking local and regional scale community ecology. *Ecology Letters*, 23, 1314 – 1329.

Thomsen, P. F., Jorgensen, P. S., Bruun, H. H., Pedersen, J., Riis-Nielsen, T., Jonko, K., Słowińska, I., Rahbek, C. and Karsholt, O. (2016) Resource specialists lead local insect community turnover associated with temperature—analysis of an 18-year full-seasonal record of moths and beetles. *Journal of Animal Ecology*, 85, 251 – 261.

Tielens, E. K., Cimprich, P. M., Clark, B. A., DiPilla, A. M., Kelly, J. F., Mirkovic, D., Strand, A. I., Zhai, M. and Stepanian, P. M. (2021) Nocturnal city lighting elicits a macroscale response from an insect outbreak population. *Biology Letters*, 17, 20200808.

Tilman, D. (2004) Niche tradeoff s, neutrality, and community structure: a stochastic theory of resource competition, invasion, and community assembly. *Proceedings of the National Academy of Sciences, USA*, 101, 10854 – 10861.

Trisos, C. H., Merow, C. and Pigot, A. L. (2020) The projected timing of abrupt ecological disruption from climate change. *Nature*, 580, 496 – 501.

Udy, K., Fritsch, M., Meyer, K. M., Grass, I., Han., S., Hartig, F., Kneib, T., Kreft, H., Kukunda, C. B., Pe'er, G., Reininghaus, H., Tietjen, B., Tscharntke, T., Waveren, C. and Wiegand, K. (2021) Environmental heterogeneity predicts global species richness patterns better than area. *Global Ecology and Biogeography*, 30, 842-851.

Uhl, B., Wolfling, M. and Fiedler, K. (2021) From forest to fragment: compositional differences inside coastal forest moth assemblages and their environmental correlates. *Oecologia*, 195, 453-467.

Usher, M. B. and Keiller, S. W. J. (1998) The macrolepidoptera of farm woodlands: determinants of diversity and community structure. *Biodiversity and Conservation*, 7, 725-748.

Valtonen, A., Hirka, A., Szöcs, L., Ayres, M. P., Roininen, H. and Csoka, G. (2017) Long-term species loss and homogenization of moth communities in Central Europe. *Journal of Animal Ecology*, 86, 730-738.

Van Klink, R., August, T., Bas, Y., Bodesheim, P., Bonn, A., Fossoy, F., Hoye, T. T., Jongejans, E., Menz, M. H. M., Miraldo, A., Roslin, T., Roy, H. E., Ruczyński, I., Schigel, D., Schaffl er, L., Sheard, J. K., Svenningsen, C., Tschan, G. F., Waldchen, J., Zizka, V. M. A., Astrom, J. and Bowler, D. E. (2022) Emerging technologies revolutionise insect ecology and monitoring. *Trends in Ecology & Evolution*, 37, 872-885.

Van Nieukerken, E. J., Kaila, L., Kitching, I. J., Kristensen, N. P., Lees, D. C., Minet, J., Mitter, C., Mutanen, M., Regier, J. C., Simonsen, T. J., Wahlberg, N., Yen, S.-H., Zahiri, R., Adamski, D., Baixeras, J., Bartsch, D., Bengtsson, B. A., Brown, J. W., Bucheli, S. R., Davis, D. R., Prins, J. D., Prins, W. D., Epstein, M. E., Gentili-Poole, P., Gielis, C., Hattenschwiler, P., Hausmann, A., Holloway, J. D., Kallies, A., Karsholt, O., Kawahara, A. Y., Koster, S. J. C., Kozlov, M. V., Lafontaine, J. D., Lamas, G., Landry, J.-F., Lee, S., Nuss, M., Park, K.-T., Penz, C., Rota, J., Schintlmeister, A., Schmidt, B. C., Sohn, J.-C., Solis, M. A., Tarmann, G. M., Warren, A. D., Weller, S., Yakovlev, R. V., Zolotuhin, V. V. and Zwick, A. (2011) Order Lepidoptera Linnaeus, 1758. In: Zhang, Z.-Q. (Ed.) Animal biodiversity: An outline of higher-level classification and survey of taxonomic richness. *Zootaxa*, 3148, 212.

Varley, G. C. and Gradwell, G. R. (1960) Key factors in population studies. *Journal of Animal Ecology*, 29, 399.

Varley, G. C. and Gradwell, G. R. (1962) The effect of partial defoliation by caterpillars on the timber production of oak trees in England. *Proceedings of the XI International Congress of Entomology, Wien*, 211 – 214.

Volf, M., Volfova, T., Seifert, C. L., Ludwig, A., Engelmann, R. A., Jorge, L. R., Richter, R., Schedl, A., Weinhold, A., Wirth, C. and van Dam, N. M. (2022) A mosaic of induced and non-induced branches promotes variation in leaf traits, predation and insect herbivore assemblages in canopy trees. *Ecology Letters*, 25, 729 – 739.

Wagner, D. L., Fox, R., Salcido, D. M. and Dyer, L. A. (2021) A window to the world of global insect declines: moth biodiversity trends are complex and heterogeneous. *Proceedings of the National Academy of Sciences, USA*, 118, e2002549117.

Wagner, D. L. and Van Driesche, R. G. (2010) Threats posed to rare or endangered insects by invasions of nonnative species. *Annual Review of Entomology*, 55, 547 – 568.

Wahlberg, N., Wheat, C. W. and Pena, C. (2013) Timing and patterns in the taxonomic diversification of Lepidoptera (butterflies and moths). *PLoS ONE*, 8, e80875.

West, C. (1985) Factors underlying the late seasonal appearance of the lepidopterous leaf-mining guild on oak. *Ecological Entomology*, 10, 111 – 120.

Wheat, C. W., Vogel, H., Wittstock, U., Braby, M. F., Underwood, D. and Mitchell-Olds, T. (2007) The genetic basis of a plant insect coevolutionary key innovation. *Proceedings of the National Academy of Sciences*, 104, 20427 – 20431.

Whitaker, M. R. L. and Salzman, S. (2020) Ecology and evolution of cycad-feeding Lepidoptera. *Ecology Letters*, 23, 1862 – 1877.

Wickman, P.-O. and Karlsson, B. (1989) Abdomen size, body size and the reproductive eff ort of insects. *Oikos*, 56, 209 – 214.

Wiens, J. J. (2021) Vast (but avoidable) underestimation of global biodiversity. *PLOS Biology*, 19, e3001192.

Wiens, J. J. and Donoghue, M. J. (2004) Historical biogeography, ecology and species richness. *Trends in Ecology&Evolution*, 19, 639 – 644.

Wilson, J. F., Baker, D., Cheney, J., Cook, M., Ellis, M., Freestone, R., Gardner, D., Geen, G., Hemming, R., Hodgers, D., Howarth, S., Jupp, A., Lowe, N., Orridge, S., Shaw, M., Smith, B., Turner, A. and Young, H. (2018) A role for artificial night-time lighting in longterm changes in populations of 100 widespread macro-moths in UK and Ireland: a citizen-science study. *Journal of Insect Conservation*, 22, 189 – 196.

Wilson, J. F., Baker, D., Cook, M., Davis, G., Freestone, R., Gardner, D., Grundy, D., Lowe, N., Orridge, S. and Young, H. (2015) Climate association with fluctuation in annual abundance of fifty widely distributed moths in England and Wales: a citizen-science study. *Journal of Insect Conservation*, 19, 935 – 946.

Winkler, I. S. and Mitter, C. (2008) The phylogenetic dimension of insect – plant interactions: a review of recent evidence. In *Specialization, speciation and radiation: the evolutionary biology of herbivorous insects* (ed. K. J. Tilmon) 240 – 263. University of California Press, Berkeley, California, USA.

Wood, T. J. and Goulson, D. (2017) The environmental risks of neonicotinoid pesticides: a review of the evidence post-2013. *Environmental Science and Pollution Research*, 24, 17285 – 17325.

Yiukawa, J. (1986) Moths collected from the Krakatau Islands and Panaitan Island, Indonesia. *Tyo to Ga*, 36, 181 – 184.

Yoneda, M. and Wright, P. (2004) Temporal and spatial variation in reproductive investment of Atlantic cod *Gadus morhua* in the northern North Sea and Scottish west coast. *Marine Ecology Progress Series*, 276, 237 – 248.

Zeuss, D., Brunzel, S. and Brandl, R. (2017) Environmental drivers of voltinism and body size in insect assemblages across Europe: Voltinism and body size in insect assemblages. *Global Ecology and Biogeography*, 26, 154 – 165.

동식물명

나방은 빛을 쫓지 않는다 🦋

용어